国家出版基金项目
NATIONAL PUBLICATION FOUNDATION

缝洞型碳酸盐岩油藏
提高采收率理论与关键技术丛书 | 卷四
丛书主编：李阳

缝洞型碳酸盐岩油藏注气提高采收率技术

ENHANCING OIL RECOVERY TECHNIQUES OF GAS INJECTION IN FRACTURED-VUGGY CARBONATE RESERVOIRS

鲁新便 谭 涛 宋传真 刘学利 张 允 等著

中国石油大学出版社
CHINA UNIVERSITY OF PETROLEUM PRESS

山东·青岛

图书在版编目（CIP）数据

缝洞型碳酸盐岩油藏注气提高采收率技术 / 鲁新便
等著. --青岛 ：中国石油大学出版社，2022.12
（缝洞型碳酸盐岩油藏提高采收率理论与关键技术丛
书；卷四）
ISBN 978-7-5636-7248-6

Ⅰ．①缝… Ⅱ．①鲁… Ⅲ．①碳酸盐岩油气藏－气压
驱动－提高采收率 Ⅳ．①TE341

中国版本图书馆 CIP 数据核字(2022)第 230712 号

书　　　名：缝洞型碳酸盐岩油藏注气提高采收率技术
　　　　　　FENGDONGXING TANSUANYANYAN YOUCANG ZHUQI TIGAO CAISHOULÜ JISHU
著　　　者：鲁新便　谭　涛　宋传真　刘学利　张　允　等
责任编辑：穆丽娜(电话　0532-86981531)
封面设计：悟本设计
出 版 者：中国石油大学出版社
　　　　　　（地址：山东省青岛市黄岛区长江西路 66 号　邮编：266580)
网　　　址：http://cbs.upc.edu.cn
电子邮箱：shiyoujiaoyu@126.com
排 版 者：青岛天舒常青文化传媒有限公司
印 刷 者：山东临沂新华印刷物流集团有限责任公司
发 行 者：中国石油大学出版社(电话　0532-86983437)
开　　　本：787 mm×1 092 mm　1/16
印　　　张：14.5
字　　　数：348 千字
版 印 次：2022 年 12 月第 1 版　2022 年 12 月第 1 次印刷
书　　　号：ISBN 978-7-5636-7248-6
定　　　价：100.00 元

丛书编委会

主　　任：李　阳

副　主　任：计秉玉　　康志江　　曲寿利　　孙建芳
　　　　　　鲁新便　　赵海洋

委　　员：王世星　　杨　敏　　夏东领　　郑松青
　　　　　　魏荷花　　刘中春　　刘学利　　薛兆杰
　　　　　　张　允　　赵清民　　赵艳艳　　吕心瑞
　　　　　　宋传真　　张冬丽　　耿宇迪　　张汝生
　　　　　　李　亮　　贺甲元　　曹辉兰　　邬兴威
　　　　　　谭　涛　　陈　勇　　侯加根　　金　强
　　　　　　刘慧卿　　侯吉瑞　　李爱芬　　吕爱民
　　　　　　邱　元　　赵　辉　　张冬梅　　王会杰
　　　　　　肖凤英　　卜翠萍　　李红凯　　薛诗桂
　　　　　　段心标　　梁志强　　唐金良　　黄孝特
　　　　　　王晓畅　　韩科龙　　张　慧　　朱桂良
　　　　　　焦保雷　　张建光

缝洞型碳酸盐岩油藏
提高采收率理论与关键技术丛书

序

　　我国缝洞型碳酸盐岩油藏资源量为 340×10^8 t,累计探明石油地质储量为 29.34×10^8 t,高效开发此类油藏是我国石油工业快速发展的重要保障,而提高采收率技术是有效开发此类油藏的决定性手段。缝洞型碳酸盐岩油藏的开发面临深层缝洞储集体识别精度低、剩余油模拟预测难、缺乏高效驱替方法等诸多瓶颈制约。为了贯彻落实习近平总书记关于"大力提升油气勘探开发力度""能源的饭碗必须端在自己手里"等重要指示精神,中国石化缝洞型碳酸盐岩油藏开发科研团队攻关了"十三五"国家科技重大专项"缝洞型碳酸盐岩油藏提高采收率关键技术"(2016ZX05014),创新形成了多尺度缝洞储集体地震预测、岩溶相控地质建模、多尺度流动耦合数值模拟、差异化注水、洞顶氮气驱以及靶向酸压等提高采收率技术,实现了世界上首个特大型缝洞型碳酸盐岩油田——塔河油田——的规模开发。塔河油田新井建产率达 91.7%,年产油长期稳产在 550×10^4 t 以上,示范区采收率提高至 23%,支撑了顺北 10 亿吨级大油气田的发现与快速上产,引领了世界深层、超深层碳酸盐岩油气藏开发技术的发展。

　　为了系统总结和反映国家科技重大专项在科学理论和技术创新方面取得的重大进展和成果,加快推进项目理论技术成果的推广和提升,在上述科学研究、技术开发和生产实践所取得的科技成果的基础上,凝练提升,精心著述完成了"缝洞型碳酸盐岩油藏提高采收率理论与关键技术丛书"。本丛书共分五卷,分别涉及缝洞储集体地震识别与预测、油藏描述与地质建模、改善水驱与注气提高采收率、堵调与酸压工艺等方面的最新理论和技术成果,是目前该领域的代表性著作,集中体现了该领域的理论研究和技术开发的现状、前沿及发展趋势。

　　卷一阐述了缝洞储集体物理模拟实验技术、不同类型缝洞储集体的地震响应特征,介绍了不同地质特点的高精度地震成像方法、不同类型缝洞储集体的识别与预测技术,并介绍了缝洞储集体地震识别与预测的技术效果。

　　卷二阐述了缝洞型油藏主要储集体类型及分布规律,介绍了不同类型缝洞储集体测井精细评价技术、缝洞型碳酸盐岩油藏地质知识库构建技术、不同类型缝洞储集体成因结构模式及描述方法、缝洞型油藏多元控制地质建模技术,简述了缝洞型碳酸盐岩油藏储量评价方法,并介绍了缝洞型碳酸盐岩油藏精细描述与地质建模的技术效果。

卷三阐明了缝洞型碳酸盐岩油藏水驱后剩余油动用机理,介绍了复合介质耦合油藏数值模拟和剩余油评价技术、缝洞型碳酸盐岩油藏井间连通性评价技术、缝洞型碳酸盐岩油藏空间结构井网设计及注采参数优化技术,简述了开发技术政策及注水效果评价,并介绍了缝洞型碳酸盐岩油藏改善水驱的技术效果。

卷四阐述了缝洞型碳酸盐岩油藏注氮气物理模拟方法及流动规律、注气提高采收率机理及理论认识,介绍了注气数值模拟技术、泡沫辅助氮气驱技术、注气油藏工程方法、注气政策及效果评价技术,并介绍了缝洞型碳酸盐岩油藏注气提高采收率的技术效果。

卷五阐述了缝洞型碳酸盐岩油藏选择性堵水技术、注水井组调驱增效技术、靶向酸压材料技术、复杂缝酸压改造技术、暂堵转向酸压技术等关键技术,并介绍了缝洞型油藏堵调及靶向酸压工艺的技术效果。

丛书各卷作者均是课题负责人和技术骨干,内容上紧紧围绕缝洞型碳酸盐岩油藏提高采收率技术,体现课题技术攻关的重大科学理论和先进开发技术成果,并包含塔河油田应用和顺北油田推广情况的真实记录,这为缝洞型碳酸盐岩油藏高效开发提供了范例。丛书内容力求系统、准确,体现先进和实用,是专业性强、涉及面广、具有鲜明"缝洞特色"的科技书籍,可供从事油气勘探开发特别是碳酸盐岩油气勘探开发的科研人员、院校师生和现场技术人员和管理人员参考。

党的二十大报告提出,要深入推进能源革命,加大油气资源勘探开发和增储上产力度,确保能源安全。海相深层、超深层碳酸盐岩油气勘探开发是目前重要的发展领域,希冀本丛书的出版能够推进深层、超深层碳酸盐岩油气藏勘探开发的科技进步和高效开发。

丛书撰写过程中,得到了"大型油气田及煤层气开发"专项实施办公室、中国石化科技发展部、中国石化石油勘探开发研究院、中国石化西北油田分公司、中国石化石油物探技术研究院以及中国石油大学(北京)、中国石油大学(华东)、中国地质大学(武汉)、北京大学、长江大学等高校领导与专家的大力支持和帮助,在此一并表示衷心的感谢!

李阳

2022 年 11 月

PREFACE | 前　言

　　注气提高采收率技术是缝洞型碳酸盐岩油藏降递减与促稳产的关键技术。"十三五"期间，围绕不同注气体介质提高采收率机理认识不系统、缝洞型碳酸盐岩油藏注气数值模拟技术未形成、注氮气方式与技术政策需优化、泡沫辅助氮气驱技术未形成、注气效果评价技术未形成等关键问题，以"完善注氮气关键技术，持续支撑示范区建设"为目标，制定了涉及缝洞型碳酸盐岩油藏注气开发"机理—数模—政策—治窜—评价"全周期五节点的研究主线。采用室内实验、油藏工程与先导试验相结合的方法，重点对缝洞型碳酸盐岩油藏注气提高采收率机理、注气数值模拟技术、注氮气方式与技术政策、泡沫辅助氮气驱技术、注氮气效果评价技术开展系统研究。通过创新发展理论与技术，进一步丰富了缝洞型油藏注气提高采收率关键技术，推进缝洞型碳酸盐岩油藏注氮气提高采收率示范区建设。基于上述理论和技术成果，通过梳理、凝练，形成了《缝洞型碳酸盐岩油藏注气提高采收率技术》一书，以飨读者。

　　本书共七章，绪论介绍国内外研究现状及存在的技术问题；第一章介绍缝洞型碳酸盐岩油藏注氮气物理模拟方法及流动规律，主要介绍 3D 打印物理模型制作及实验技术方法；第二章系统阐释油藏条件下不同注入气体与原油相互作用机理、注氮气驱油效果及剩余油分布特征、注氮气启动剩余油的力学机制；第三章重点介绍缝洞型碳酸盐岩油藏注气数值模拟技术，主要包括多相多组分相平衡计算、数学模型的建立及求解；第四章阐述缝洞型碳酸盐岩油藏泡沫辅助氮气驱技术，主要介绍泡沫体系研发、泡沫辅助氮气驱作用机理、油藏适应性及矿场先导试验；第五章重点介绍缝洞型碳酸盐岩油藏注气油藏工程方法及注气政策，主要包括注采井网设计、关键参数计算、注采参数优化及差异化政策；第六章介绍缝洞型碳酸盐岩油藏注氮气效果评价技术，包括注氮气开发特征、评价指标体系的构建及评价方法的建立。

　　本书编写过程中得到了中国石化科技发展部、西北油田分公司、中国石化石油勘探开发研究院、中国石油大学（华东）、中国石油大学（北京）、北京大学等领导、专家和教授的大力支持与帮助，在此表示衷心的感谢。

　　本书由鲁新便、谭涛设计大纲和统稿，前言由鲁新便执笔，第一章由鲁新便、王会杰、宋传真执笔，第二章由宋传真、鲁新便、惠健、朱桂良、张建光执笔，第三章由张允、杨敏、刘中春、张慧执笔，第四章由侯吉瑞、鲁新便、谭涛、屈鸣、宋传真执笔，第五章由谭涛、刘学利、陈勇、宋传真、朱桂良执笔，第六章由谭涛、鲁新便、刘学利、解慧执笔。

　　由于编者水平有限，书中如有不妥之处，敬请读者批评指正。

CONTENTS | **目 录**

绪　论

缝洞型碳酸盐岩油藏属于非均质性最强的一类碳酸盐岩油藏。国内外关于碳酸盐岩油藏注气提高采收率技术的研究大多针对裂缝型和基质具有一定储集能力的碳酸盐岩油藏，且油藏埋深普遍低于 4 000 m。

目前碳酸盐岩油藏注气提高采收率技术以注二氧化碳、氮气和烃类气体为主。2000—2010 年发表的《世界 EOR 调查报告》中统计的国外碳酸盐岩油藏所实施的注气项目中，注二氧化碳所占比例最大，为 61%，注烃类气体为 36%，而注氮气项目最少，仅为 3%（图 0-0-1）。

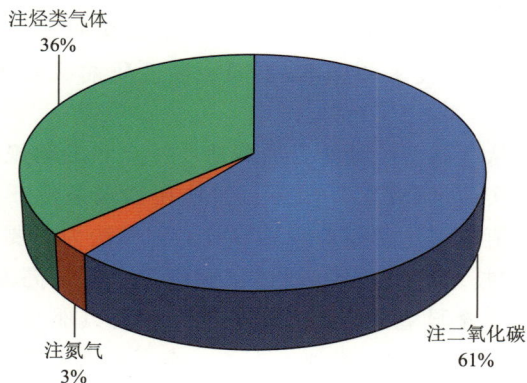

图 0-0-1　2000—2010 年世界碳酸盐岩油藏注气项目比例

国内碳酸盐岩油藏可分为裂缝-孔隙型、孔隙型和缝洞型，其中以缝洞型油藏为主。缝洞型油藏以大型溶洞、溶蚀孔洞及裂缝为主要储集空间，其分布受沉积、构造、古地貌以及多期岩溶作用控制，属于非均质性极强的缝洞型碳酸盐岩油藏，与常规孔隙型砂岩油藏和一般裂缝型碳酸盐岩油藏有着本质的区别。此外，以塔河油田为代表的缝洞型碳酸盐岩油藏埋藏深度大（约为 5 500 m）、地层温度高（125 ℃）、地层水矿化度高（22×10³ mg/L）、开发难度大。2005 年以来，经过室内研究和矿场实践，创新形成了缝洞型碳酸盐岩油藏注水提高采收率技术，包括单井多轮次注水替油及大单元的注水驱替开发，为缝洞型碳酸盐岩油藏提高采收率技术提供了技术支撑。随着注水开发效果变差，亟须创新形成缝洞型

002 | 缝洞型碳酸盐岩油藏注气提高采收率技术 |

碳酸盐岩油藏新的提高采收率技术发展方向。通过物理模拟实验,结合油藏数值模拟和现场实践,认识到缝洞型碳酸盐岩油藏在注水开发后会形成水驱波及不到的洞顶"阁楼油",而氮气在原油中的溶解度很低,注入地层后在重力作用下向高部位运移,容易形成"气顶",可有效驱动洞顶"阁楼油"。

2012 年 4 月 17 日,在塔河油田 TK404 井首次开展了氮气吞吐提高采收率矿场试验,之后氮气吞吐提高采收率在缝洞型单井单元的油藏中得到全面推广和应用,并形成了注气替油的选井标准、注采参数及配套工艺。截至 2015 年 12 月,塔河油田碳酸盐岩油藏累积注气井有 779 口,年注气规模达 3.4×10^8 m³,控制储量达 3.5×10^8 t,控制程度为 37.2%,年增油 85×10^4 t。

随着单井单元氮气吞吐开发向多井单元的井间驱替开发转变,如何在缝洞型碳酸盐岩油藏中开展气驱开发,从而实现采收率的大幅度提高成为当务之急。"十三五"以来,依据国家重大专项"缝洞型油藏注气提高采收率关键技术"的组织实施和塔河油田规模注氮气开发的现场实践,围绕以下气驱开发中的 5 个关键问题开展了攻关研究:一是在不同地质条件下,多井单元氮气驱作用机理不明确,不同原油性质的油藏能否都利用注氮气实现提高采收率不清楚,二氧化碳、二氧化碳与氮气复合气对缝洞型碳酸盐岩油藏提高采收率机理不明朗;二是缝洞型碳酸盐岩油藏中油、气、水三相流动规律不同于砂岩,注气过程中油藏流体多组分变化的数值模拟和相关的流动特征缺乏理论和实验研究,相关的数值模拟方法还未形成;三是缝洞型油藏非均质性强,差异化的注气开发方式、注采参数等技术政策还亟待创新和建立;四是已试验的井组氮气驱表现出注采关系单一、气窜现象严重的特点,如何改善和提高气驱效率,扩大气驱波及还需要深化研究;五是还未建立缝洞型碳酸盐岩油藏注气开发效果评价技术和标准,不同原油性质油藏的注气适应性和潜力评价还有待认识。

鉴于上述问题,本书从缝洞型碳酸盐岩油藏地质特点和流动规律出发,利用多种研究手段,结合矿场气驱开发实践,研究了不同注入气体在油藏条件下提高采收率的机理,并以油藏物理模拟实验、数值模型建立和求解及油藏工程方法为主要手段,进行了缝洞型碳酸盐岩油藏注气数值模拟技术方法攻关,通过实验研发了适合高温、高盐、耐油的微分散凝胶强化泡沫体系,形成了缝洞型碳酸盐岩油藏泡沫改善气驱技术,提升了氮气驱效果,最终建立了氮气驱开发技术政策和效果评价方法。本书可有效指导示范工程中缝洞型碳酸盐岩油藏注气试验方案的编制,为同类缝洞型油藏科学、高效注气提供技术支撑。

第一章
缝洞型油藏注氮气物理模拟方法及流动规律

为揭示缝洞型碳酸盐岩油藏注氮气复杂多相流流动机理,以塔河油田缝洞型碳酸盐岩油藏为研究对象,通过缝洞模型相似准则设计、物理模型构建、缝洞模型多相流流动实验来开展注氮气模拟方法及流动规律的研究。

第一节　3D 打印物理模拟实验技术

一、物理模型设计原则及方法

1. 缝洞介质相似准则设计

在实际油藏中,对于裂缝和溶洞发育的地层,难以获得真实岩芯。在研究缝洞问题时,诸多学者采用人工制备的方法获得缝洞物理模型。在设计实验物理模型和实验参数时,往往按相似准则将缝洞型油气藏地质体或概念化地质体涉及的几何参数、动力参数、运动参数等量化到缝洞物理模型中。在相似设计过程中,实现所有准则是很有挑战性的,但是可以选择重要的相似准则数来进行模型设计和参数设计。基于前人对缝洞型油藏物理模拟相似准则的研究与归纳,物理模型的设计应满足几何相似、运动相似和动力相似,同时还应对缝洞型油藏特征参数进行相似性设计。对于几何相似,由于缝洞型油藏中溶洞和裂缝是最主要的储油空间,应围绕溶洞和裂缝进行相似设计,因此这里主要利用量纲分析法来设计缝洞物理模型。

物理模型以地质模型中的"溶洞和裂缝"为基准,以油藏控制直径为边界,将地质模型中油藏控制直径内的缝洞结构分层按比例缩放于 3D 打印岩芯中,从而保证模型溶洞尺寸与油藏原型比例相似,"溶洞直径"与"油藏有效厚度"之比与油藏原型相等。从相似理论设计的角度分析,在同一物理模拟中难以同时实现多个相似准则,只能侧重局部进行模拟。为了使实验结果更加可靠和通用,实验室规模的流量特性应与现场规模的流量特性相似。在量纲分析的基础上,确定了 9 个能够反映缝洞型碳酸盐岩油藏开发主要特征的相似准则,见表 1-1-1。缝洞介质油藏模型与物理模型物理量的具体值见表 1-1-2。具体来说,对于运动和动力相似准则,在缝洞型油藏中大尺度裂缝及溶洞发育,流体在溶洞中以自由流的形式流动,而在大尺度裂缝中以平板流为主,流动速度大,雷诺数(Re)较高,因此物理模型的相似性设计应满足雷诺数相似,从而满足流体流动的相似特性。此外,压力与重力之比在一定程度上影响了驱替过程中油、水、气的分布,因此在物理模型中应满足压力与重力的比值相似。重力对流体流动影响较大,通过重力和表面张力之比,即邦德数(Bo)来表征。在注入量与流量之间的关系中,流量等同于雷诺数中的注入流速。多条裂缝下的立方定律主要描述缝洞系统中流体在裂缝中的流动特征,但这里的裂缝为等效裂缝,因此暂时不考虑立方定律。另外,为保证几何相似性,物理模型中井筒中的流动等效为裂缝中的流动,因此井筒半径与储层厚度之比应等于实际的裂缝-溶洞储层模型中的比率。溶洞体积与裂缝导流能力之比等效为溶洞直径与裂缝开度之比。

表 1-1-1　缝洞介质模型油、水、气三相流动涉及的物理量及其量纲

类　型	相似准则群	相似准则	物理含义
运动和动力相似	π_4	$\Delta p/(\rho g L)$	注入压力与重力之比
	$\sqrt{\pi_1 \cdot \pi_2}$	$(\rho v L)/\mu$	惯性阻力和黏滞阻力之比(即雷诺数 Re)
	π_7	$(\Delta \rho g L^2)/\sigma$	重力与表面张力之比(即邦德数 Bo)
	$\sqrt{\pi_1 \cdot \pi_3}$	$Q/(\rho v L^2)$	注入量与流量之间的关系
	$\pi/(\pi_8 \cdot \pi_{10}^3)$	$(v\mu L)/(n_f b^3 \Delta p)$	多条裂缝下的立方定律
几何相似	π_{18}	ξ	配位数[裂缝连接油藏(溶洞)的数目]
	π_{19}	η	填充度(溶洞中的充填程度)
	$\pi^3/(\pi \cdot \pi)$	$d^3/(kb)$	溶洞体积与裂缝导流能力之比
	π_{12}	r_w/L	井筒半径与储层厚度(溶洞)之比

表 1-1-1 中,π,π_1,π_2,π_3,π_4,π_7,π_8,π_{10},π_{12},π_{18},π_{19} 为相似准则数;Δp 表示压差,Pa;ρ 表示油相密度,g/m^3;g 表示重力加速度,m/s^2;L 表示储层厚度,m;μ 表示油相黏度,mPa·s;v 表示流动速度,m/s;σ 表示表面张力,N/m;Q 表示注入速度,m^3/d;n_f表示裂缝密度,m^{-1};b 表示裂缝开度,m;ξ 表示配位数;η 表示填充度,%;d 表示溶洞等效直径,m;k 表示裂缝渗透率,m^2;r_w表示井筒半径,m。

表 1-1-2　缝洞介质油藏模型与物理模型物理量的具体值

物理量	油藏模型	物理模型
溶洞直径	1 000~20 000 mm	20~50 mm
裂缝开度	0.5~50 mm	0.5~2.0 mm
原油黏度	10~1 000 mPa·s	20~500 mPa·s
原油密度	0.92 g/cm^3	0.96 g/cm^3
重力加速度	9.81 m/s^2	9.81 m/s^2
压　差	2~13 MPa	2.26~45.30 kPa

物理量	油藏模型	物理模型
线速度	30～150 m/d	0.002～1.670 m/s
填充度	0～100%	0～100%
配位数	1～5	2

此外,缝洞介质中的特征准则还包括其他重要的特征参数,如配位数(储集体所连通的裂缝条数)、填充度和裂缝连接数等。为了简化模型,在缝洞组合模型中,将配位数选择为1(一个溶洞连接一条裂缝),填充度为0(不考虑填充情况)。由于表面张力在大型溶洞(不考虑填充物)中的影响很小,因此毛管数不作为相似准则。例如,为了满足运动相似性,模型中的流动参数应满足油藏的雷诺数,可以用以下方程推导:

$$Re = \frac{\rho u L}{\mu} \Rightarrow u_e = \frac{\mu_e \rho L}{\rho_e \mu L_e} u \Rightarrow u_e \in (0.002 \sim 1.670 \text{ m/s}) \tag{1-1-1}$$

式中 u, ρ, μ——流体速度、流体密度和流体黏度;

L——特征长度(如储层厚度);

下标 e——物理模型中的参数。

基于式(1-1-1)和表1-1-2,物理模型中流体的速度应在0.002～1.670 m/s范围内。因此,在选择实验参数时,注入流体速度应在此参考范围内。此外,为了满足动力学的相似性,可以用以下方程推导:

$$\chi = \frac{\Delta p}{\rho g L} \Rightarrow \Delta p_e = \frac{\rho_e g L_e}{\rho g L} \Rightarrow \Delta p_e \in (2.26 \sim 45.30 \text{ kPa}) \tag{1-1-2}$$

式中 χ——压力与重力之比;

ρ, ρ_e——油藏模型和物理模型的密度;

$\Delta p, \Delta p_e$——油藏模型和物理模型的压差。

由式(1-1-2)推导得出,物理模型中的压差范围为2.26～45.30 kPa。根据相似性准则,可以确定其他参数(表1-1-1)。另外,重力与表面张力之比如下:

$$Bo = \frac{\Delta \rho g L^2}{\sigma} \Rightarrow Bo \in (0 \sim 1\,177.2) \tag{1-1-3}$$

式中 Bo——邦德数;

σ——表面张力。

根据物理模型参数,可以推导出物理模型的邦德数 Bo 的范围为0～1 177.2,当 $Bo=0$ 时,表示模型不受重力作用,即水平剖面模型;当 $Bo=1\,177.2$(油气情况)或49(油水情况)时,表示模型受到竖直方向的重力作用,即竖直剖面模型。

2. 物理模型 3D 打印制作方法

前期的刻蚀法在缝洞物理模型设计中将裂缝处理为较长的喉道,忽略裂缝的平面或垂向展布特征,严重影响了缝洞间流体流动特征的表征,同时塔河油田缝洞型油藏溶洞、裂缝尺寸相差较大,但这些模型弱化了几何相似特征,导致模拟实验观察到的物理现象失真;现有的刻蚀模型灵活性较差,无法准确反映缝洞空间配置关系对剩余油分布的影响。

此外,有机玻璃为脆性材料,易发生受力膨胀和受热膨胀,因此有机玻璃刻蚀模型的承温和承压性能较差,注气实验条件不容易得到满足;有机玻璃刻蚀物理模型精度也较低,模型不可复制,且受介质尺度和模型维度限制,模型无法再现真实油藏三维流动特征。真实岩芯制作物理模型设备安装调试工作量较大,模型不可复制且精度较低。为改善上述问题,借助 3D 打印技术来构建缝洞结构物理模型。

3D 打印技术可以对非对称、结构复杂的具有三维多曲面的等精密模型进行个性化定制,具有成本低、周期短、精度高和复制性强等优点,目前已广泛应用于生物医疗、航空航天、文化创意、工业模型、地质模型、石油化工等领域。

利用 3D 打印技术制备地质体模型的一般流程有以下三步:

(1)模型设计。通过实体扫描或者软件建模,构建三维数据模型(STL 文件),将模型按照一定的方式分层形成"切片",指导计算机逐层打印。

(2)选择 3D 打印工艺。根据打印模型特征选择合适的工艺,将三维数据模型导入 3D 打印设备,打印机读取"切片"信息,用液体、粉末或者固体等材料逐层打印,并将各层界面以各种方式融合起来,形成三维实体。

(3)模型后处理。通过去除支撑材料、抛光、涂色等获得理想模型。

利用 3D 打印技术制备地质体模型具体工作流程如图 1-1-1 所示。

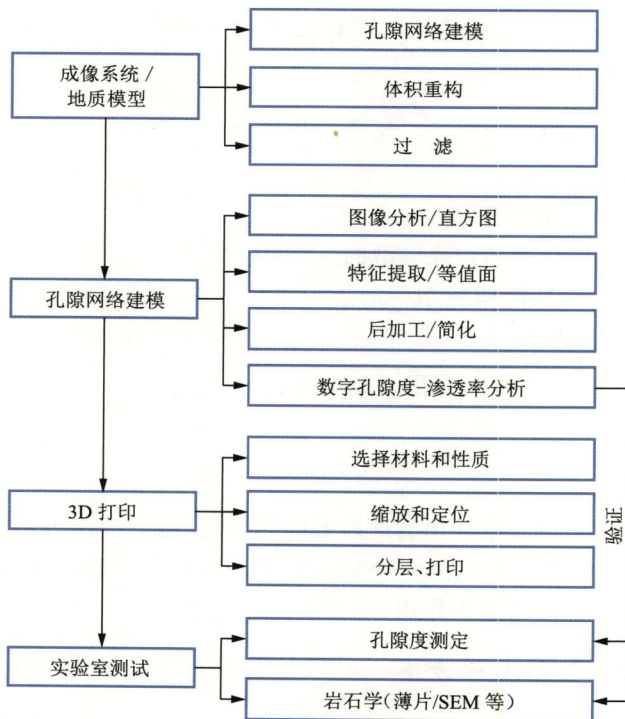

图 1-1-1　利用 3D 打印技术制备地质体模型的工作流程

根据对塔河油田典型区块缝洞型油藏地质体中溶洞、裂缝和竖井等几何连通关系的分析和简化,总结了 7 种缝洞地质体建模模型(图 1-1-2a):管道-大裂缝-管道模型、管道-廊道-管道模型、竖井-大裂缝-管道模型、孤立洞-大裂缝-孤立洞模型、大裂缝-竖井模型、大裂缝-孤立溶洞模型和大裂缝-管道模型。选择大裂缝-孤立溶洞地质模型，借助 3D 打印机制备缝洞结构概念化模型（图 1-1-2b），针对实际典型的连井剖面情况进行缝洞结构刻画，基于相似准则构建二维物理模型（图 1-1-2c）。

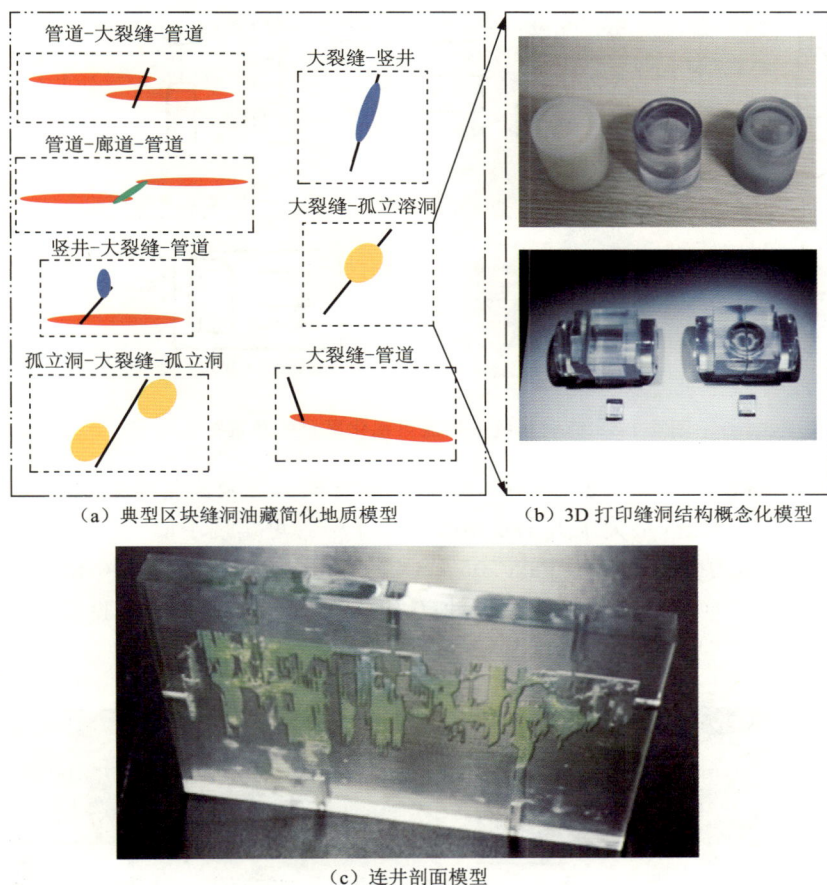

（a）典型区块缝洞油藏简化地质模型 （b）3D 打印缝洞结构概念化模型

（c）连井剖面模型

图 1-1-2 3D 打印缝洞模型

二、缝洞系统多相流动实验技术

研制了基于 3D 打印缝洞物理模型的缝洞系统多相流可视化平台，如图 1-1-3 所示。

缝洞系统多相流动实验系统由五部分组成，即注入系统、控制系统、成像系统、回压系统和数据采集系统，如图 1-1-4 所示。其中，注入系统包括用于高压注入的 3 个 ISCO 泵（一个单缸 65D 和两个双缸 100DX）或用于低压注入的 3 个蠕动泵（LSP01-1-1BH），以及中间活塞容器（16 MPa，200 mL）；控制系统由手动和自动（气动）控制阀组合而成；成像系统包括高速相机、LED 面光源、连续半导体激光器（波长为 532 nm，功率为 25 W，激光镜头包括直径为 20 cm 的面镜头和直径为 1 mm 的片镜头）、模型夹持器（二维模型可实现

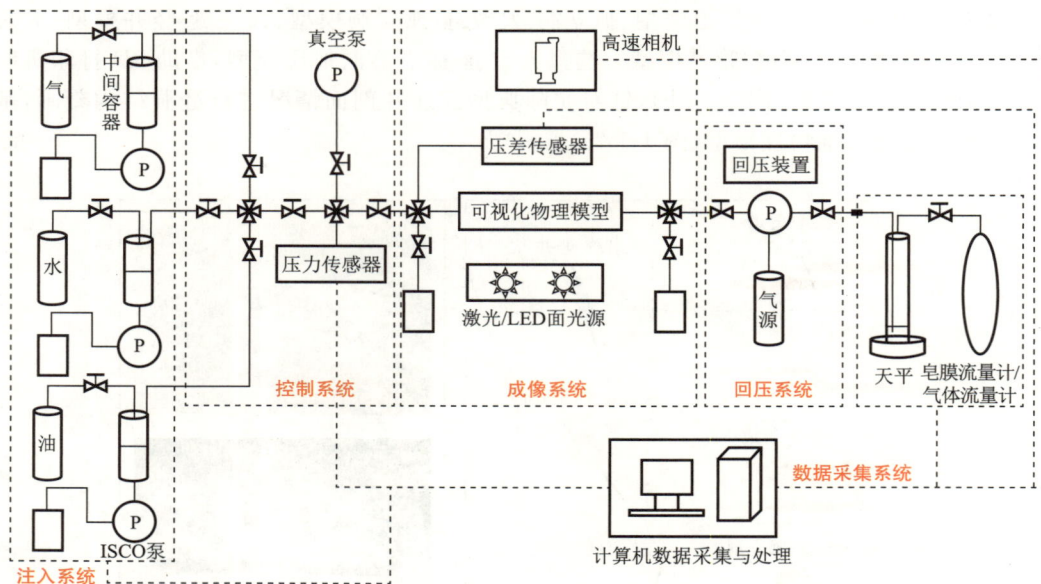

图 1-1-3 缝洞系统多相流可视化平台的装置结构图

360°调节支架,三维模型可实现 0.1 mm 精确移动支架),以及高精度减震平台系统(固有频率为 2 Hz);回压系统(最大压力 1.6 MPa,0.1 FS%)可实现 1 kPa 精度调节;数据采集系统包括 Keller 压力传感器(3 MPa,0.05 FS%)、Keller 压差传感器(10 kPa,0.1 FS%)、数码相机、电子天平(0.01 g)和气体流量计(0.5~50 mL/min)等。实验系统可采用两种多相流动实验方法,即背光可视法(BVM)和粒子图像测速技术(PIV)。

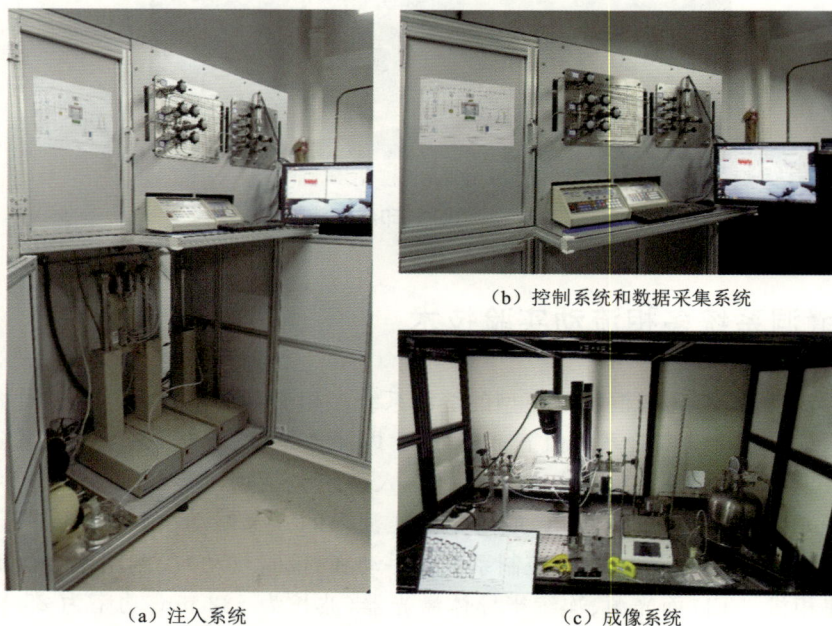

(a)注入系统

(b)控制系统和数据采集系统

(c)成像系统

图 1-1-4 缝洞系统多相流动实验系统

背光可视法（BVM）基于拟三维可视化模型（径向深度远小于平面展布尺寸），在模型一侧布置 LED 面光源，在对侧平行布置图像记录设备（如高速相机、摄像机等），用以记录实验过程（图 1-1-5），最后对图像结果进行量化处理分析和研究。利用该方法，重点研究流体流动形态（流型）、多相流界面变化、气体特征、波及体积、润湿性转向等。

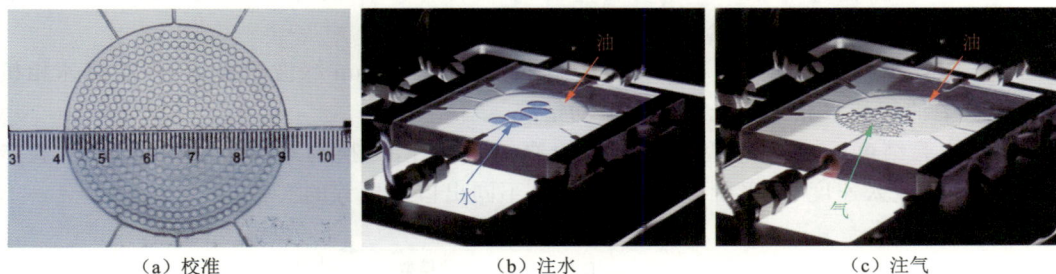

| （a）校准 | （b）注水 | （c）注气 |

图 1-1-5　基于 BVM 方法的多相流动实验

粒子图像测速技术（PIV）是在流体中加入示踪粒子（如荧光颗粒），粒子伴随流体流动，用以表征流体的流动特性。图 1-1-6 为基于 PIV 方法的多相流实验流程。

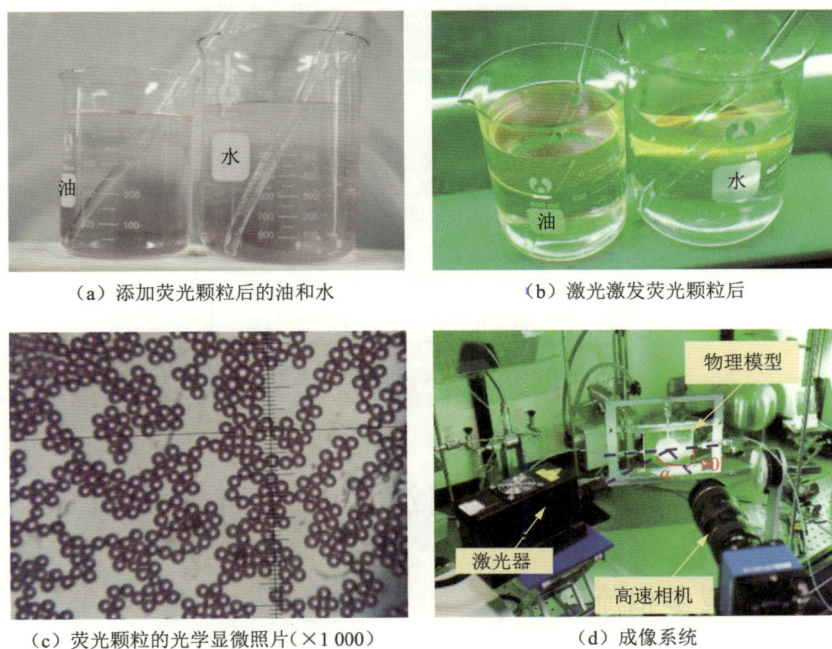

| （a）添加荧光颗粒后的油和水 | （b）激光激发荧光颗粒后 |

| （c）荧光颗粒的光学显微照片（×1 000） | （d）成像系统 |

图 1-1-6　基于 PIV 方法的多相流动实验流程

多相流动实验流程如图 1-1-7 所示，具体实验步骤如下：

（1）干燥模型后将其接入管路，进行密闭性测试；利用相机定位（用量尺做标注，若模型尺寸已知则不需要做标注），记录环境温度、回压。

（2）抽真空 12 h，饱和油（模型中没有气体）2 h，结束后记录系统压力。

（3）以恒定流量 q_0 或恒定压力注水（气），当注入水（气）的体积达到 2 PV 或者出口端没有油相流出时停止注水（气），实时记录驱替过程。

（4）以恒定流量 q_0 或恒定压力注气（水），当注入气（水）的体积达到 2 PV 或者出口端没有油相流出时停止注气（水），实时记录驱替过程。

（5）BVM 实验：在步骤（3）和（4）时，实验平台启动 LED 面光源，利用高速相机记录模型中油、气、水各相的体积变化情况。

（6）PIV 实验：在步骤（3）和（4）时，实验平台启动 532 nm 绿波激光器，利用高速相机记录模型中油相和水相中荧光粒子的流动情况。

（7）实验结束后，清洗模型和管路中的油、气、水等，更换物理模型，重复以上实验步骤，进行不同注入速度、水平剖面或竖直剖面、不同出口位置等的实验。

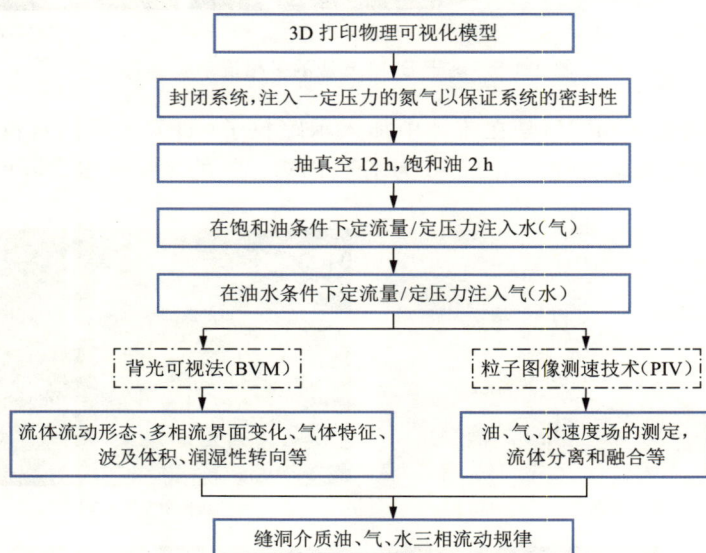

图 1-1-7　多相流动实验流程图

第二节　注氮气三相流动规律研究及认识

一、缝洞模型多相流动实验

在圆形模型和方形模型（图 1-2-1）中进行竖直剖面气驱油实验（邦德数 $Bo=1\ 177.2$），即考虑重力对流动的影响。气相在进口端裂缝中流动时表现为活塞流，重力作用使得油气界面不再关于水平中线对称（局部放大可见）。气相进入溶洞后，由于重力分异作用，连续气流被"折断"，形成了等直径大小的气泡，气泡沿壁面迅速上升到溶洞顶部。随着气泡逐渐在溶洞顶部积累，气泡克服了油气界面张力，合并成较大的气泡，油气界面整体向下平移，因此油相被驱替。当油气界面从顶部位置移动到水平中线时，气相从出口端裂缝中突破后,采收率不再有明显的变化。

对比两个不同物理模型的实验结果可以发现,气泡在溶洞中的直径大小与裂缝的开度、注入速度(借助毛细管数 Ca 的对数来表征)和油气界面张力有关。总的来说,裂缝开度越大,注气速度越大,气泡直径就越大。在圆形模型中,较低的注气速度下,气泡沿着壁面上升到顶部,这与在方形模型中的不同;随着注气速度的增加,气泡向上流动时逐渐远离壁面,这与在方形模型中的类似。这是因为气泡在溶洞中的上升轨迹取决于水平方向的注入速度、竖直方向的重力以及壁面的情况。在圆形模型中,因气泡直径较小,速度也较低,气体沿壁面上升,而在方形模型中,气泡运动轨迹为类平抛运动轨迹,远离竖直壁面。当气泡直径较大、速度较高时,气泡在两种模型中均呈现远离壁面的类平抛运动。

对比不同注气速度($\lg Ca$)的实验结果发现,气泡的融合时间随不同注入速度而变化。具体来说,当注气速度较小($\lg Ca=-6$)时,气体以较小的气泡直径和光滑形状进入溶洞中。由于注入速度较小,所以小气泡在溶洞顶部融合的时间充足。从溶洞顶部开始,油气界面几乎平行于水平中线向下驱替,当界面到达出口端裂缝时,气体平稳突破。但是,当注气速度较大($\lg Ca=-4$)时,气泡以较大的直径进入溶洞,此时小气泡的融合时间不充分,而且溶洞顶部的压力较大,导致气泡被挤压变形,油气界面复杂且不规则,当油气界面抵达出口端裂缝时,气体表现为湍流并瞬间突破。在气驱油的过程中,气泡之间存在较多的油膜(在前后壁面上,实验结果未呈现),因此必须增加注气的孔隙体积倍数以清除壁面油膜。

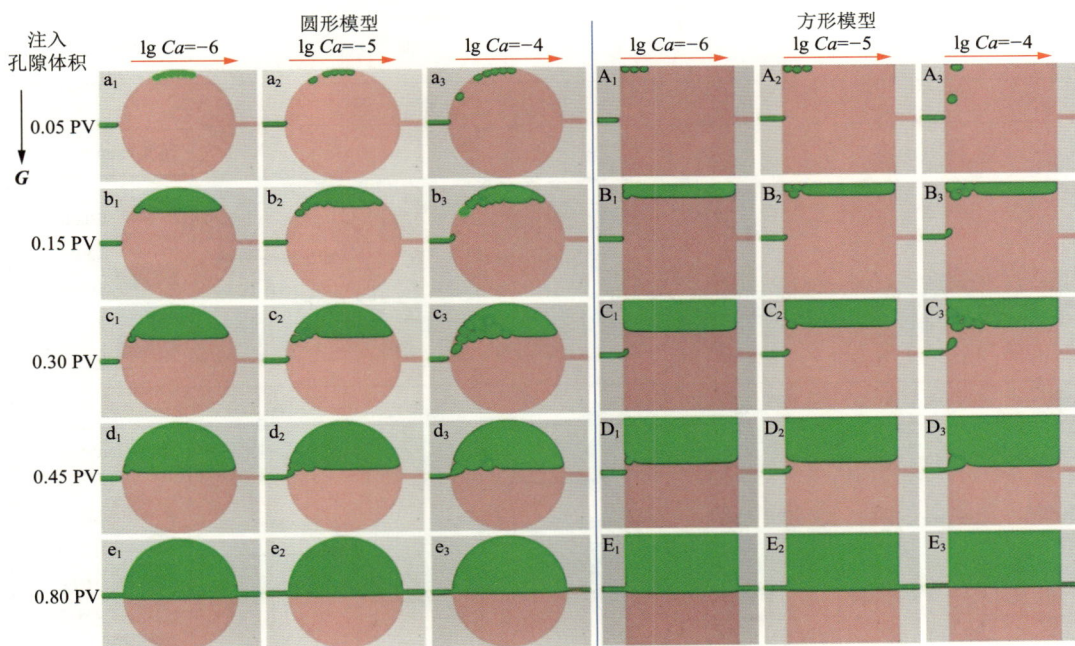

图 1-2-1　在圆形和方形模型中不同注入速度条件下竖直剖面气驱油实验油气体积分布图($Bo=1\ 177.2$)

粉色表示油相,绿色表示气相;G 表示重力方向

$a_i \sim e_i$($A_i \sim E_i$)($i=1\sim3$)分别表示孔隙体积为 0.05 PV,0.15 PV,0.30 PV,0.45 PV 和 0.80 PV 时的情况

  图 1-2-2 显示了竖直剖面气驱油过程中($Bo=1\,177.2$)，在不同注气速度条件下圆形模型进口区域的油气速度场。随着注气速度的增加，气泡的直径变大（图 1-2-2$d_1 \sim d_3$），这是因为气泡的大小主要取决于裂缝开度和注气速度。此外，油相速度场逐渐变得不平衡，进口区域和出口区域的速度场相对较大，而在其他区域中速度场则相对较小，如图 1-2-2$e_i \sim f_i$ 所示。当气体在重力作用下被"卡断"时，溶洞中的油流回到入口端裂缝中，导致在裂缝溶洞模型进口区域形成大涡旋，气泡沿壁面旋转上升。当气体到达溶洞顶部时，油气界面向下驱替的速度增加，导致出口处的油相速度更高。方形模型的 PIV 实验结果与圆形模型的 PIV 实验结果基本相似，不同之处在于，方形模型中当气体被"卡断"时，溶洞中的油相返回裂缝，导致在模型进口区域形成涡旋，但气泡没有沿着壁面旋转上升，而是形成一个类平抛的向上运动轨迹。

  气泡在顶部形成连续相后，油气界面清晰，界面速度向下，因此氮气驱为重力驱替。

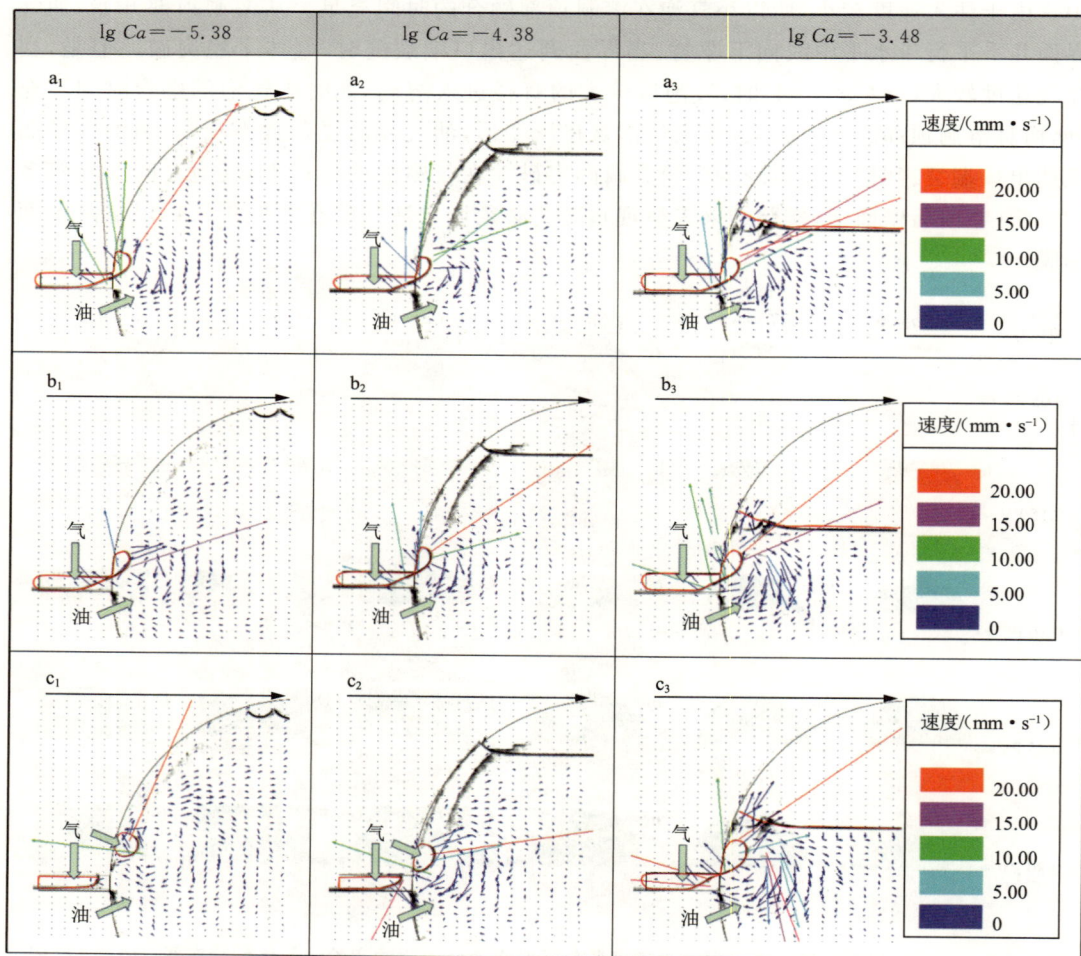

图 1-2-2 竖直剖面气驱油过程中不同注气速度条件下圆形模型进口区域的油气速度场（$Bo=1\,177.2$）

红线表示油气界面

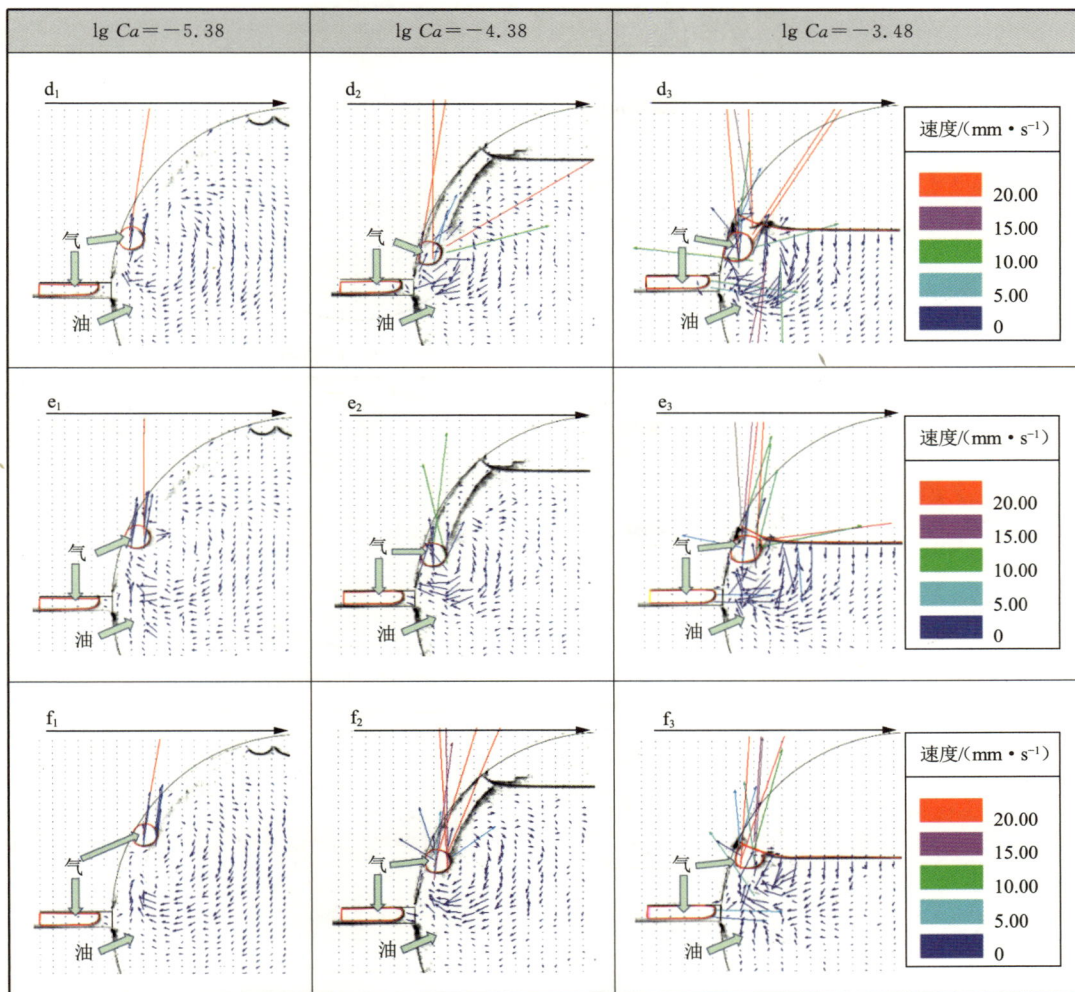

图 1-2-2(续)　竖直剖面气驱油过程中不同注气速度条件下圆形模型进口区域的油气速度场(Bo=1 177.2)

红线表示油气界面

图 1-2-3(a)～(d)分别为圆形模型中水驱油过程的 4 个不同时刻。初始时,油水界面处速度连续,油相流场方向指向出口(图 1-2-3a);当水到达溶洞底部时,油水界面处速度发生变化,底部界面速度向上,油相中上部形成涡流(图 1-2-3b),下部油被驱向出口;水相驱替完溶洞底部的油相后,油水界面整体向上驱替,越过水平中线,上部油相流场涡流消失,流向均指向出口方向,油相被快速驱替;待出口端见水后,油、水两相的速度场相对独立,油相中再次出现涡流,油相平衡后再无油驱替出来。随着注水速度的增加,水相速度场的分布区域也逐渐向水平中线附近收缩(图 1-2-3e)。当 lg Ca 达到-2.08(图 1-2-3f)时,在水平中线区域水相速度达到最大。

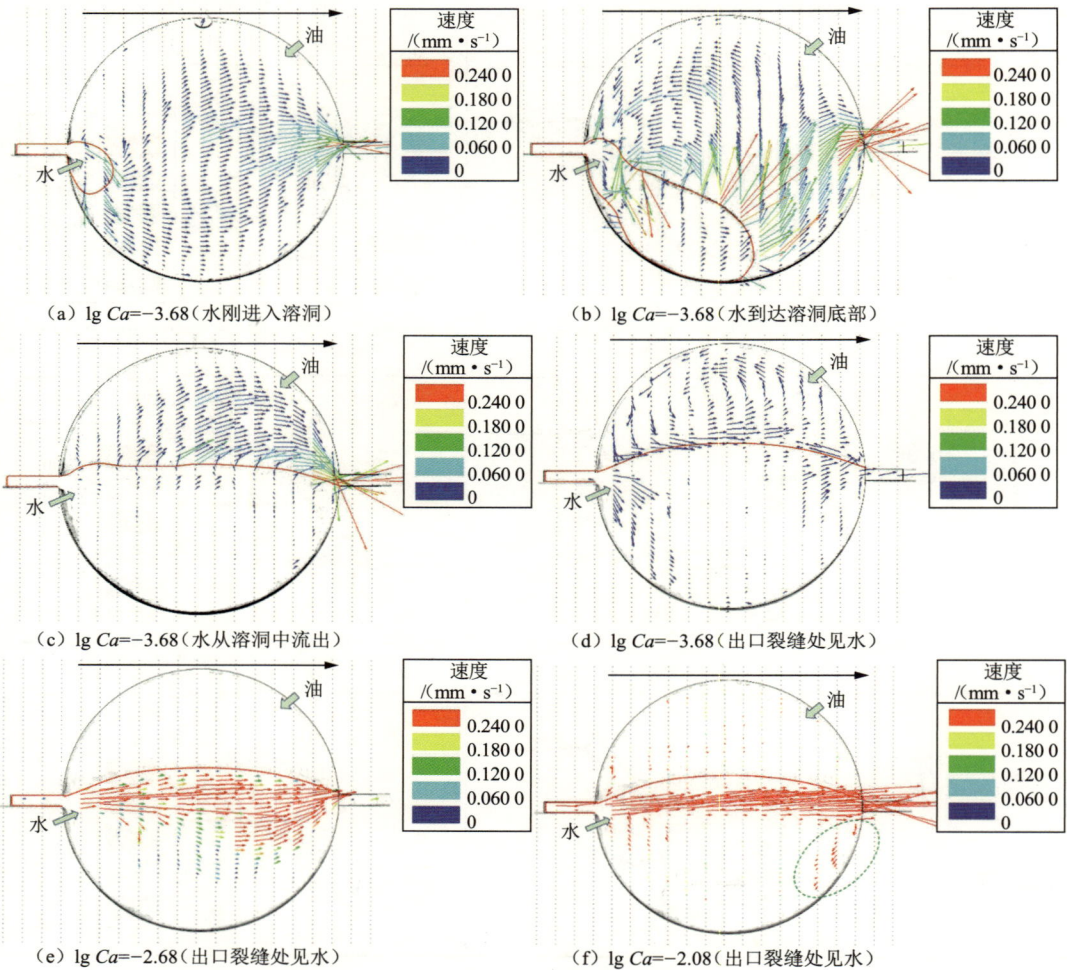

（a）lg Ca=−3.68（水刚进入溶洞）　　　　　　（b）lg Ca=−3.68（水到达溶洞底部）

（c）lg Ca=−3.68（水从溶洞中流出）　　　　　　（d）lg Ca=−3.68（出口裂缝处见水）

（e）lg Ca=−2.68（出口裂缝处见水）　　　　　　（f）lg Ca=−2.08（出口裂缝处见水）

图 1-2-3　竖直剖面水驱油过程中不同注水速度条件下圆形模型的油水速度场（Bo=49）

红线为油水界面，绿色虚线区域为溶洞出口端水平中线下方的顺时针水流速度场

二、多相流数值模拟方法

相场法（PFM）属于热力学理论的一种界面扩散模型，源于 van der Waal 提出的理论，即界面是由于两相流体在一定条件下相互扩散而形成的。通过相场参数 ϕ 来区分两相流体，ϕ 的取值范围为−1～1。相场参数能够影响控制两相界面变化的自由能（混合能）。另外，界面张力也可以通过自由能的形式表达。流体的密度和黏度在界面上是平滑变化的，因此有：

$$\xi(\phi) = V_{f1}\xi_1 + V_{f2}\xi_2 \tag{1-2-1}$$

式中　ϕ——无因次相场变量；

下标 1 和 2——两种不同流体,在流体 1 中 $\phi=1$,在流体 2 中 $\phi=-1$;

V_{f1},V_{f2}——各相的体积分数,$V_{f1}=\dfrac{1+\phi}{2}$,$V_{f2}=\dfrac{1-\phi}{2}$;

ξ——流体属性,如流体密度 ρ、流体黏度 μ 等。

PFM 的数学模型中包括 Navier-Stokes(N-S)方程和 Cahn-Hilliard 方程,其中 Navier-Stokes 方程用于描述流体流动,Cahn-Hilliard 方程用于描述多相流界面。通过两个方程的耦合,可实现对多相流体流动界面的追踪。相场方程系统具体如下:

1. Navier-Stokes 方程

Navier-Stokes 方程为:

$$\rho\frac{\partial \boldsymbol{u}}{\partial t}+\rho(\boldsymbol{u}\cdot\nabla)\boldsymbol{u}=\nabla\cdot\{-p\boldsymbol{I}+\mu[\nabla\boldsymbol{u}+(\nabla\boldsymbol{u})^{\mathrm{T}}]\}+\boldsymbol{F}_{\mathrm{st}}+\rho\boldsymbol{g} \tag{1-2-2}$$

$$\nabla\cdot\boldsymbol{u}=0 \tag{1-2-3}$$

式中　$\boldsymbol{u}$——流体速度,m/s;

　　　p——流体压力,Pa;

　　　$\boldsymbol{I}$——单位矩阵;

　　　$\mu[\nabla\boldsymbol{u}+(\nabla\boldsymbol{u})^{\mathrm{T}}]$——应力张量的黏性部分;

　　　$\boldsymbol{F}_{\mathrm{st}}$——应力张量界面张力项,N/m³;

　　　$\boldsymbol{g}$——重力加速度,m/s²。

应力张量界面张力项 $\boldsymbol{F}_{\mathrm{st}}$ 可以通过下列方程式得出:

$$\boldsymbol{F}_{\mathrm{st}}=G\nabla\phi \tag{1-2-4}$$

$$G=\lambda\left[-\nabla^{2}\phi+\frac{\phi(\phi^{2}-1)}{\varepsilon}\right]=\frac{\lambda}{\varepsilon^{2}}\boldsymbol{\Psi} \tag{1-2-5}$$

式中　G——化学势,Pa;

　　　λ——自由能参数,N;

　　　$\boldsymbol{\Psi}$——辅助变量;

　　　ε——界面厚度,m。

在 PFM 中,可以通过化学能相场变量的梯度来计算界面张力,因此不必计算界面曲率。特别地,在平面界面和等温流动条件下,表面张力 σ 可以通过方程(1-2-6)计算:

$$\sigma=\frac{2\sqrt{2}\lambda}{3\varepsilon} \tag{1-2-6}$$

2. Cahn-Hilliard 方程

Cahn-Hilliard 方程为:

$$\frac{\partial \phi}{\partial t}+\boldsymbol{u}\cdot\nabla\phi=\nabla\cdot\frac{\gamma\lambda}{\varepsilon^{2}}\nabla\boldsymbol{\Psi} \tag{1-2-7}$$

$$\boldsymbol{\Psi}=-\nabla\cdot\varepsilon^{2}\nabla\phi+(\phi^{2}-1)\phi+\left(\frac{\varepsilon^{2}}{\lambda}\right)\frac{\partial f}{\partial \phi} \tag{1-2-8}$$

式中　γ——迁移率,它决定了与界面扩散相关的时间尺度,m³·s/kg;

f——两相流体能量密度，J/m^3。

在计算时，界面厚度 ε 应该很小，以适应流体界面快速变化，但是急剧变化意味着密度、黏度和表面张力等会有损失，以满足边界值为零的界面。在具体模型计算中，界面厚度主要取决于模型的网格尺寸。在研究中，设定 $\varepsilon = h_c/2$，其中 h_c 表示网格的尺寸。另外，影响 PFM 准确性的迁移率 γ 需要足够大以保持恒定的界面厚度，但仍需要足够小以保持对流运动。迁移率 γ 主要取决于流体流速、模型特征长度和界面厚度等参数。

3. 边界条件

边界条件为：

$$\begin{cases} \boldsymbol{u}=0, \quad \partial\Omega_n \\ \boldsymbol{n}\cdot[-p\boldsymbol{I}+\mu(\nabla\boldsymbol{u}+(\nabla\boldsymbol{u})^T)]=0, \quad \partial\Omega_\tau \\ \boldsymbol{n}\cdot\nabla\phi=\cos\theta|\nabla\phi|, \quad \partial\Omega_w \\ \boldsymbol{n}\cdot\left(\dfrac{\gamma\lambda}{\varepsilon^2}\right)\nabla\Psi=0, \quad \partial\Omega \end{cases} \tag{1-2-9}$$

其中：

$$\partial\Omega=\partial\Omega_n \bigcup \partial\Omega_\tau \bigcup \partial\Omega_w$$

式中　$\partial\Omega_n$，$\partial\Omega_\tau$，$\partial\Omega_w$——法线区域、切线区域和润湿区域；

　　　$\boldsymbol{n}$——法向矢量；

　　　θ——接触角，$(°)$。

控制方程的离散化满足标准的 Galerkin 格式。采用 Galerkin 有限元方法求解相场模型时，在非结构化三角形网格中，对速度场（$\boldsymbol{u}$）、相场变量和辅助相场变量使用二次单元（P2）进行离散，对压力场（p）使用线性（P1）进行离散，对时间使用 COMSOL 自适应时间步长的二阶隐式向后差分方法进行离散。在 COMSOL Multiphysics 5.4 中，物理场选择 Phase Field 模块求解。构建相场模型，通过选择直接求解器 MUMPS 进行全耦合求解。时间步长由数值求解器控制，但是应设定较小的初始时间步长，以避免矩阵奇异。

气体注入速度为 0.1 m/s，即 lg $Ca=-4$。竖直剖面气驱油（$Bo=1\ 177.2$）动态过程油气体积分布如图 1-2-4 所示。可以发现，PFM 能很好地拟合物理实验气驱油动态过程。在整个气驱油过程中，数值模拟与物理实验得到的采收率误差在 1.5% 以内，特别是在注气达到稳态后，误差在 0.5% 以内。在 PFM 模型中，气体从裂缝进入溶洞后以连续流方式流动，这与物理实验模型中的结果不同。在物理实验中，气体以离散的等直径气泡形态沿壁面上升到溶洞顶部，然后克服界面张力而在顶部融合形成大气泡。PFM 出现这一偏差与迁移率 γ 有关，因此应适当调整 γ 值。

竖直剖面水驱油物理实验和数值模拟（$Bo=49$）结果如图 1-2-5 所示。注水速度为 0.1 m/s，即 lg $Ca=-2.3$ 时，PFM 能很好地拟合物理实验水驱油动态过程。

基于缝洞型油藏井组地质体单元模型，研究不同注气速度对模型内流体流动规律的影响。在底水饱和的情况下，进行不同注气速度数值模拟，出口井见气时和达到稳态后油气水体积分布如图 1-2-6 所示，生产曲线如图 1-2-7 所示。模拟中高部位注气，底部位采

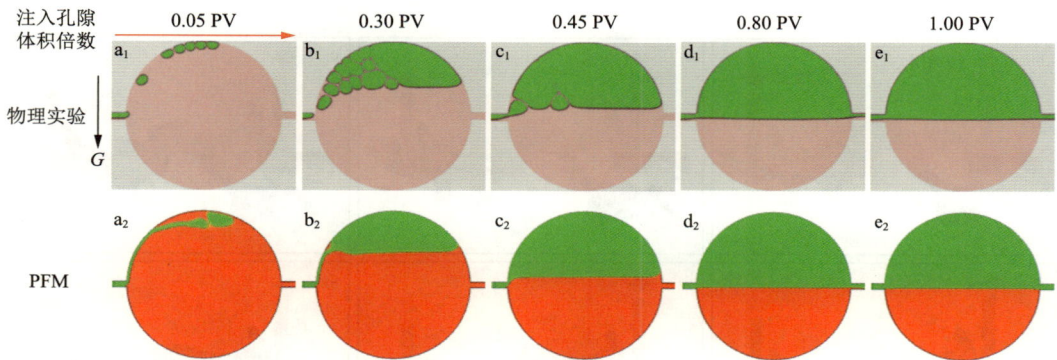

图 1-2-4　圆形模型中 lg Ca=−4 时竖直剖面气驱油实验和模拟结果（Bo=1 177.2）

粉色和红色表示油相，绿色表示气相

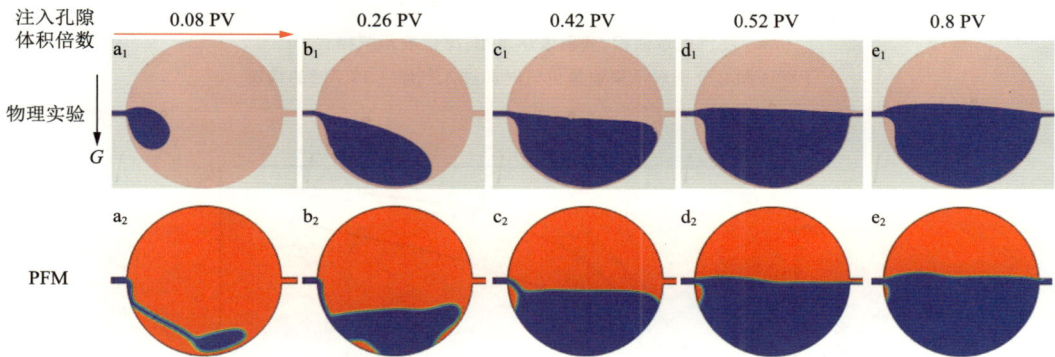

图 1-2-5　圆形模型中 lg Ca=−2.3 时竖直剖面水驱油实验和模拟结果（Bo=49）

粉色和红色表示油相，蓝色表示水相

油。随着注气速度的增大，气体指进现象凸显，气窜明显，见气时间明显缩短。当注气速度较小时，可将顶部油相驱替干净，在注入相同孔隙体积气体的情况下，剩余油较少，驱替效率较高；当注气速度较大时，顶部油相在短时间内无法被扰动，地层中间区域油相优先被驱替，整体剩余油增多，驱替效率降低。注气速度的大小影响剩余油分布和驱替效率。针对实际油藏，如果地层剩余油主要分布在顶层，则可选择较小的注气速度（如 lg Ca＝−5）；如果地层剩余油分布在中上层，则可优先选择较大的注气速度（如 lg Ca＝−3）。

可见，注气速度不同，单元内流场分布不同。当注气速度较低时，可以在纵向上充分发展重力分异，以重力驱为主，可以有效波及高部位剩余油；当注气速度过高时，横向驱替作用强于纵向重力分异作用，高部位剩余油不能有效波及，易过早气窜失效。因此，注气驱存在合理的注气速度区间。

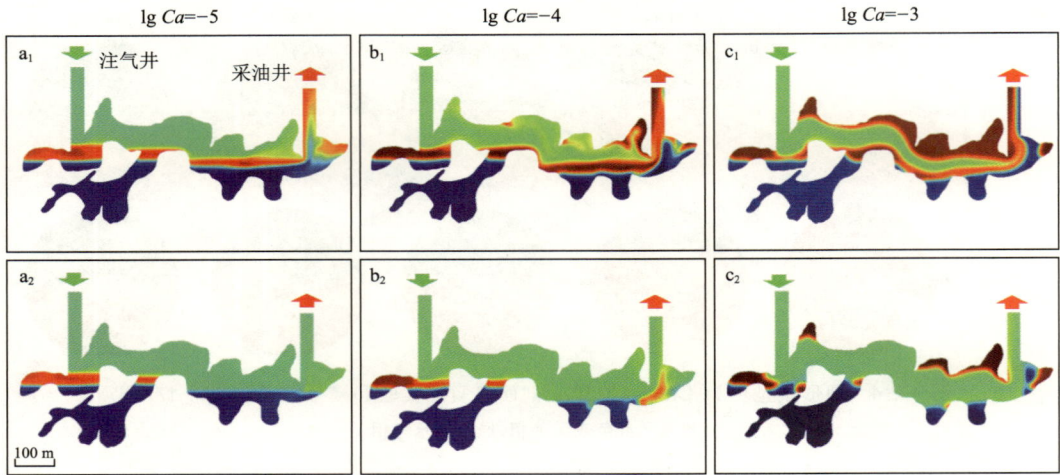

图 1-2-6 不同注气速度下突破和达到稳态时油气水体积分布图

红色表示油相,蓝色表示水相,绿色表示气相;

下标 1 和 2 分别表示采油井见气时和注入气体 1.3 PV 时的情况

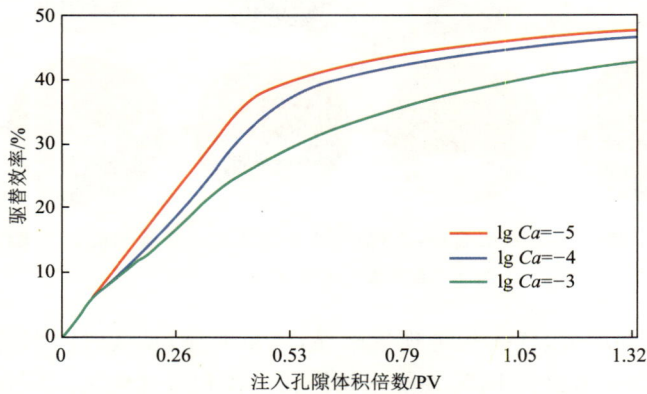

图 1-2-7 不同注气速度下 ROM1 中驱替效率随注入孔隙体积倍数变化情况

第二章
注气提高采收率机理及理论认识

　　塔河油田缝洞型碳酸盐岩油藏注气提高采收率技术是在实践中发展起来的,对注气提高采收率机理认识的深化为矿场注气规模化应用提供了科学支撑。本章通过高温高压室内实验、物理模拟,系统介绍油藏条件下注入的纯氮气及氮气和二氧化碳复合气与原油的相互作用、注入气在不同缝洞油藏内的波及规律及启动剩余油的力学机制,全面阐述缝洞型碳酸盐岩油藏注气提高采收率作用机理,为缝洞型油藏氮气驱技术的发展及矿场应用奠定理论基础。

第一节　油藏条件下不同注入气体与原油相互作用机理

一、混相作用机理

　　确定气驱最低混相压力(minimum miscibility pressure,简称 MMP)是开展气驱机理研究工作的重要内容。MMP 是地层流体与注入气能否达到混相的关键指标,是优选气驱方式的重要依据。目前确定 MMP 的方法主要有实验测定法、数值模拟法和经验公式法等。细管实验是研究油藏注气混相条件的重要手段,目前已成为国际上公认的测定 MMP 的通用方法(SY/T 6573—2016)。

1. 实验装置及流体

　　细管实验流程主要由注入系统、细管模型、回压调节器、压力监测系统、温度控制系统、产出油/气计量系统组成。细管实验的主体是放置在恒温空气浴中的一根内部装填石英砂或玻璃珠的耐高温、耐高压的不锈钢盘管。该实验系统的最大工作压力为 80 MPa,最高工作温度为 180 ℃。细管实验流程如图 2-1-1 所示。
　　实验用油:塔河油田缝洞型油藏中的 4 种原油样品,其物性参数见表 2-1-1。
　　实验用气:高纯二氧化碳,纯度为 99.99%;高纯氮气,纯度为 99.999%。

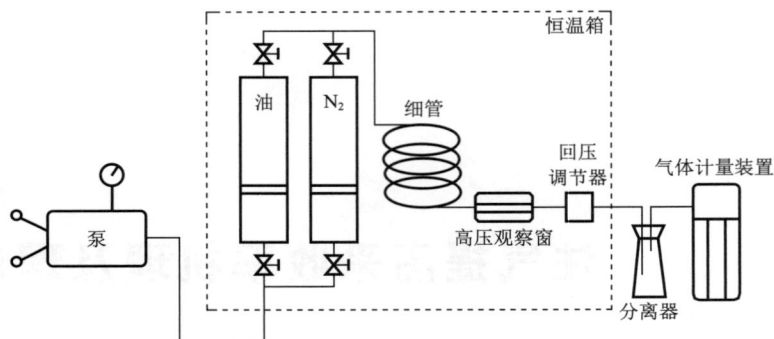

图 2-1-1　细管实验流程示意图

表 2-1-1　塔河油田 4 种原油样品的物性参数

原油名称	实验温度/℃	原油黏度/(mPa·s)	地层压力/MPa	气油比/(m³·m⁻³)	饱和压力/MPa
TP15	141.2	0.836	68.80	78.19	13.90
S117	141.4	1.420	66.15	185.00	26.63
TK648	122.0	111.185	59.54	55.66	13.66
TH12559	148.0	26.000	68.90	17.00	5.39

2. 实验步骤

细管实验步骤如下：

1）清洗细管模型

每次进行驱替实验前先将细管模型恒温至实验温度（即各目标区块的油藏温度），并用溶剂将细管模型清洗干净，然后用高压氮气吹净细管模型中的溶剂，最后对细管模型抽真空 12 h 以上。

2）测定细管模型的孔隙体积

待细管模型清洗干净并抽真空后，通过回压调节器将细管出口端的回压设置为实验压力，保持该压力并用驱替泵注入溶剂，待压力充分稳定后，计量注入的溶剂体积，校正后即可得到实验温度和给定实验压力下细管模型的孔隙体积。

3）饱和地层原油

将高压氮气充满整个细管模型，并恒定到实验温度，通过回压调节器将细管出口端的压力设置为实验压力（须高于原油样品饱和压力）。保持实验压力，注入地层原油样品，驱替细管模型中的高压氮气，当地层原油样品注入量达到 1.8 倍细管模型孔隙体积后，每隔 0.1～0.2 倍孔隙体积在细管模型出口端测量产出的油、气体积，并取油、气样分析其组成。当产出样品的组成、气油比均与地层原油样品一致时，表明地层原油饱和完成。

4）进行驱替实验

在实验温度和预定的驱替压力下，以不高于 15 cm³/h 的速度恒速注气驱替细管模型中的地层原油。每注入一定量的气体,收集计量产出的油、气体积,记录泵的读数、注入压力和回压,并通过高压观察窗观察流体相态和颜色变化。当累积注入 1.2 倍孔隙体积的气体后,停止驱替。

实验设计 6 个实验压力,且每组实验均按以上步骤执行。

3. 实验结果分析

(1) 氮气在油藏高温高压条件下为非混相驱替。

测试获得了纯氮气在不同压力条件下对 4 种原油样品的驱替效率(图 2-1-2),均小于混相判断条件(驱替效率大于 90%)。可以看出,在塔河油田缝洞型油藏高温高压条件下氮气与轻质油、稠油均不能达到混相,注氮气开发属于非混相驱替。

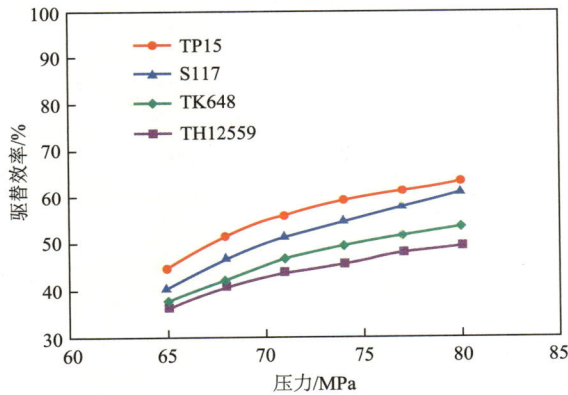

图 2-1-2　纯氮气驱替效率与压力关系曲线

(2) 纯二氧化碳在油藏高温高压条件下均能与原油发生混相。

测试获得了纯二氧化碳在不同压力条件下对 4 种原油样品的驱替效率(图 2-1-3),均达到混相判断条件。可以看出,在塔河油田缝洞型油藏高温高压条件下二氧化碳与轻质油、稠油均能达到混相,注二氧化碳开发可实现混相驱替。

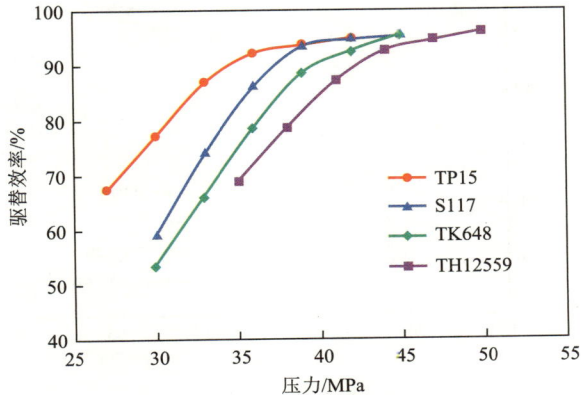

图 2-1-3　纯二氧化碳驱替效率与压力关系曲线

（3）确定了不同性质原油达到混相驱替需要混入二氧化碳气体的比例。

测试获得了不同氮气与二氧化碳混合比例（氮气与二氧化碳的物质的量比分别为 8:2，5:5 和 3:7）下复合气在不同压力下驱替 4 种油样的驱油效率，如图 2-1-4 所示。可以看出，在油藏温度和压力条件下复合气达到混相的条件是 CO_2 的混合比例至少达到 50% 以上。

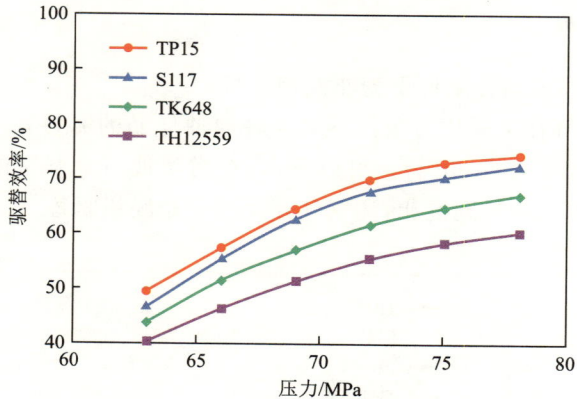

（a）$n(N_2):n(CO_2)=8:2$

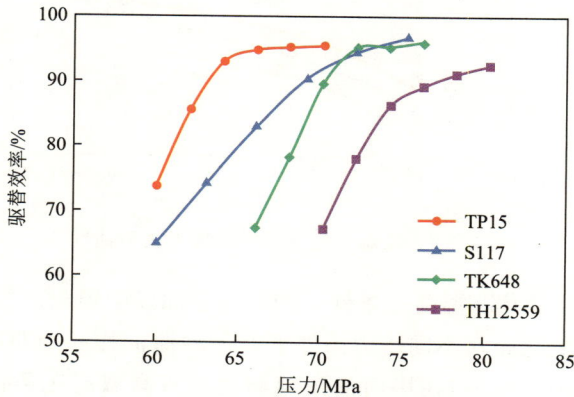

（b）$n(N_2):n(CO_2)=5:5$

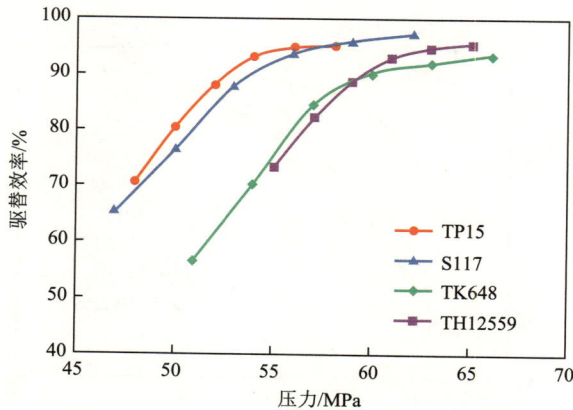

（c）$n(N_2):n(CO_2)=3:7$

图 2-1-4　不同混合比例氮气与二氧化碳复合气驱替效率与压力关系曲线

　　基于实验数据,绘制用于确定不同原油在油藏条件下实现混相驱时注入气体中需要混入二氧化碳的比例图版(图 2-1-5),确定 TP15 井实现混相驱替需要混入二氧化碳的摩尔分数 x 大于 50%,S117 井大于 53%,TK648 井大于 68%,TH12559 井(掺稀油)大于 58%。由此可见,不同原油因性质差异大,若要在油藏条件下实现混相驱替,需要混入的二氧化碳气体的比例差异也比较大。

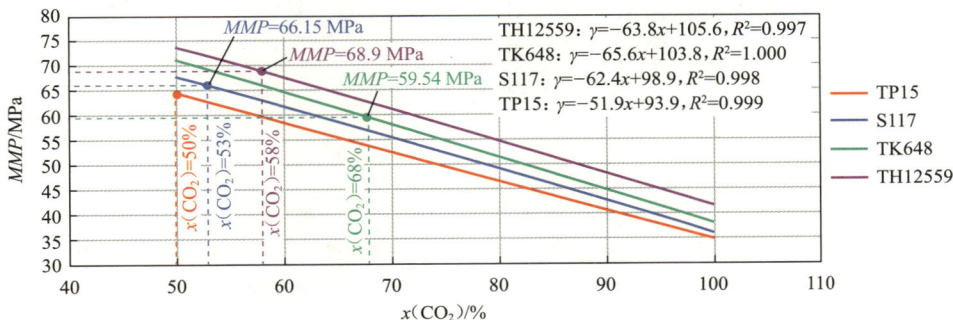

图 2-1-5　同种原油在相同温度条件下不同气体配比混相压力回归曲线

二、传质扩散作用机理

　　扩散系数是计算物质通量和浓度剖面的重要参数。通过量化注入气与地层流体的流动及浓度变化可系统评价注入气对原油性质的影响程度,如黏度降低、体积膨胀、饱和压力改变等。从油气田开发角度来讲,扩散系数关系到注入气在油藏范围内的波及效率、注气参数优化、气窜时间预测等方面。在前人研究方法的基础上,测量了塔河油田缝洞型碳酸盐岩油藏条件下氮气的扩散系数,分析了该类型油藏储层流体物性和填充介质物性对扩散系数的影响,首次揭示了高温高压条件下氮气与原油具有一定的传质作用,深化了对缝洞型油藏注气提高采收率机理的认识,可为现场注气优化提供参考。

1. 实验装置及流体

　　气体-原油扩散实验装置主要由注入泵系统、高温高压活塞中间容器、高温高压耐腐蚀气体缓冲罐、高温高压密封反应釜、温控系统、高精度压力传感器等组成,如图 2-1-6 所示。3 种高温高压容器均能满足最高温度 150 ℃、最高压力 70 MPa 的要求,其密封均采用耐腐蚀的增强石墨自密封环结构,增强了装置的密封结构,降低了实验过程中气体泄漏导致的压力异常。

　　实验用油:塔河油田缝洞型碳酸盐岩油藏地层原油,稀油油样在 140 ℃(地层温度)下黏度为 1.42 mPa·s,密度为 0.642 g/cm³;稠油油样在 122 ℃(地层温度)下黏度为 111.2 mPa·s,密度为 0.964 3 g/cm³。

　　实验用水:与原油相同生产井组的产出水。

　　实验用气:高纯二氧化碳,纯度为 99.99%;高纯氮气,纯度为 99.999%。

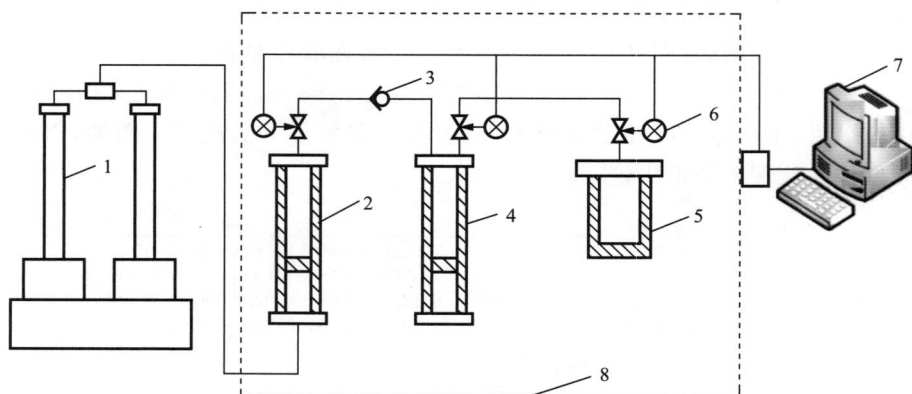

图 2-1-6　气体-原油扩散实验流程图

1—ISCO(100DX)恒速恒压泵；2—高温高压活塞中间容器；3—单向阀；4—高温高压耐腐
蚀气体缓冲罐；5—高温高压密封反应釜；6—高精度压力传感器；7—压力数据处理系统；8—HW-Ⅲ型自控恒温箱

2. 实验步骤

气体-原油扩散实验步骤如下：

(1) 检测实验装置的气密性。采用石油醚清洗高温高压活塞中间容器、高温高压耐腐蚀气体缓冲罐和高温高压密封反应釜并烘干；按照实验流程图将实验设备连接在一起，打开所有阀门，向连通的容器中注入一定压力（一般为 10 MPa）的高纯氮气并观察对应测压点的压力变化，若 3 h 内压力稳定不变，则表明中间容器和管线密封性良好。

(2) 分两种情况进行实验操作。第一种情况：测定气体在纯液相中的扩散系数时，直接量取 200 mL 原油样品并转移至高温高压密封反应釜中，打开所有阀门，对整个系统抽真空 2 h；开启自控恒温箱，设定实验温度为 120 ℃，待温度达到实验温度后，稳定 2～4 h。第二种情况：测定气体在多孔介质中的扩散系数时，将压制好的填充介质模型放入岩芯夹持器，抽真空后饱和地层水，计算孔隙体积，注入实验用油，建立初始含油饱和度（含油饱和度分别为 72%，50% 和 0%）并老化 24 h；老化后用环氧树脂密封填充介质模型端面，放入高温高压密封反应釜中，对整个系统抽真空 2 h，开启自控恒温箱，设定实验温度为常温，稳定 4 h 以上。

(3) 采用恒速恒压泵将目标气体注入高温高压活塞中间容器，将高温高压耐腐蚀气体缓冲罐注入端压力加至实验所需压力，待压力稳定后，快速打开中间容器的连接阀门；当连接中间容器的压力传感器达到实验压力时，立即关闭注入端的压力控制阀，气相体积为 100 mL。

(4) 利用压力传感器和温度传感器记录实验数据变化，记录时间间隔为 0.5～10 min 不等。当扩散一定时间后，如果 3 h 内压力的变化小于 5 kPa，则认为扩散已经达到平衡，停止扩散实验。

(5) 用石油醚和氮气清洗实验设备，按照步骤(1)～(4)进行下一组实验。

3. 扩散系数计算方法

扩散系数是基于压力衰竭实验测定的,按常扩散系数计算的假设条件,计算氮气的扩散系数,即结合菲克第二定律以及 Crank 得到的一维非稳定扩散过程中浓度与时间的关系式,推导出压力与时间的变化关系式,通过对扩散过程中的压力数据进行拟合,计算得到常扩散系数。推导如下:

基于菲克第二定律,在忽略流动的情况下,纯扩散方程为:

$$\frac{\partial C(t,h)}{\partial t}=D\frac{\partial^2 C(t,h)}{\partial h^2} \tag{2-1-1}$$

扩散过程中的初始条件和边界条件为:

$$C(t,h)=C_{eq}(p), \quad h=0, \quad \bar{t}_0<t<t_{eq} \tag{2-1-2}$$

$$C(t,h)=0, \quad 0<h<H, \quad t=0 \tag{2-1-3}$$

$$\frac{dC(t,h)}{dh}=0, \quad h=H, \quad 0<t<t_{eq} \tag{2-1-4}$$

式中　$C(t,h)$——从初始时刻到 t 时刻液相气体浓度随时间的变化,kg/m^3;

D——扩散系数,m^2/s;

h——t 时刻气体在原油中的扩散距离,m;

t_{eq}——平衡时间,s;

$C_{eq}(p)$——某一压力条件下气体扩散达到平衡时气体浓度的变化,kg/m^3;

H——液面深度,m。

在扩散初始时刻,液相中气体的浓度为零,整个过程为恒温状态,气液界面的气体浓度只与压力的变化相关。联立方程式(2-1-1)~(2-1-4)可以求解得到扩散过程中浓度与扩散距离和扩散时间的关系式:

$$C(t,h)=C_{eq}(p)-\frac{4C_{eq}(p)}{\pi}\sum_{n=0}^{\infty}\frac{(-1)^n}{2n+1}\times\cos\left[\frac{(2n+1)\pi h}{2H}\right]\times\exp\left[-\frac{(2n+1)^2\pi^2 Dt}{4H^2}\right] \tag{2-1-5}$$

基于扩散过程中的质量守恒,忽略体积变化,得到扩散过程中压力与浓度的简化关系式:

$$\frac{dp_t}{dt}=-\frac{Z_g RT}{H}D\left[\frac{dC(t,h)}{dh}\right]_{h=H} \tag{2-1-6}$$

式中　p_t——t 时刻系统压力,MPa;

R——气体常数,$J/(mol\cdot K)$;

T——温度,K;

Z_g——真实气体压缩因子,无因次。

对式(2-1-6)两边积分,得到:

$$\int_{p_t}^{p_{eq}}dp_t=-\frac{Z_g RT}{H}D\int_t^{\infty}\left[\frac{dC(t,h)}{dh}\right]_{h=H}dt \tag{2-1-7}$$

对式(2-1-5)在扩散距离上进行微分,然后联立式(2-1-7)得:

$$p_t-p_{eq}=\frac{8Z_g RTC_{eq}(p)}{\pi^2}\sum_{n=0}^{\infty}\frac{1}{(2n+1)^2}\times\exp\left[-\frac{(2n+1)^2\pi^2 Dt}{4H^2}\right] \tag{2-1-8}$$

式中 p_{eq}——平衡压力，MPa。

当扩散时间很长时，式(2-1-7)收敛非常快，取扩散平衡时的近似值：

$$p_t - p_{eq} = \frac{8Z_g RTC_{eq}(p)}{\pi^2} \exp\left(-\frac{\pi^2 Dt}{4H^2}\right) \tag{2-1-9}$$

将式(2-1-9)两端取对数得：

$$\ln(p_t - p_{eq}) = \ln\left[\frac{8Z_g RTC_{eq}(p)}{\pi^2}\right] - \frac{\pi^2 Dt}{4H^2} \tag{2-1-10}$$

由式(2-1-10)可以看出，扩散过程中压力变化的对数与时间呈线性关系，其斜率为压力衰竭过程中的平均扩散系数。

由于压力变化与时间为半对数变化关系，所以平衡压力的微小变化将引起斜率的较大变化，进而导致测定的扩散系数产生较大误差。为了减小平衡压力监测带来的误差，在此基础上，通过对压力衰竭曲线进行非线性回归拟合，得到扩散过程中压力随时间变化的拟合方程以及扩散系数表达式：

$$p_t = a_1 \exp(-b_1 t) + a_2 \exp(-b_2 t) + c \tag{2-1-11}$$

$$D = \frac{4b_1 H^2}{\pi^2} \tag{2-1-12}$$

式中 a_1, b_1, a_2, b_2, c——通过对压力衰竭曲线进行非线性回归拟合得到的常数。

4. 实验结果分析

通过气体-原油扩散实验，得到以下结论：

(1)高温高压条件下氮气在塔河油田缝洞型油藏地层原油中的扩散系数比其他较低温度和压力条件下的油藏高1~2个数量级。

基于实验计算得到2种原油的扩散系数，结果见表2-1-2。可以看出，在压力50.59 MPa、温度120 ℃条件下，氮气在稀油中的扩散系数为107.01×10^{-10} m²/s；在压力52.14 MPa、温度120 ℃条件下，氮气在稠油中的扩散系数为33.80×10^{-10} m²/s，比二氧化碳在常规油藏较低压力、较低温度条件下原油中的扩散系数还要大。由此可见，塔河油田的高温高压条件下增强了氮气与原油的相互作用。

表 2-1-2 不同注入气体在不同油藏条件下扩散系数测定结果表

对 比	气体介质	原 油	实验压力/MPa	实验温度/℃	扩散系数 /(10^{-10} m² · s⁻¹)
本次测试结果	氮 气	S117	22.33	120	88.63
	氮 气	S117	50.59	120	107.01
	氮 气	TK648	20.41	120	4.83
	氮 气	TK648	52.14	120	33.80
	二氧化碳	S117	20.11	120	267.91
	二氧化碳	S117	50.36	120	412.43

对　比	气体介质	原　油	实验压力/MPa	实验温度/℃	扩散系数 /(10^{-10} m^2·s^{-1})
本次测试 结果	二氧化碳	TK648	20.11	120	34.24
	二氧化碳	TK648	30.46	120	44.18
类比其他 油田测试 结果	氮　气	Schmidt 等稠油(1988)	5.00	20~200	2.80~17.50
	二氧化碳	凝析油	20.00	60	3.59
	二氧化碳	重质油	20.00	60	0.19
	二氧化碳	大　庆	3.14	45	5.99
	二氧化碳	吉　林	3.62	105	47.07

　　压力升高,单位体积内氮气分子增多,因此氮气在塔河原油中的扩散系数增大,促使氮气向原油中扩散。相同条件下,氮气在稀油中的扩散系数比稠油中的高一个数量级,即氮气更容易在稀油中溶解并达到扩散平衡。同时,不同黏度原油中氮气的扩散系数对压力的敏感性不同,随着压力由 20 MPa 升至 50 MPa,氮气在稠油中的扩散系数增大 6 倍,而在稀油中仅增加 30%,氮气在稠油中的扩散系数对压力的敏感性高于稀油。造成扩散系数差异的主要原因在于,与稠油相比氮气与稀油的表面张力更低,故更容易进入油相中,扩散系数更大。因此,在进行注气参数设计时,应适当增加稠油油井的焖井时间和注气压力,而对稀油油井注气则应保持压力稳定。

　　(2)注入介质中加入二氧化碳能够促进注入气在原油中的扩散。

　　氮气和二氧化碳在原油中的扩散系数和溶解度随压力的升高而增大,同一油品同一温度和压力条件下,二氧化碳的扩散系数大于氮气的扩散系数;相同压力条件下,氮气和二氧化碳在稀油中的扩散系数比在稠油中的高一个数量级(分别为 10^{-8} m^2/s 和 10^{-9} m^2/s),可见原油性质是影响扩散作用的关键因素;氮气在油藏条件下的溶解度为 10~16 mg/L,二氧化碳在稀油中的溶解度为氮气的 4 倍,而在稠油中仅为 2.5 倍。由此可见,注氮气过程中,混入一定比例的二氧化碳,有助于提高注入气在地层原油中的溶解,促进注入气在地层原油中的扩散,进而降低焖井时间并扩大气体的波及体积。因此,针对单元内部储集体特征,选取合适比例的氮气和二氧化碳作为注入气,可最大限度地发挥两种气体提高采收率的优势。

　　(3)缝洞介质的充填程度和含水状况是影响气体扩散的重要因素。

　　缝洞介质的充填状况对注入气的扩散作用影响很大,随着充填程度的增加,氮气在介质中的扩散能力下降。氮气在致密介质中的扩散系数为 5.11×10^{-11} m^2/s,远低于氮气在纯油相中的扩散系数。全充填溶洞内有裂缝存在时可改善气体的扩散作用,氮气在其中的扩散系数由 10^{-11} m^2/s 增至 10^{-9} m^2/s,二氧化碳则由 10^{-10} m^2/s 增至 10^{-9} m^2/s。由此可见,注气开发砂泥全充填溶洞时,其开发效果远不及垮塌型填充的溶洞。

　　氮气溶解量与含水饱和度呈指数递减关系,当含水饱和度达到 100% 时,氮气扩散系数仅为 6.59×10^{-11} m^2/s,氮气更容易在含油饱和度高的介质中扩散,也就是说,在高含水开发后期,充填溶洞内氮气的传质扩散作用很小,为非主要作用机理。

三、抽提作用机理

为评价注入气对原油轻质组分的抽提作用效果,搭建了满足塔河油田缝洞型碳酸盐岩油藏温压条件的油气多次接触实验装置,开展纯氮气或烟道气(氮气/二氧化碳复合气物质的量比为8:2)与塔河油田稀油及稠油的多次接触(向前和向后)实验,评价了注入气对原油轻质组分的抽提作用,并通过判断注入气与塔河地层原油的混相状态,深化了对塔河油田缝洞型碳酸盐岩油藏注氮气提高采收率作用机理的认识,可为注气数值模拟提供必要的模型参数,为矿场注气方案编制奠定基础。

1. 实验方法与原理

多次接触相平衡实验是评价注入气抽提原油轻质组分效果的有效手段,包括向前多次接触实验和向后多次接触实验。其中,向前多次接触实验(图 2-1-7a)模拟蒸发气驱过程,每次平衡后的气体与新鲜地层原油接触,直至混相或气液相组分不再随接触次数发生显著变化为止测试注气混相带前缘的组分变化情况;向后多次接触实验(图 2-1-7b)模拟凝析气驱过程,每次平衡后的液相与新鲜注入气接触,直至混相或气液相组分不再随接触次数发生显著变化为止,注气混相带后缘的组分变化情况如图 2-1-7(b)所示。

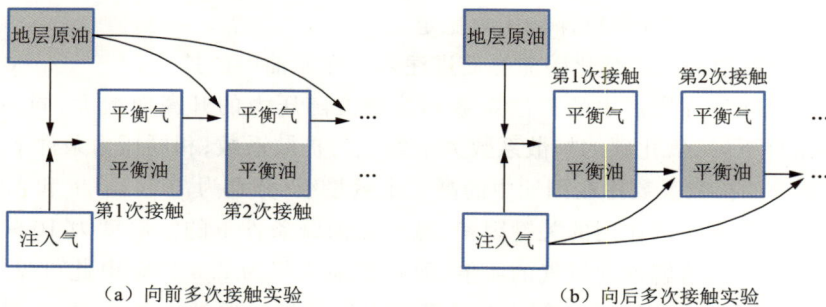

(a) 向前多次接触实验　　　　　(b) 向后多次接触实验

图 2-1-7　接触实验示意图

2. 实验装置及流体

油气多次接触实验装置为法国 ST(Sanchez Technologies)公司生产的无汞全透明活塞式高压 PVT 装置。该装置主要由 PVT 容器、恒温空气浴、压力传感器、温度传感器、样品筒、高压计量泵、操作控制系统和观察记录系统等组成。高压反应釜为活塞式变体积釜,其体积变化可通过计算机控制的高精度电机驱动活塞进行控制。高温高压落球式黏度计的最大工作压力为 70 MPa,最高工作温度为 180 ℃。向前多次接触实验流程如图2-1-8 所示。

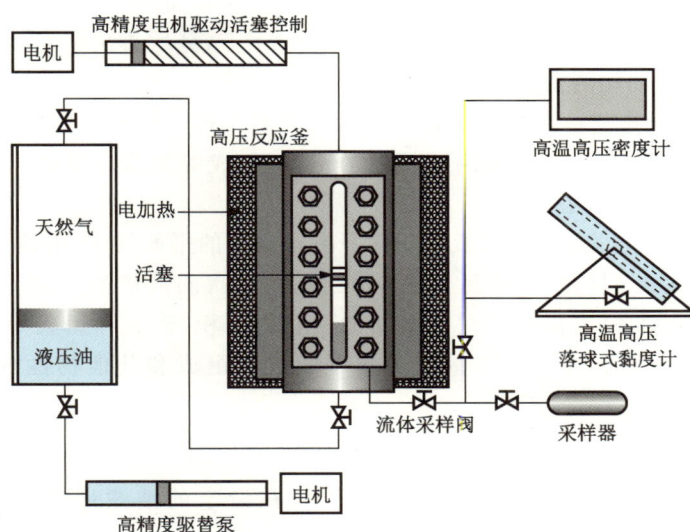

图 2-1-8　向前多次接触实验流程图

　　塔河油田缝洞型油藏埋藏超深，油藏压力及温度高，平面上，原油性质变化大，选取 S117 井稀油和 TH12559 井稠油两种油样开展实验研究。油样采自井口，根据 PVT 测试结果，经室内复配得到地层原油，地层原油组分见表 2-1-3。

表 2-1-3　实验用地层原油组分

组　分	S117 井稀油	TH12559 井稠油	组　分	S117 井稀油	TH12559 井稠油
CO_2	0.004 8	0.060 0	$i\text{-}C_5$	0.012 8	0.000 1
N_2	0.015 6	0.011 1	$n\text{-}C_5$	0.013 7	0.023 1
C_1	0.521 2	0.115 3	C_6	0.022 3	0.017 2
C_2	0.046 9	0.026 8	$C_7{\sim}C_{10}$	0.112 6	0.101 2
C_3	0.041 8	0.014 9	$C_{11}{\sim}C_{15}$	0.079 1	0.149 8
$i\text{-}C_4$	0.010 6	0.001 2	$C_{16}{\sim}C_{26}$	0.056 4	0.167 1
$n\text{-}C_4$	0.022 2	0.003 0	C_{27+}	0.040 1	0.308 6

3. 实验步骤

1）向前多级接触混相实验步骤

（1）将无汞全透明活塞式高压 PVT 分析仪在设定的油藏地层温度（141.4 ℃ 或 148 ℃）下清洗干净，抽真空。

（2）将一定量的注入气注入 PVT 反应釜中，在相应的地层温度和地层压力下测试注入气体积。

（3）在保持压力、温度不变的条件下按 1∶1 的气油体积比将注入气加入配制的地层原油样品中,充分搅拌平衡后形成气油两相,测试平衡气相和油相体积。

(4)保持设定的实验压力(66 MPa 或 69 MPa)不变,分次排出平衡油相,进行单次脱气实验,并分析测试油相的密度、黏度、组成等参数。

(5)待油相完全排空后,PVT 反应釜中只剩平衡气相。按凝析气闪蒸实验方法排出部分平衡气相进行闪蒸分离,分析测试气相的密度、组成等参数。至此,完成了注入气与地层原油的第 1 次向前接触实验。

第 1 次向前接触实验后,PVT 反应釜中只有被富化的平衡气相,再按 1∶1 的气油体积比将气体加入地层原油样品中,重复上述步骤进行第 2 次向前接触实验。如此重复,共进行 5 次油气向前接触,每次接触均测试平衡油气相的体积、密度和组成等参数变化;或者直到 PVT 反应釜中剩余的平衡气量减少到不能进行组成和其他物性分析测试时停止实验。

2)向后多级接触混相实验步骤

(1)将无汞全透明活塞式高压 PVT 分析仪在设定的油藏地层温度(141.4 ℃ 或 148 ℃)下清洗干净,抽真空。

(2)将一定量地层原油样品注入 PVT 反应釜中,在相应的地层温度和地层压力下测试原油体积。

(3)按 1∶1 的气油体积比,在保持压力、温度不变的条件下向 PVT 反应釜中注气,充分搅拌平衡后形成气油两相,测试平衡气相和油相体积。

(4)保持设定的实验压力(66 MPa 或 69 MPa)不变,排出平衡气相,进行凝析气闪蒸实验,分析测试气相的密度、黏度、组成等参数。

(5)待气相完全排空后,PVT 反应釜中只剩平衡油相,排出部分平衡油相,进行单次脱气实验,分析测试油相的密度、组成等参数。至此,完成了注入气与地层原油的第 1 次向后接触实验。

第 1 次向后接触实验后,PVT 反应釜中只有平衡油相,再按 1∶1 的气油体积比向 PVT 反应釜中注气,重复上述步骤进行第 2 次向后接触实验。如此重复,共进行 5 次油气向后接触,每次接触均测试平衡油气相的体积、密度和组成等参数变化;或者直到 PVT 反应釜中剩余的平衡油量减少到不能进行组成和其他物性分析测试时停止实验。

4. 抽提效果分析及定量评价

在多次接触实验过程中,气、液相的组分变化直观地反映了注入气与原油在油藏压力、温度条件下的相互作用情况。基于气液组分变化,首次提出了抽提指数,并结合平衡气液组分连线长度,定量评价注入气对原油轻质组分的抽提作用。

1)抽提指数

为了定量评价注入气与地层原油相互作用过程中对原油中轻质组分的抽提效果,结合实验数据分析,提出以抽提指数(E)作为评价指标,其定义式为:

$$E = 1 - \frac{1}{N} \sum_{i=1}^{N} \frac{y_i}{Y_i} \tag{2-1-13}$$

式中   下标 i——注入气中的第 i 种组分;

N——注入气中总的组分数;

y_i——注入气中第 i 种组分的摩尔分数;

Y_i——油气接触平衡后平衡气相中第 i 种组分的摩尔分数(注意 Y_i 与注入气组分对应,仅考虑注入气中的组分,平衡气中有而注入气中没有的组分不予考虑)。

该抽提指数(E)通过计算注入气自身组分在与原油平衡后的变化量,实现了注入气对原油中其他轻质组分抽提效果的间接定量评价。如果组分基本没有变化,则 $y_i/Y_i \approx 1$,抽提指数 $E \approx 0$,即原油与注入气基本没有物质交换;只要有任何抽提作用发生,则 $y_i/Y_i \leqslant 1$ 必然成立,抽提指数 $E > 0$。极限状况是注入气完全溶解于原油中(虽不可能发生但可用来界定抽提指数 E 的上限),气相全部为原油中的轻质组分,此时由于注入气组分在气相中的含量为零($y_i = 0$),故 $y_i/Y_i = 0$($i = 1, 2, \cdots, N$),抽提指数上限为 $E = 1$。由此可见,抽提指数 E 的取值介于 $0 \sim 1$ 之间,且其值越大,说明注入气对油相中轻质组分的整体抽提效果越强。

应用式(2-1-1)计算多次接触实验的抽提指数,结果见表 2-1-4。

表 2-1-4 各实验计算得到的抽提指数结果表

注入气	原 油	实验类型	抽提指数 E				
			1 次接触	2 次接触	3 次接触	4 次接触	5 次接触
N_2	S117	向 前	0.259	0.438	0.569	0.670	—
$N_2 + CO_2$	S117	向 前	0.286	0.547	0.675	—	—
N_2	TH12559	向 前	0.047	0.082	0.111	0.134	0.154
N_2	TH12559	向 后	0.044	0.012	0.004	0.002	0.001
$N_2 + CO_2$	TH12559	向 后	0.061	0.016	0.004	0.001	0.001
$N_2 + CO_2$	S117	向 后	0.288	0.084	0.020	0.005	0.001

从表中可以看出:

(1)在注入气与地层原油多次接触实验中,向前接触实验的抽提指数随着接触次数的增多而增大,即富化气中的 $C_1 \sim C_4$ 轻质组分的含量随着接触次数的增多而增大,其抽提作用也越来越大,导致抽提指数变大;同时,随着接触的进行,平衡气相组分与原始注入气产生了较大的差别。

(2)氮气在向前多次接触过程中对 S117 井稀油的抽提作用明显高于对 TH12559 井稠油的抽提作用,每次接触对稀油的抽提指数是稠油的 5 倍以上。

(3)相对于纯氮气,注入气中加入 20%(体积分数)的二氧化碳后对原油中轻质组分的抽提效果有所增强,但不是显著增强,抽提指数变化幅度较小。

(4)在向后接触实验中,首次接触抽提作用最大,抽提指数随着接触次数的增加逐渐减小至零,说明向后接触实验后期平衡气相组分相比注入气原始组分基本没有发生变化。向后接触抽提作用较向前接触明显偏小,可以忽略。

2)平衡气液组分连线长度

平衡气液组分连线是在相图上连接该流体气液平衡状态的直线,其长度可由平衡气

液组分定义为:

$$TL = \sqrt{\sum_{i=1}^{N}(x_i - y_i)^2}$$ (2-1-14)

式中 TL——平衡气液组分连线长度,无因次;

x_i——平衡油相中第 i 组分的摩尔分数,无因次;

y_i——平衡气相中第 i 组分的摩尔分数,无因次;

N——体系中总的组分数。

由此可见,TL 实际反映了平衡气液两相在组分空间中的距离。如果 $TL=0$,则说明平衡气液相组分相同,因此可以借由 TL 的变化来检验多次接触实验中平衡气液相的组分接近程度。向后多次接触导致平衡气液组分差距加大,因此这里仅讨论向前多次接触实验结果反映出的 TL 变化,如图 2-1-9 所示。

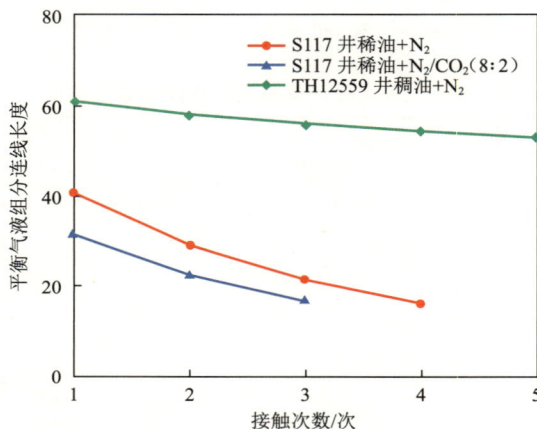

图 2-1-9 3 组向前接触实验中平衡气液组分连线长度随接触次数的变化

由图可见,在 S117 井稀油与注入气的向前多次接触实验中,平衡气液组分向着混相趋势发展。虽然由于实验用设备容积及组分测试条件限制,实验未能实现混相,但在油藏条件下,平衡气液在多孔介质中的混合要比在实验系统中的更加充分(实验系统只能观测到离散的点,而在真实油藏条件下混合过程连续进行)。因此,在真实油藏条件下,实验中观察到的趋势表明氮气驱有可能与目标油藏的原油实现混相或近混相驱替状态。而 TH12559 井稠油与注入气(100%氮气)的混合虽然也减小了平衡气液组分连线长度,但每次接触的减小量较小,不易形成混相驱替。

5. 不同注入气对原油轻组分抽提作用的认识

(1)氮气在塔河油田高温高压条件($T>415$ K,$p>65$ MPa)下对原油中的轻质组分具有较强的抽提效果。无论是稀油还是稠油,原油中的 $C_1 \sim C_5$ 组分经历 5 次向后接触实验后几乎被完全抽提,原油中轻质组分($C_1 \sim C_5$)的流失率高达 94%~100%;在 S117 井稀油中未见两种注入气对 C_{10+} 组分具有抽提效果,在 TH12559 井稠油中未见两种注入气对 C_{15+} 组分具有抽提效果。

（2）通过衡量注入气自身组分在平衡前后的变化（即抽提指数），定量评价了注入气对原油中轻质组分的抽提效果；根据实验数据计算了平衡气液组分连线长度，用于判断多次接触实验中注入气和地层原油的混相趋势。

（3）相同实验条件下，向前接触实验结果表明注入气［氮气或氮气/二氧化碳（8∶2）复合气］对原油中轻质组分的抽提效果显著。虽然平衡气对油相中轻质组分的抽提能力随着接触次数的增加而衰减，但对轻质组分的抽提总量随接触次数的增多持续增加，因此抽提指数随接触次数的增加而增大。向后接触实验中，首次接触抽提作用最大，抽提指数随着接触次数的增加逐渐减小至零，较之向前接触明显偏小。

（4）对 S117 井稀油的向前多次接触实验结果表明，随着接触次数的增加，平衡气液组分连线长度逐渐变小，依此趋势发展，在真实油藏情况下，氮气驱有可能与目标油藏的轻质原油实现混相或近混相驱替。

（5）相对于纯氮气，注入气中加入 20％的二氧化碳后对原油中轻质组分的抽提效果有所增强，但不是显著增强。因此，为避免注入井、产出井的二氧化碳腐蚀问题，且考虑节约投资和成本，建议塔河油田缝洞型碳酸盐岩油藏选用纯氮气进行注气提高采收率作业。

第二节　注氮气驱油效果及剩余油分布特征

一、物理模型制作及模拟实验系统

缝洞型油藏物理模型分为概念模型和仿真模型两种。为了研究实际缝洞储集体中油气水的流动和气体波及效果，制作了可视化仿真模型以开展驱替实验。

1.物理模型制作方法

依据缝洞型油藏储集体地质建模成果，建立可视化仿真二维剖面模型，具体制作方法如下：

（1）以 Petrel 软件建立的目标井组的地质模型为基础，标记模型中控制流体流动的主要储集体，如溶洞（包括暗河）和裂缝，获取目标井组主要储集体的三维剖面结构图。

（2）对地质模型进行分层展示，选择目标井区内井间最具代表性的路径对各井进行二维切割连接，得到各井之间的二维剖面图。

（3）在二维剖面图基础上，考虑裂缝开度、长度、角度及溶洞洞高、长度、厚度等因素，勾画出溶洞（含暗河）、裂缝区域，并参考基于地震追踪的蚂蚁体对上述二维剖面缝洞结构刻画图中的大尺度裂缝周围的中尺度裂缝进行还原，最终得到二维剖面上的缝洞分布图。

（4）以确定的目标井组缝洞结构二维剖面分布图为基础，在有机玻璃板上刻蚀得到二维可视化剖面物理模型。若是考虑溶洞区的充填，则充填介质优选直径为 0.5～3 mm 的玻璃珠或石英砂，填充度根据地质认识来设计，进而得到最终的可视化二维剖面物理模型。

2. 不同岩溶储集体二维模型制作

1）表层岩溶带储集体二维模型

表层岩溶主要受大气降水、风化淋滤作用影响，储集空间类型以小尺度（几厘米到几十厘米）岩溶缝洞为主，包括裂缝及溶扩裂缝、溶蚀孔洞和小型溶洞等，局部高部位受构造抬升和剥蚀作用，表层岩溶也会发育较大的溶洞和岩溶管道。因风化、溶蚀程度高，故表层岩溶带储集体的储集能力较好，缝、孔、洞关联性较好。

基于塔河油田风化壳岩溶区典型井组（W667—W666—W602 井组）三维地质模型，刻蚀得到表层岩溶带储集体二维剖面模型（图 2-2-1），模型尺寸为 30 cm×60 cm×0.5 cm。在片状模型介质上钻孔孔表示模拟井，模型介质的底部开设底水槽，确保底水槽与靠近底部的裂缝相连通，并设置 1～5 个与底水槽连通的底水入口。模型全部饱和模拟油，并采用苏丹红染色，标识模拟油的分布。

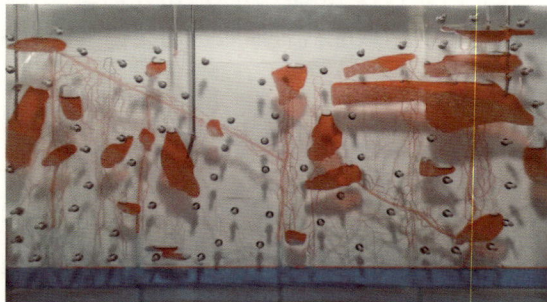

图 2-2-1　表层岩溶带储集体二维模型实物图

2）古暗河岩溶储集体二维模型

古暗河岩溶缝洞是指径流溶蚀形成的大型地下河道，垂向上主要受多期次排泄基准面的控制，平面上受断裂走向的控制，其发育部位和规模与断裂等密切相关。储集空间类型以大规模或大尺度岩溶洞穴（几米到几十米，甚至百米）为主，包括地下河入口、落水洞、竖井、厅堂型溶洞、水平潜流洞道、末梢洞、天窗以及地下河出口等，整体规模大，类型多样，结构复杂，存在大量的机械沉积物和垮塌角砾充填，为缝洞型油藏重要的储集空间。暗河管道内沿岩溶水方向关联性好，但因受暗河结构变化及充填类型和充填程度差异大的影响，连通程度有差异。

基于塔河油田暗河岩溶发育区典型 W48—W411—W401 井组三维地质模型，得到暗河岩溶储集体二维剖面模型（图 2-2-2），模型尺寸为 13 cm×52 cm×0.5 cm。

3）断控岩溶储集体二维模型

断控型岩溶缝洞是大气淡水沿断裂面或断裂两侧构造裂缝下渗、溶蚀形成的缝洞集合体，缝洞储集体以垂向分布为主，厚度可达 600 m。储集空间由溶蚀缝与断面控制的溶蚀孔洞和溶洞组成，溶蚀缝、孔洞和溶洞相互关联构成断控型缝洞系统，同一条断裂带可以发育多个岩溶缝洞系统，以垮塌角砾充填为主，充填程度较低。缝洞关联性表现为垂向沟通为主，沿断裂发育；沿断裂走向呈分段沟通特征。

图 2-2-2 古暗河岩溶储集体二维模型实物图

基于塔河油田断控岩溶发育区典型 W756—W748 井组三维地质模型,得到断控岩溶储集体二维剖面模型(图 2-2-3),模型尺寸为 13 cm×52 cm×0.5 cm。

图 2-2-3 断控岩溶储集体二维模型实物图

3. 物理模型实验装置

缝洞型油藏物理模拟实验装置主要由四部分组成,分别为注入系统、驱替系统、计量系统和数据采集及图像视频装备,实验流程如图 2-2-4 所示。

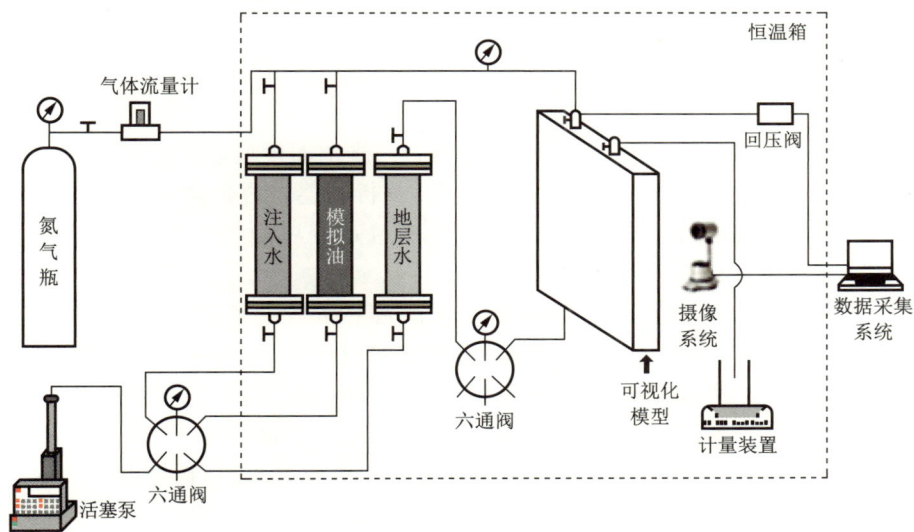

图 2-2-4 二维可视化物理模拟实验流程

1)注入系统

注入系统包括活塞泵、中间容器、氮气瓶等。活塞泵用于提供驱替动力,其工作压力 0～30 MPa,流速范围为 0.01～10 mL/min。中间容器用于提供驱替用流体,分别装有模拟油、模拟底水和模拟注入水。活塞式中间容器的容量为 1 L,最大工作压力为 32 MPa。氮气瓶用于提供注入气源。

2)驱替系统

驱替系统包括可视化二维物理模型夹持器和压力表。模拟底水驱由夹持器底端注入,模拟气和模拟注入水则由顶端注入;压力表接在六通阀上,用于测量入口处压力。

3)计量系统和数据收集及处理装置

计量系统包括气体流量计和产出油气水的计量装置(电子天平、质量流量控制计、量筒等),数据收集及处理部分有压力传感器、数据收集器、摄像设备、计算机及处理软件、视频图片处理软件等。

根据塔河油田地层条件以及实验要求选择实验用油为石蜡油与航空煤油按比例混合配制的模拟油,黏度为 23.8 mPa·s;实验用水为模拟地层水,密度为 1.032 g/mL,矿化度为 220 g/L;实验用气为高压氮气,纯度为 99.99%,标准状况下黏度为 0.017 8 mPa·s。实验在常温常压条件下进行,分别用甲基蓝和苏丹红将模拟地层水和模拟油染色,以便于观察不同实验阶段的油水分布规律。开采过程中,一般低部位油井先见水,注入井为低部位油井,因此驱替实验中由左边注入,右边采出。

二、注氮气驱油效果及剩余油分布

利用不同岩溶成因储集体二维剖面模型,根据油田矿场实际生产情况,依次开展底水驱、注水驱,再转注氮气驱替实验,研究不同岩溶背景储集体的注气波及规律及驱油效果,明确注气后剩余油分布。

1. 表层岩溶储集体

以 3 mL/min 的注水、注气速度对表层岩溶带二维剖面模型进行底水驱、注水驱、注气驱(低注低采)实验,以模拟真实油藏的开发过程,分析表层岩溶带储集体注气过程中的气体波及路径及剩余油分布的变化情况。注氮气驱替过程中油、气、水分布变化情况如图 2-2-5 所示。

转注气后,在油气重力分异作用下,注入气首先上浮至注气井顶部,气体运移过程中优先沿大尺度裂缝流动至与之相连的溶洞内,驱替洞内剩余油,然后在重力作用下向下驱替剩余油;随着注气量的增大,顶部能量聚集,重力驱动力增强,在与底水驱动力博弈过程中,注入气开始启动较小尺度的裂缝,逐步向生产井方向运移,在注采高差比较大的情况下,气体向上窜进速度快,很快到达生产井井底而发生气窜,注气驱替结束。

注气过程中,油、气、水分布状况发生了较大变化,注气后剩余油分布主要受缝洞结构影响。在注气井附近,气体向上运移过程中,因气体置换能力强,注入气体对注气井上部储集体内的剩余油波及程度较高,注气井顶部剩余油少;在气顶驱作用下,裂缝内压水锥效果特别明显,注气井周围储集体内气油、油水界面明显下移,中下部储集体剩余油富集,因此注气井适当转采更有利于提高缝洞型油藏的采收率;在注采井间,缝洞结构和连通状况控制了剩余油分布。表层岩溶储集体虽然发育有一定的低角度裂缝,但因裂缝尺度小,

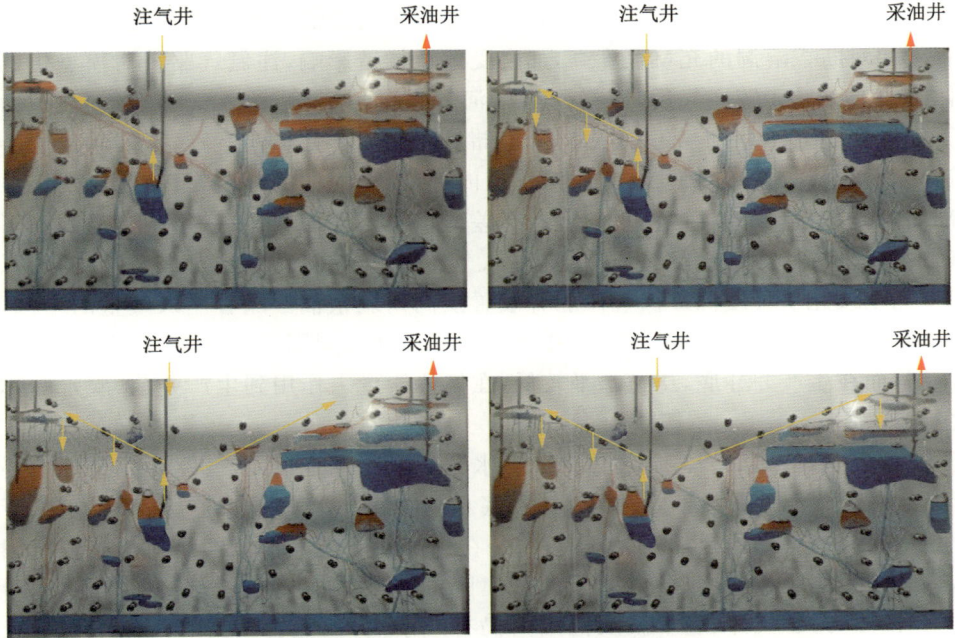

图 2-2-5 表层岩溶储集体低注低采注氮气驱替过程中油、气、水分布图

控制流体流动能力弱,而纵向上仍受中大尺度高角度裂缝控制,气体横向驱替剩余油作用偏差,复杂的缝洞结构和气体超覆影响大,故注采井之间气驱波及差,剩余油较为富集。

2. 古暗河岩溶储集体

以 3 mL/min 的注水、注气速度对古暗河岩溶储集体二维剖面模型进行底水驱、注水驱、气驱(低注低采)实验,分析暗河岩溶储集体注气过程中的气体波及路径及剩余油分布的变化情况。注氮气驱替过程中油、气、水分布变化情况如图 2-2-6 所示。

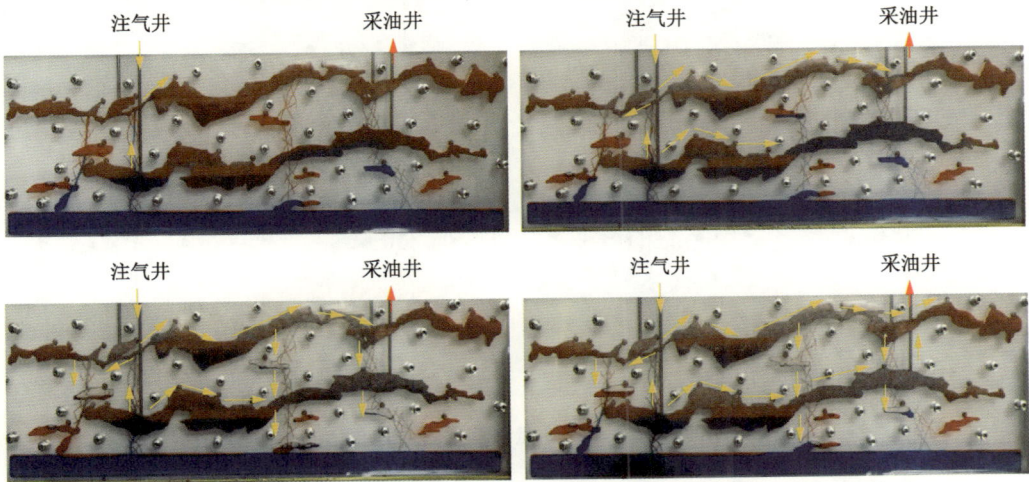

图 2-2-6 古暗河岩溶储集体低注低采注氮气驱替过程中油、气、水分布图

该古暗河岩溶储集体分上下两层暗河,局部有垂向裂缝将两层暗河连通,暗河管道内充填程度相对断控溶洞的充填程度高,加之受地质构造影响,注氮气驱替对模型中的缝洞储集体波及有差异。转注气后,因受下层暗河管道充填影响,注入气体在气/油重力分异作用下先沿裂缝上浮,沿上部井间岩溶管道储集体向生产井横向运移,下层暗河也会有注入气运移,但注气分量相对偏少;在岩溶管道内部,由于气体的超覆作用,注入气主要在管道上部均匀推进,造成管道内部垂向波及有差异。注入气横向运移过程中,遇到与下层暗河沟通的垂向缝时,在一定驱替压差下,注入气沿裂缝向下运移,遇到与缝沟通的孤立洞(一般未充填或充填程度低)时,气体能有效置换洞内剩余油。随着注入气量的增加,注入气逐步到达采油井井底,形成气窜,驱替结束。随注气井周围能量聚集,压力升高,底水被有效压制,而在生产井井底,压力水平较低,在气体能量未作用到生产井前,底水驱作用仍然占主导地位。

注气过程中,古暗河岩溶储集体油、气、水分布变化不是很大,气驱后剩余油主要包括4种类型:一是岩溶管道内部主要受气体和底水垂向波及差异影响,在上部注入气、下部底水的驱替作用下,中部剩余油较为富集;二是在生产井附近井控范围之外的储集体因无泄压点,剩余油无法驱替采出,形成剩余油富集区;三是注采井间致密充填的储集体中气体和底水驱油阻力大,气体、底水波及范围内仍有残余油;四是古暗河岩溶储集体中无泄压点的盲端洞和局部无缝沟通的小型孤立洞动用难度大,剩余油富集。

3. 断溶体储集体注气波及规律

以 3 mL/min 的注水、注气速度对断溶体二维剖面模型进行底水驱、注水驱、气驱(低注高采)实验,分析断溶体注气过程中的气体波及路径及剩余油分布的变化情况。注氮气驱替过程中油、气、水分布变化情况如图 2-2-7 所示。

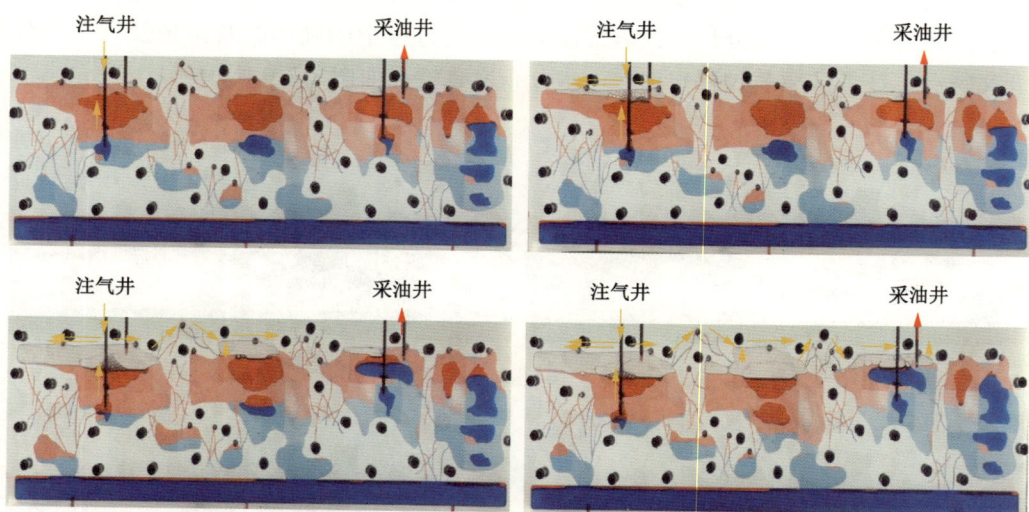

图 2-2-7　断溶体低注高采注氮气驱替过程中油、气、水分布图

较之表层岩溶和暗河岩溶储集体,断溶体二维剖面模型缝洞结构相对简单,实际油藏

中储集体展布方向较为单一,流体流动的优势通道比较明显。转注氮气驱替过程中,注入气体在断控溶洞内快速发生重力分异,顶驱洞内剩余油,注气井周围油气、油水界面下移,当油气界面推进到泄油点时,注入气启动裂缝,沿裂缝及与裂缝连通的溶洞向泄压方向横向运移,注入气的横向驱替效果主要受井间储集体泄油点位置高低影响。因沿断裂走向气体运移的优势通道较为单一,注气横向波及面积小,因此气体在超覆作用下快速窜进到生产井附近,顶驱生产井控制的溶洞内剩余油,待生产井发生气窜时,驱替结束。

断控岩溶的有效储集体以大型断控溶洞为主,一般在溶洞内油水/油气界面较为平整,在氮气驱过程中,注气井、生产井及注采井间剩余油主要富集于断控溶洞内,呈现"上气中油下水"的分布模式。另外,模型中小尺度裂缝沟通的小型孤立洞形成流动的死角,剩余油也较多。

三、注气参数对氮气驱效果的影响

氮气驱主要是通过氮气与原油的重力分异作用与底水驱相互博弈,由压力场的变化改变油水流动,有效挖潜水驱后剩余油,进一步提高油藏采收率。注采关系、注气速度和注入方式不同,会在一定程度上影响注入氮气对剩余油的启动,影响驱油效果。

1. 注采关系

高注低采、高注高采和低注高采下气驱后的油、气、水分布如图 2-2-8 所示。由图可以看出,注采关系对气驱效果影响较大,采油位置越低,气窜越晚,气驱有效期越长,气驱提高采收率效果越好,因此高注低采驱油效果最好。相比采油位置,注气位置高低对剩余油分布影响并不是很明显,无论是低部位注气还是高部位注气,注入气体在重力分异作用下先运移到注气井顶部,再横向流动驱替原油。对比高注高采和低注高采气驱后的油、气、水分布可见,两种注采关系下的驱油效果较为接近,高注高采较之低注高采,仅对注气井顶部剩余油的波及程度稍高点。不论在哪种注采关系下,注气井周围压力高,为高势区,而生产井附近压力较低,为低势区,流体都是由高势区流向低势区。低注高采时,注采高差越大,气体窜进速度越快,生产井越容易发生气窜,气驱有效期越短,驱油效果欠佳。因此,对缝洞型油藏来说,为了获得最佳的提高采收率效果,推荐高部位注气低部位采油。

2. 注气速度

氮气驱注气速度直接影响发生气窜的时间和氮气注入量,从而影响驱油效果(图 2-2-9)。高注气速度虽在短时间内能够达到高注气量和剩余油的高采出量,但油气流度差异在大的注采压差下,使气体很快发生窜逸,生产井过早气窜,导致注气有效期缩短,提高采收率效果不理想;当注气速度较低时,气/水驱油过程中压力较低,容易形成稳定驱替,气体对注入井底周围的剩余油的驱替效果更好,但并非注气速度越低越好,太低的注气速度会使注入气因注气强度不够而不能进入阻力较大的缝洞内,只能进入阻力小的较大尺度的溶洞和裂缝中,驱油动力不足,从而影响最终采收率。因此,在缝洞型油藏注气设计时,需要考虑井间缝洞发育状况,优化合理的注气速度,达到最佳的稳定驱油效果。

（a）高注低采

（b）高注高采

（c）低注高采

图 2-2-8　不同注采关系下注气驱替效果对比图

（a）底水 1 mL/min，注气 1 mL/min　　　（b）底水 3 mL/min，注气 3 mL/min

图 2-2-9　不同注气速度下注氮气驱替效果对比图

3. 注入方式

研究不同氮气驱注入方式对驱油效果的影响,模拟实验是在底水驱后进行的,实验设计了连续氮气驱、氮气-水交替复合驱和氮气-水协同驱 3 种注入方式。实验方案设计见表 2-2-1。

表 2-2-1　不同注入方式下注气、水速度设计

	连续氮气驱	氮气-水交替复合驱	氮气-水协同驱
注气速度/(mL·min⁻¹)	3	3	3
注水速度/(mL·min⁻¹)	—	3	3

不同氮气驱注入方式下的驱替效率如图 2-2-10 所示。从图中可以看出,不同氮气驱注入方式下的驱油效率有差异,氮气-水协同注入方式下的驱替效率最高,其次为氮气-水交替复合驱。氮气和水协同注入时,注入气快速分异聚集在储集体上部,依靠重力向下驱替,压制底水锥进,改变油水界面,同时协同注入的水在流动过程中依靠势能差异,也会扰动油藏中油水的流动方向,注入气与注入水的协同作用改变了底水向上驱替时的流动路径,当注入气和水向下的共同作用力与底水向上的驱替力达到平衡时,实现气水协同作用效果,横向驱替原油的效果最佳。当底水能量较强时,连续氮气驱若想实现气水双重作用力的平衡,所需注气强度大,易发生气窜,影响注气效果。气-水交替注入方式在砂岩油藏中取得较好的效果,但在缝洞型油藏中,由于注入气主要向上流动而注入水主要向下流动,氮气-水交替复合驱范围太小,改善驱油效果欠佳。综上所述,推荐缝洞型油藏采用氮气-水协同驱注入方式,驱油效果最好。

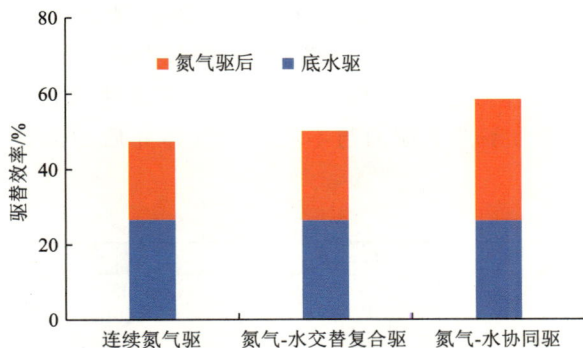

图 2-2-10　不同氮气驱注入方式下驱替效率对比图

第三节　注氮气启动剩余油的力学机制分析

在分析不同岩溶成因储集体注气后剩余油分布类型和氮气辅助重力驱油特征的基础上,通过研究氮气驱过程中重力、毛管力和驱替力三者之间的关系及其对驱油特征的影响,系统揭示氮气启动不同类型剩余油的力学机制。

一、高温高压条件下油气界面张力测定及毛管力

油藏采收率为油藏累计采出的油量与油藏地质储量之比。从理论上来说,采收率取决于洗油效率(E_D)和波及效率(E_V),油藏的所有提高采收率方法都是致力于提高洗油效率或波及效率。

驱油剂的洗油效率取决于原油在岩石表面的黏附功,黏附功越低,洗油效率越高,因此提高采收率通常从降低界面张力和润湿反转两方面来考虑。研究表明,油藏岩石的润湿性对气驱效果具有一定的影响。实验测试表明,对于水湿体系和小孔隙为油润湿的混合润湿体系,使用注气的方法提高采收率效果较差;对于中性润湿、油湿、大孔隙为油湿的混合润湿体系,使用注气的方法提高采收率效果较好。气驱提高采收率效果好坏的主要原因是界面张力的变化,油气界面张力越低,黏附功就越低,驱油效率就越高。

1. 油气界面张力测试及分析

目前,界面张力有多种测定方法。毛细管法和气泡法不能测定两液相间的界面张力;脱环法不仅对样品润湿性有要求,而且不能测定界面张力的平衡值;吊片法虽能获得界面张力的平衡值,但对样品的润湿性有严格要求;滴体积法也不能达到完全的平衡;微旋转滴法的测量范围为 $10^{-6} \sim 10^{-2}$ mN/m,局限性过大。悬滴法是一种可以较为准确地测量气液界面张力的方法,与其他方法相比,虽然其操作和数据处理较复杂,但具有对样品润湿性无要求、测量范围广、速度快、不扰动表面、样品用量小、精确等显著优点。

在悬滴法测试两相界面张力实验过程中,利用进样泵在高温高压气体环境中的悬针端口形成油滴,通过放大摄像系统拍摄油滴外形高清照片,通过计算机图形处理系统获得油滴外部轮廓,输入气相和液相的密度,求解油气界面张力。

基于不同区块油藏条件,选择 4 个油样(S117 井、TP15 井、TH12559 井、TK648 井)分别测试不同油藏温度、压力条件下原油与不同注入气体介质的油气界面张力,结果如图 2-3-1 所示。

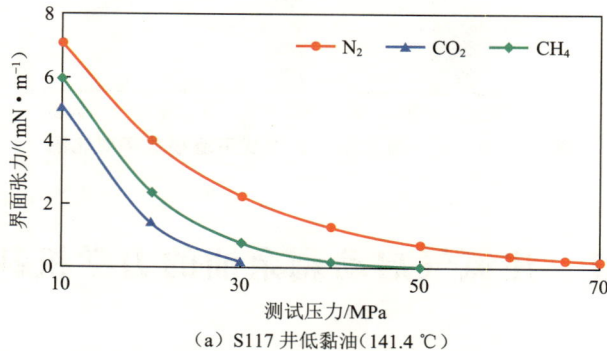

(a) S117 井低黏油(141.4 ℃)

图 2-3-1　不同性质原油与不同注入气体介质界面张力测试曲线图

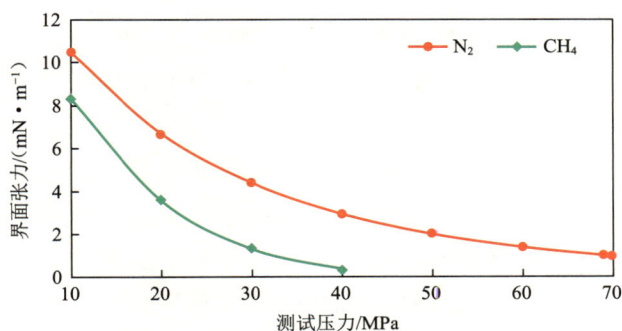

（b）TP15 井特低黏油（141.2 ℃）

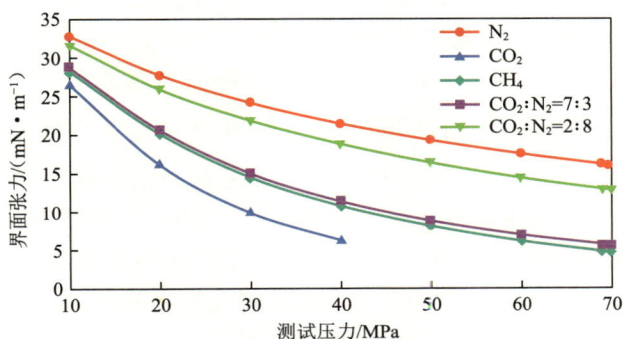

（c）TK12559 井高黏油（148.0 ℃）

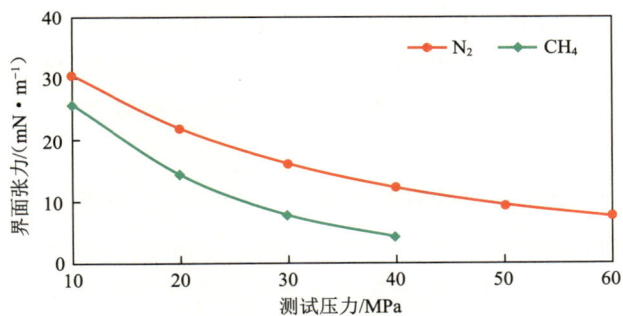

（d）TK648 井高黏油（122.2 ℃）

图 2-3-1（续）　不同性质原油与不同注入气体介质界面张力测试曲线图

1）不同注入气体介质与 S117 井低黏油的油气界面张力

由图 2-3-1（a）可以看出，在 141.4 ℃条件下，随着测试压力的升高，3 个体系的油气界面张力逐渐减小。在低压（约 10 MPa）下，3 个体系的平衡界面张力相差不大，尤其是 CO_2 与 CH_4。随着压力的升高，在 10～30 MPa 下 CO_2/原油体系与 CH_4/原油体系平衡界面张力的降低幅度明显大于 N_2/原油体系。当压力达到 30 MPa 时，CO_2/原油体系的平衡界面张力可以达到 0.16 mN/m，降幅为 96.9%；CH_4/原油体系的平衡界面张力为 0.78 mN/m，降幅为 86.9%，压力继续增大，界面张力随压力的增大而缓慢下降；N_2/原油体系的平衡界面张力为 2.26 mN/m,降幅为 68.1%,当压力大于 40 MPa 后,界面张力随压力的增大下降缓慢。这主要是由于 CO_2 和 CH_4 具有较强的溶解能力。对于 N_2/原油体系,油藏压力高达 68.8 MPa,在此压力条件下,油气界面张力也已降到很低,仅为 0.253 mN/m,所以 N_2 也能有效地降低界面张力。

2)不同注入气体介质与 TP15 井特低黏油的油气界面张力

由图 2-3-1(b)可以看出,在 141.2 ℃下,随着测试压力的升高,2 个体系的油气界面张力逐渐减小。在 10~30 MPa 条件下,CH_4/原油体系平衡界面张力的降低幅度明显大于 N_2/原油体系。当压力达到 40 MPa 时,CH_4/原油体系的平衡界面张力可以达到 0.39 mN/m,降幅为 95.3%;N_2/原油体系的平衡界面张力为 2.96 mN/m ,降幅为 71.8%,压力继续增大超过 40 MPa 后,界面张力随压力的增加而缓慢下降。这主要是由于 CH_4 具有较强的溶解能力。对于 N_2/原油体系,在油藏压力(68.8 MPa)下,油气界面张力仅为 1 mN/m,已降到很低,因此 N_2 对 TP15 井特低黏油来说也能有效降低界面张力。

3)不同注入气体介质与 TH12559 井高黏油的油气界面张力

由图 2-3-1(c)可以看出,在 148.0 ℃条件下,随着压力的升高,5 个体系的油气界面张力均逐渐减小。5 个体系的平衡界面张力在低压(10 MPa)下相差不大;CO_2/原油体系的界面张力随压力增大急剧下降,压力大于 50 MPa 以后,油气两相即达到混相;N_2/原油体系和 CO_2+N_2(2:8)/原油体系的界面张力随压力增大缓慢下降,几乎呈线性下降,即使当测试压力达到 70 MPa 时,油气两相界面张力依然较大;CH_4/原油体系和 CO_2+N_2(7:3)/原油体系的界面张力随压力的变化趋势位于前两者之间,下降幅度大于 N_2/原油体系和 CO_2+N_2(2:8)/原油体系,但小于 CO_2/原油体系,当测试压力达到 70 MPa 时,油气两相界面张力依然较大。因此,对于 CO_2 和 N_2 混合气体,CO_2 含量越大,越有助于降低 TH12559 井高黏油的界面张力;CH_4 相较于 CO_2+N_2(7:3)复合体系略微更有助于降低 TH12559 井高黏油的界面张力。

4)不同注入气体介质与 TK648 井高黏油的油气界面张力

由图 2-3-1(d)可以看出,在 122.0 ℃下,随着压力的升高,2 个体系的油气界面张力逐渐减小。在 10~30 MPa 下,CH_4/原油体系平衡界面张力的降低幅度明显大于 N_2/原油体系。当压力达到 30 MPa 时,CH_4/原油体系的平衡界面张力可以达到 4.33 mN/m,降幅为 70%;N_2/原油体系平衡界面张力为 16.15 mN/m,降幅为 47.2%。当压力大于 40 MPa 时,CH_4/原油体系形成混相,而 N_2/原油体系界面张力继续下降,降幅趋于平缓,界面张力依然较大。

2. 孔隙介质毛管力存在条件分析

在半径为 r 的毛细管中,油、气、水分布如图 2-3-2 所示。油水界面的前进角为 θ_{ad},油气界面的后退角为 θ_{re}。

注气开发油藏时,气相密度为 ρ_g、黏度为 μ_g,油相密度为 ρ_o、黏度为 μ_o,水相密度为 ρ_w、黏度为 μ_w,油气界面张力为 σ_{og},油水界面张力为 σ_{ow},重力加速度为 g,地层倾角为 θ,地层

厚度为 h，注气压力为 p_{inject}。初始时刻气相、油相和水相占据的体积所对应的长度分别为 l_g，l_o 和 l_w。

油、气、水各相在毛细管中的质量 m_o，m_g 和 m_w 分别为：

$$m_o=\rho_o A l_o, \quad m_g=\rho_g A l_g, \quad m_w=\rho_w A l_w \quad (2\text{-}3\text{-}1)$$

其中：
$$A=\pi r^2$$

假设油、水不可压缩，注气过程中 t 时间内界面移动了 x。油、气、水三相的重力 G 为：

$$G=(m_g+m_o+m_w)g\sin\theta$$
$$=[\rho_g A(l_g+x)+\rho_o A l_o+\rho_w A(l_w-x)]g\sin\theta$$
$$=\pi r^2[\rho_g(l_g+x)+\rho_o l_o+\rho_w(l_w-x)]g\sin\theta$$
$$(2\text{-}3\text{-}2)$$

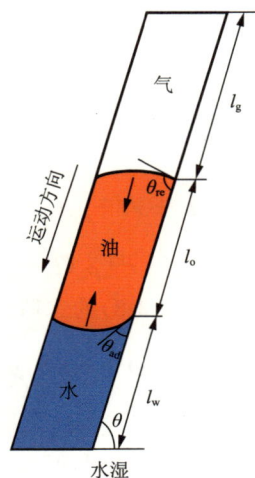

图 2-3-2　亲水单根毛管模型示意图

油水、油气界面张力 F_{cow} 和 F_{cog} 分别为：

$$\begin{cases} F_{cow}=\dfrac{\pi r^2\cdot 2\sigma_{ow}\cos\theta}{r}=2\pi r\sigma_{ow}\cos\theta_{ad} \\ F_{cog}=\dfrac{\pi r^2\cdot 2\sigma_{og}\cos\theta}{r}=2\pi r\sigma_{og}\cos\theta_{re} \end{cases} \quad (2\text{-}3\text{-}3)$$

根据黏性切应力 τ 与平均流速 v 的关系：

$$\tau=\frac{4\mu}{r}v \quad (2\text{-}3\text{-}4)$$

可得油、气、水三相的黏滞阻力 F_f：

$$F_f=F_{fo}+F_{fw}+F_{fg}$$
$$=2\pi r(l_g+x)\frac{4\mu_g}{r}v+2\pi r l_o\frac{4\mu_o}{r}v+2\pi r(l_w-x)\frac{4\mu_w}{r}v$$
$$=8\pi[\mu_g(l_g+x)+\mu_o l_o+\mu_w(l_w-x)]v \quad (2\text{-}3\text{-}5)$$

式中　F_{fo}，F_{fw}，F_{fg}——油相、水相、气相黏滞阻力，N。

原油产出之前，毛细管中存在油、气、水三相，毛细管中的阻力有油、气、水的黏滞阻力 F_f 以及油水界面张力 F_{cow}，动力有注气压力 P，油、气、水的重力 G 以及油气界面张力 F_{cog}。根据牛顿第二定律可得：

$$ma=P+G+F_{cog}-F_f-F_{cow}$$
$$=\pi r^2 p_{inject}+\pi r^2[\rho_g(l_g+x)+\rho_o l_o+\rho_w(l_w-x)]g\sin\theta+2\pi r\sigma_{og}\cos\theta_{re}-$$
$$8\pi[\mu_g(l_g+x)+\mu_o l_o+\mu_w(l_w-x)]v-2\pi r\sigma_{ow}\cos\theta_{ad} \quad (2\text{-}3\text{-}6)$$

式中　a——加速度，m/s^2；

　　　P——注气压力，N；

　　　p_{inject}——注入压力（实际为压强），MPa。

对式(2-3-6)进行变形化简得：

$$r^2[\rho_g(l_g+x)+\rho_o l_o+\rho_w(l_w-x)]a+8[\mu_g(l_g+x)+\mu_o l_o+\mu_w(l_w-x)]v=$$
$$r^2 p_{inject}+r^2[\rho_g(l_g+x)+\rho_o l_o+\rho_w(l_w-x)]g\sin\theta+2r\sigma_{og}\cos\theta_{re}-2r\sigma_{ow}\cos\theta_{ad} \quad (2\text{-}3\text{-}7)$$

式(2-3-7)的微分形式为：

$$r^2[\rho_g(l_g+x)+\rho_o l_o+\rho_w(l_w-x)]\frac{d^2x}{dt^2}+8[\mu_g(l_g+x)+\mu_o l_o+\mu_w(l_w-x)]\frac{dx}{dt}=$$
$$r^2 p_{inject}+r^2[\rho_g(l_g+x)+\rho_o l_o+\rho_w(l_w-x)]g\sin\theta+2r(\sigma_{og}\cos\theta_{re}-\sigma_{ow}\cos\theta_{ad}) \quad (2\text{-}3\text{-}8)$$

忽略式(2-3-8)的二阶微分项得：

$$8[\mu_g(l_g+x)+\mu_o l_o+\mu_w(l_w-x)]\frac{dx}{dt}=r^2[\rho_g(l_g+x)+\rho_o l_o+p_w(l_w-x)]g\sin\theta+$$
$$r^2 p_{inject}+2r(\sigma_{og}\cos\theta_{re}-\sigma_{ow}\cos\theta_{ad}) \quad (2\text{-}3\text{-}9)$$

对式(2-3-9)变形可得流体的流动速度 v：

$$v=\frac{dx}{dt}=\frac{r^2 p_{inject}+r^2[\rho_g(l_g+x)+\rho_o l_o+\rho_w(l_w-x)]g\sin\theta+2r(\sigma_{og}\cos\theta_{re}-\sigma_{ow}\cos\theta_{ad})}{8[\mu_g(l_g+x)+\mu_o l_o+\mu_w(l_w-x)]}$$
$$(2\text{-}3\text{-}10)$$

原油开始产出之后，只有油气两相，油水界面消失，界面张力 $F_{cow}=0$，水相重力和黏滞阻力为零。根据牛顿第二定律可得：

$$ma=P+G+F_{cog}-F_f$$
$$=\pi r^2 p_{inject}+\pi r^2[\rho_g(l_g+x)+\rho_o(L-l_g-x)]g\sin\theta+2\pi r\sigma_{og}\cos\theta_{re}-$$
$$8\pi[\mu_g(l_g+x)+\mu_o(L-l_g-x)]v \quad (2\text{-}3\text{-}11)$$

式中　L——毛细管总长度，m。

同理，化简可得：

$$v=\frac{r^2 p_{inject}+r^2[\rho_g(l_g+x)+\rho_o(L-l_g-x)]g\sin\theta+2r\sigma_{og}\cos\theta_{re}}{8[\mu_g(l_g+x)+\mu_o(L-l_g-x)]} \quad (2\text{-}3\text{-}12)$$

针对低黏油和高黏油，开展注氮气模拟，分别计算毛细管半径为 1 nm，10 nm，100 nm，1 μm，10 μm，100 μm 和 1 mm 时的流体流动速度和所受各种力的大小(图 2-3-3)。研究表明，单根毛细管半径为 100 nm 时，毛管力和其他受力较为接近，此时就不能忽略毛管力的影响，特别是在高黏油油藏中。

3. 裂缝介质毛管力存在条件分析

裂缝宽度为 w，长度为 L，高度为 h，如图 2-3-4 所示。注气开发油藏时，气相密度为 ρ_g、黏度为 μ_g，油相密度为 ρ_o、黏度为 μ_o，水相密度为 ρ_w、黏度为 μ_w，油气界面张力为 σ_{og}，油水界面张力为 σ_{ow}，重力加速度为 g，地层倾角为 θ，地层厚度为 h，注气压力为 p_{inject}。初始时刻气相、油相和水相占据的体积所对应的长度分别为 l_g，l_o 和 l_w，并且有：

$$L=l_g+l_o+l_o \quad (2\text{-}3\text{-}13)$$

裂缝中流体所受到的毛管力 $F_{p_{cz}^{ow}}$ 为：

$$F_{p_{cz}^{ow}}=\frac{2\sigma_{ow}\cos\theta_{ad}}{w}wh=2h\sigma_{ow}\cos\theta_{ad} \quad (2\text{-}3\text{-}14)$$

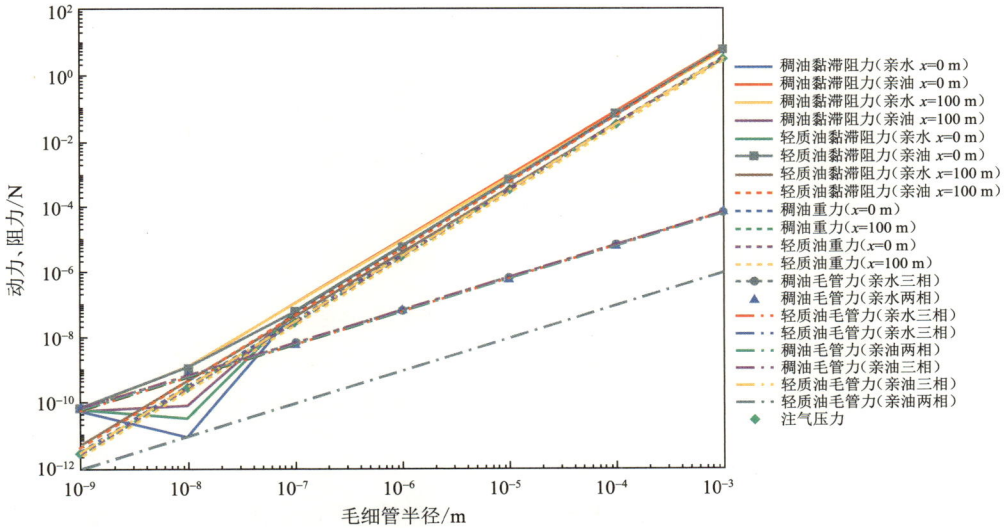

图 2-3-3　孔隙介质毛细管半径与动力、阻力关系曲线图版

油、气、水三相的重力 G 为：

$$
\begin{aligned}
G &= (m_g + m_o + m_w) g \sin \theta \\
&= [\rho_o w h l_o + \rho_g w h (l_g + x) + \rho_w w h (l_w - x)] g \sin \theta \\
&= [\rho_g (l_g + x) + \rho_o l_o + \rho_w (l_w - x)] w h g \sin \theta
\end{aligned}
$$

$$(2\text{-}3\text{-}15)$$

油气、油水界面张力 F_{cog} 和 F_{cow} 分别为：

$$
\begin{cases}
F_{cog} = \dfrac{2\sigma_{og} \cos \theta_{re}}{w} w h = 2 h \sigma_{og} \cos \theta_{re} \\[2mm]
F_{cow} = \dfrac{2\sigma_{ow} \cos \theta_{ad}}{w} w h = 2 h \sigma_{ow} \cos \theta_{ad}
\end{cases}
$$

$$(2\text{-}3\text{-}16)$$

黏滞阻力 F_f 为：

$$
\begin{aligned}
F_f &= F_{fo} + F_{fg} + F_{fw} \\
&= \frac{24 h l_o \mu_o}{w} v + \frac{24 h (l_g + x) \mu_g}{w} v + \frac{24 h (l_w - x) \mu_w}{w} v \\
&= \frac{24 h}{w} [(l_g + x) \mu_g + l_o \mu_o + (l_w - x) \mu_w] v
\end{aligned}
$$

$$(2\text{-}3\text{-}17)$$

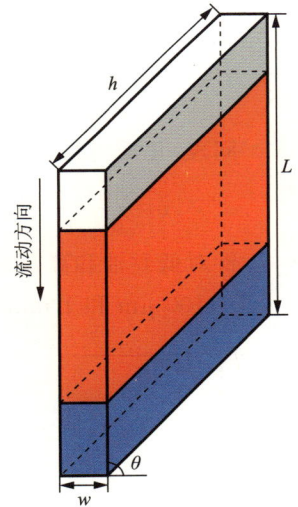

图 2-3-4　注气过程中裂缝中油气水分布图

原油产出之前，裂缝中存在油、气、水三相，裂缝中的阻力有油、气、水的黏滞阻力以及油水界面张力，动力有注气压力，油、气、水的重力以及油气界面张力。根据牛顿第二定律可得：

$$
\begin{aligned}
ma &= P + G + F_{cog} - F_f - F_{cow} \\
&= w h p_{inject} + [\rho_g (l_g + x) + \rho_o l_o + \rho_w (l_w - x)] w h g \sin \theta + 2 h \sigma_{og} \cos \theta_{re} - \\
&\quad \frac{24 h}{w} [\mu_g (l_g + x) + \mu_o l_o + \mu_w (l_w - x)] v - 2 h \sigma_{ow} \cos \theta_{ad}
\end{aligned}
$$

$$(2\text{-}3\text{-}18)$$

对式(2-3-18)进行变形化简得：

$$[\rho_g(l_g+x)+\rho_o l_o+\rho_w(l_w-x)]w\frac{\mathrm{d}^2 x}{\mathrm{d}t^2}=[\rho_g(l_g+x)+\rho_o l_o+\rho_w(l_w-x)]wg\sin\theta-$$

$$\frac{24}{w}[\mu_g(l_g+x)+\mu_o l_o+\mu_w(l_w-x)]\frac{\mathrm{d}x}{\mathrm{d}t}+$$

$$wp_{inject}+2(\sigma_{og}\cos\theta_{re}-\sigma_{ow}\cos\theta_{ad}) \qquad (2\text{-}3\text{-}19)$$

忽略式(2-3-19)的二阶微分项得：

$$\frac{24}{w}[\mu_g(l_g+x)+\mu_o l_o+\mu_w(l_w-x)]\frac{\mathrm{d}x}{\mathrm{d}t}=[\rho_g(l_g+x)+\rho_o l_o+\rho_w(l_w-x)]wg\sin\theta+$$

$$wp_{inject}+2(\sigma_{og}\cos\theta_{re}-\sigma_{ow}\cos\theta_{ad}) \qquad (2\text{-}3\text{-}20)$$

对式(2-3-20)变形可得流体的流动速度 v：

$$v=\frac{\mathrm{d}x}{\mathrm{d}t}=\frac{w^2[\rho_g(l_g+x)+\rho_o l_o+\rho_w(l_w-x)]g\sin\theta+w^2 p_{inject}+2w(\sigma_{og}\cos\theta_{re}-\sigma_{ow}\cos\theta_{ad})}{24[\mu_g(l_g+x)+\mu_o l_o+\mu_w(l_w-x)]}$$

$$(2\text{-}3\text{-}21)$$

原油产出之后，裂缝中只有油气两相，油水界面消失，界面张力为零，水相重力和黏滞阻力为零。根据牛顿第二定律可得：

$$ma=P+G+F_{cog}-F_f$$

$$=whp_{inject}+[\rho_g(l_g+x)+\rho_o(L-l_o-x)]whg\sin\theta+2h\sigma_{og}\cos\theta_{re}-$$

$$\frac{24h}{w}[\mu_g(l_g+x)+\mu_o(L-l_o-x)]v \qquad (2\text{-}3\text{-}22)$$

同理，化简可得：

$$v=\frac{\mathrm{d}x}{\mathrm{d}t}=\frac{w^2 p_{inject}+w^2[\rho_g(l_g+x)+\rho_o(L-l_o-x)]g\sin\theta+2w\sigma_{og}\cos\theta_{re}}{24[\mu_g(l_g+x)+\mu_o(L-l_o-x)]} \qquad (2\text{-}3\text{-}23)$$

针对低黏油和高黏油，开展注氮气模拟，分别计算裂缝宽度为 10 nm，100 nm，1 μm，10 μm，100 μm 和 1 mm 时的流体流动速度和所受各种力的大小(图 2-3-5)。注气过程中

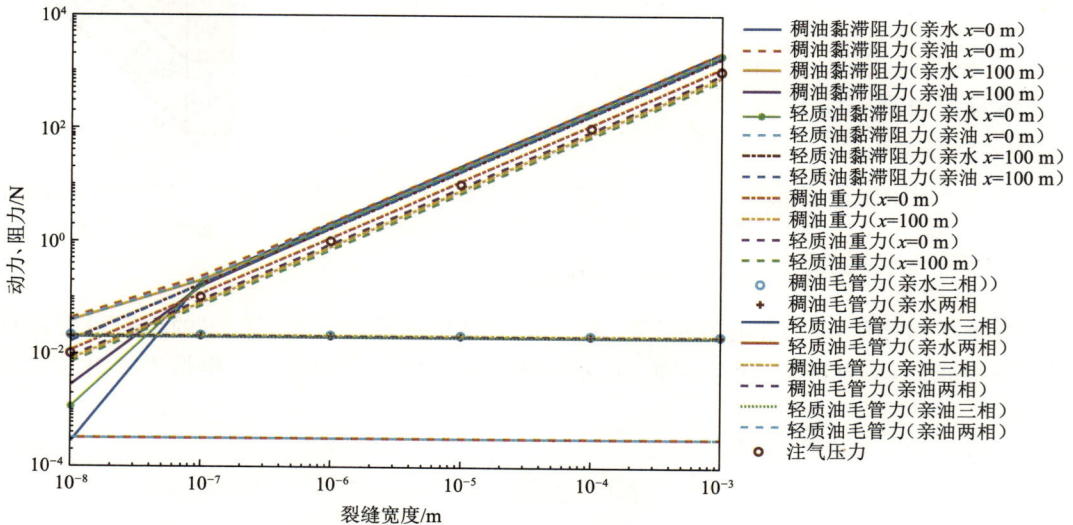

图 2-3-5　注气过程中裂缝宽度与动力、阻力关系图版

流体主要受到 4 种力：重力、黏滞阻力、毛管力和注入压力。随着裂缝宽度的增大，毛管力基本不变化，但其他力随裂缝宽度变大而变大，毛管力与其他力之间的差距逐渐增大。当裂缝宽度大于 100 nm 时，毛管力与其他力不在一个数量级上，毛管力的影响也随之变小。因此，在大裂缝中毛管力远小于其他力，可以忽略。

二、注氮气启动不同缝洞结构剩余油力学机制

考虑油藏缝洞配置关系，综合设计多组不同方向的裂缝，建立典型的概念物理模型，改变注气速度分别进行高注低采和低注高采驱油实验。

通过实验过程、最终剩余油赋存状态以及驱替力、重力和毛管力来分析氮气辅助重力启动剩余油力学机制，其中驱替力 Δp 由实验过程中记录的压力计算得到，重力计算公式为 $G = \Delta \rho g h$，毛管力计算公式为 $p_c = (2\sigma \cos \theta)/r$。

对于模型中不同的裂缝尺度，驱替力、重力和毛管力三者之间的关系不同，因此力学机制不同。通过观察水/气对模型中不同尺度裂缝和溶洞的波及情况，分析水/气驱对不同尺度裂缝的启动情况，局部波及情况如图 2-3-6 所示。水驱过程中，注入水只波及生产井直接或间接沟通的溶洞，而对主流线之外的溶洞基本不动用。对于模型中宽度小于或等于 1 mm 的裂缝连接的盲端洞而言，由于盲端洞处无流体泄压点，所以盲端洞处无驱动压差，对应驱替力接近零，由于油、气、水的重力分异作用，注水驱替模型的下行盲端洞和注气驱替模型的上行盲端洞中的重力为阻力，且裂缝内油水、油气毛管力始终为阻力，此时不存在驱替动力，理论上盲端洞难以被启动。当注水驱替模型上行盲端洞或注气驱替模型下行盲端洞时，重力为动力，此时仅考虑 3 种力的作用，理论上盲端洞有可能被启动，但是若考虑黏滞阻力则同样不能启动。

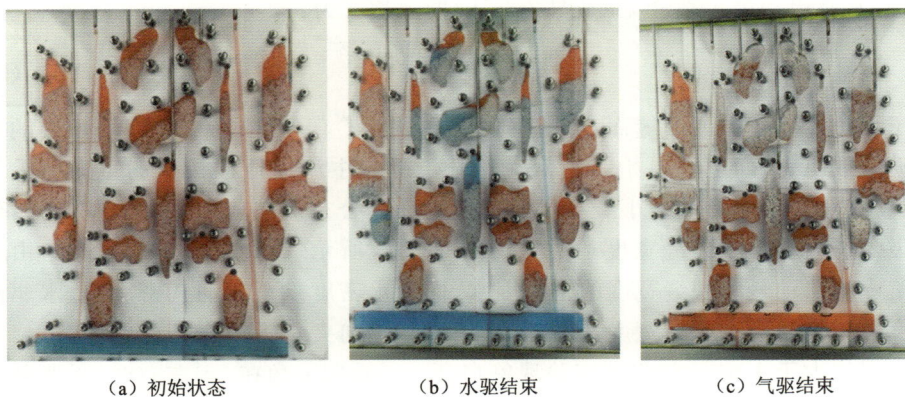

(a) 初始状态　　(b) 水驱结束　　(c) 气驱结束

图 2-3-6　充填模型驱替实验图

根据驱替过程中驱替力、重力和毛管力的计算公式以及三力之间的关系，建立启动最小裂缝尺度与垂向夹角的关系。氮气上行驱替阶段，当遇到上行缝发育区域时，如图 2-3-7(a) 所示，由于裂缝沟通的是盲端洞，没有泄压点，因此驱替力沿裂缝没有作用，只需考虑毛管力和重力(浮力)的影响。其中，重力为动力，毛管力为阻力。氮气上行启动上行

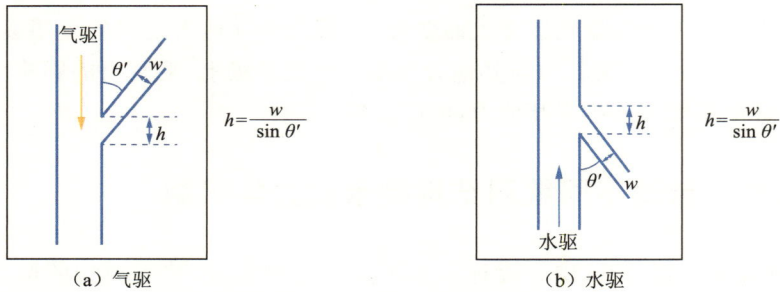

图 2-3-7 不同驱替方式下的受力分析

缝沟通的盲端洞时,重力(浮力)必须大于或等于毛管力,因此启动上行裂缝盲端洞的最小裂缝宽度满足如下关系式:

$$\Delta\rho_{og} g \frac{w_{min}}{\sin\theta'} = \frac{2\sigma_{og}\cos\theta}{w_{min}} \qquad (2\text{-}3\text{-}24)$$

求解式(2-3-24),得到启动最小裂缝宽度的表达式:

$$w_{min} = \sqrt{\frac{2\sigma_{og}\cos\theta\sin\theta'}{\Delta\rho_{og} g}} \qquad (2\text{-}3\text{-}25)$$

式中 $\Delta\rho_{og}$ ——油气密度差,kg/m^3;

g——重力加速度,$g = 9.8\ \text{m/s}^2$;

θ'——裂缝倾角,(°);

w_{min}——最小裂缝宽度,m;

σ_{og}——油气界面张力,N/m;

θ——油气接触角,(°)。

同理,水驱启动最小裂缝宽度(图 2-3-7b)的表达式为:

$$w_{min} = \sqrt{\frac{\sigma_{ow}\cos\theta\sin\theta'}{g\,\Delta\rho_{ow}}} \qquad (2\text{-}3\text{-}26)$$

对于无流体泄压点的裂缝而言,其驱替压差接近零,重力依据裂缝在模型中的角度不同可为动力或阻力,而毛管力始终为阻力。基于缝与主流通道连接处的重力与毛管力的分析,建立气驱和水驱启动最小裂缝尺度大小的计算公式。在前述研究的基础上,建立裂缝垂向夹角与启动最小裂缝宽度的关系,如图 2-3-8 所示。由图 2-3-8(a)可知,由于流体密度差是影响启动最小裂缝宽度的主要因素,而油水密度差小于油气密度差,水驱的最小裂缝宽度大于气驱最小裂缝宽度。另外,当裂缝与垂向夹角为 30°时,注水/注气启动裂缝尺度的下限均大于 1 mm,与驱替实验现象吻合。当垂向夹角在 25°左右时,无驱替压差条件下可启动裂缝的尺度下限大于 1 mm;当垂向夹角大于 90°时,可启动裂缝的尺度下限大于 2 mm。若无泄压通道,则顶部注气实验中,当注入气经过连接较细裂缝的溶洞时,重力不能克服毛管力(两个裂缝处都存在毛管力)作用而进入溶洞,但注入气波及连接较粗裂缝(0.5 mm)的溶洞时,重力可以克服毛管力(仅上部裂缝存在毛管力)而进入溶洞驱油。

对于有流体泄压点的裂缝而言,存在驱替压差,注水启动裂缝尺度下限小于 0.5 mm,此时模型注水平均压力为 2.92 kPa,注气平均压力为 0.33 kPa(图 2-3-8b)。

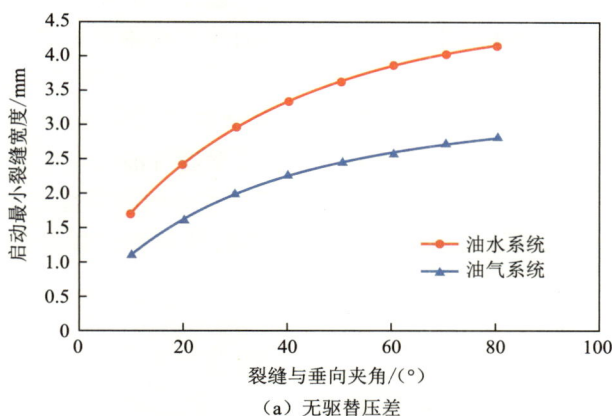

（a）无驱替压差

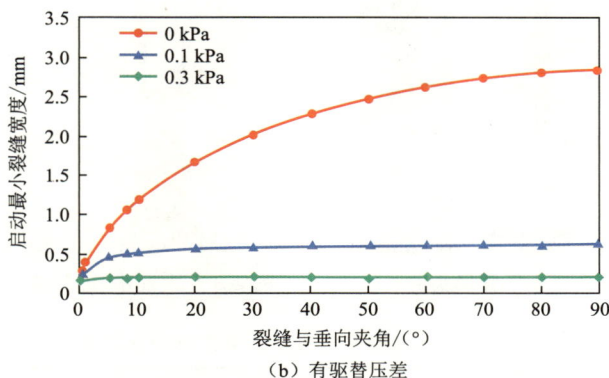

（b）有驱替压差

图 2-3-8　油水和油气系统启动最小裂缝宽度图

　　整体来看,无论是水驱还是气驱,对于生产井直接或间接沟通的溶洞,驱替力发挥作用,克服重力和毛管力,启动溶洞内的油,启动裂缝尺度下限为 0.5 mm。

三、氮气驱启动剩余油力学分析参数界限确定

　　缝洞型碳酸盐岩油藏注氮气驱油提高采收率的作用机理包括:① 利用重力分异置换油藏顶部剩余油;② 通过体积膨胀补充地层能量;③ 较小的毛管力使气体进入宽度更小的微裂缝;④ 较小的油气界面张力可驱替出微小孔缝中的原油;⑤ 氮气溶解于原油中降低原油黏度,改善流动性。通过重力分异置换油藏顶部剩余油是缝洞型油藏开采剩余油的主要作用机理,对缝洞型油藏提高采收率的贡献最大。为了从微观机制和宏观上量化注气开采剩余油的作用机制,提出 3 个力学准数。

1. 重力分异启动准数

　　注入气与原油之间的界面张力大幅度低于油水之间的界面张力和毛管力。由第二章第二节中不同注入气体介质与不同原油之间的界面张力可知,油气界面张力较之油水界

面张力大幅度降低,且原油黏度越低,油气界面张力越小。对于塔河油田缝洞型油藏的高黏油来说,在油藏温度、压力条件下,注入氮气时,油气界面张力可以降到 10 mN/m 以下,低于油水界面张力(40 mN/m)。因此,与水驱相比,注入气能够进入更小的微裂缝,有效驱替与微裂缝连通的微小孔缝系统中的剩余油,从而提高采收率。

基于物理实验,分别采用毛细管和垂直平板缝模型进行油气置换实验,分别采用不同管径的玻璃管和玻璃缝板进行物理实验,明确油气可以置换的临界直径(图 2-3-9、图 2-3-10)。通过物理实验得到可进入裂缝盲端洞穴的开度界限:玻璃管的临界直径为 0.4 mm,玻璃缝板的临界直径为 0.21 mm,见表 2-3-1。

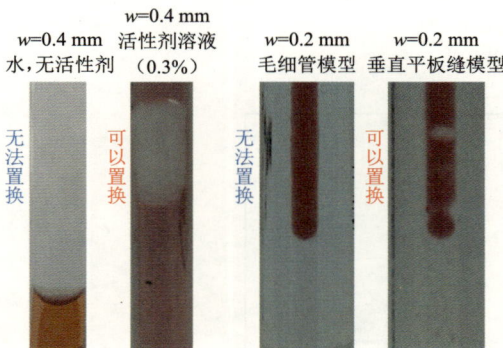

图 2-3-9　不同裂缝宽度下置换实验

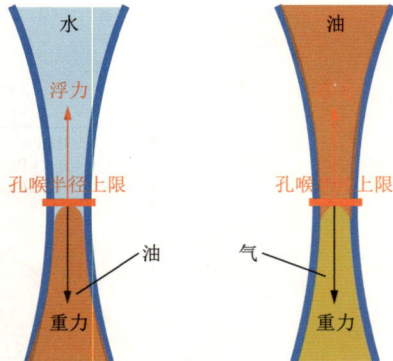

图 2-3-10　油水、油气置换实验受力分析示意图

表 2-3-1　单裂缝中气或水的重力驱油临界值

实验用油	注入流体类型	类型	临界直径/mm		
			二氧化碳	空气	氮气
混合油	气	玻璃管	0.40	0.40	0.40
混合油		玻璃缝板	0.20	0.21	0.21

为了明确注气的力学开采界限,根据实验分析提出了重力分异启动准数(N)计算方法,即采用毛管力和重力的比值作为注气替油的开采准数:

$$N=\frac{\sigma\cos\theta}{w\Delta\rho gh}l \tag{2-3-27}$$

式中　N——重力分异启动准数;

σ——界面张力,N/m;

θ——润湿角,(°);

w——裂缝宽度,mm;

$\Delta\rho$——密度差,kg/m³;

h——润湿高度,m;

l——单位常数。

2.盲端剩余油启动准数

在缝洞型油藏气驱/气水同驱开发过程中,注入参数的优化与波及范围存在明显的相关关系,尤其是注入速度直接影响采收率的提高。一般来说,缝洞型油气藏的驱替主通道波及效果较好,但是与主通道相连的裂缝次通道的波及效果不佳,并且波及效果与注入速度存在明显的相关关系。根据经验,流动速度过快或裂缝开度较小时,上部裂缝很难被置换。为此,基于作用力关系,确立一个无因次准数,利用多次物理实验确定启动准数界限,以指导实际生产。

气驱/气水同驱启动盲端剩余油的力学准数测量步骤为:

(1)统计油气基础物性参数,以便计算无因次准数。需要统计的物理量有油气密度、油气界面张力和润湿角。其中,油相密度为 850 kg/m³,气相密度为 1.3 kg/m³,油气界面张力为 0.001 7 N/m,润湿角为 30°。

(2)表征缝洞结构参数,包括裂缝上方气流通道高度、裂缝宽度、气流通道截面积以及气流量。本次物理实验使用的物理模型参数为:裂缝上方气流通道高度为 2 cm,裂缝开度为 0.2~1.5 mm,气流通道截面积为 3.14 cm²,气/气水流量为 1~80 mL/min。

(3)分析流体流动力学机制,判断重力、润湿阻力以及流动驱替力之间的关系,给出准数计算式。

(4)根据步骤(1)和(2)中的参数构建物理模型(图 2-3-11),进行物理实验,观察不同裂缝开度下氮气/气水能驱动盲端剩余油的最大流速。

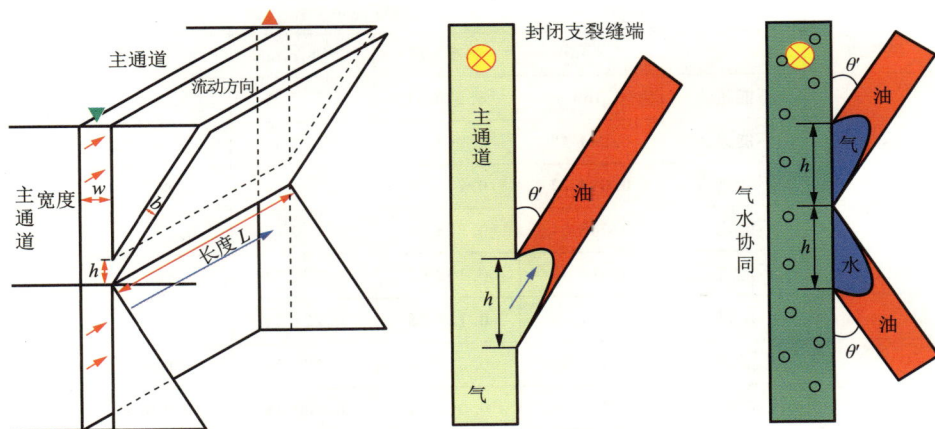

图 2-3-11　不同裂缝宽度裂缝模型示意图

由氮气驱观察实验结果可以看出,驱替结束时刻,裂缝宽度为 0.2 mm 的裂缝所连接的溶洞内的剩余油全部不能被驱替。对比裂缝宽度 0.6 mm 与 0.4 mm 可知,流速从 5 mL/min 增加为 30 mL/min,氮气不能进入此裂缝并到达溶洞而进行驱替。通过观察不同宽度和不同流速下的驱替结果,结合准数计算公式,可以计算不同状态下的启动准数,进而明确不同开度下气驱启动盲端剩余油的准数界限,见表 2-3-2。另外,通过拟合方法可以得到不同开度下气驱启动盲端剩余油的准数界限。

表 2-3-2　氮气驱物理实验结果启动准数

流速 /(mL·min^{-1})	裂缝宽度					
	0.2 mm	0.4 mm	0.6 mm	0.8 mm	1.0 mm	1.5 mm
1	不能进入	86.844 25	86.958 61	87.015 79	87.050 1	87.095 85
2	不能进入	**43.422 13**	43.479 31	43.507 9	43.525 05	43.547 92
5	不能进入	不能进入	17.391 72	17.403 16	17.410 02	17.419 17
10	不能进入	不能进入	8.695 861	8.701 579	8.705 01	8.709 585
20	不能进入	不能进入	**4.347 931**	4.350 79	4.352 505	4.354 792
30	不能进入	不能进入	不能进入	**2.900 526**	2.901 67	2.903 195
50	不能进入	不能进入	不能进入	不能进入	**1.741 002**	1.741 917
65	不能进入	不能进入	不能进入	不能进入	不能进入	1.339 936
80	不能进入	不能进入	不能进入	不能进入	不能进入	**1.088 698**

注:加粗的数据为观测得到的能进入盲端缝洞驱替剩余油的最大驱替速度时的准数。

通过观察气水同驱条件下不同裂缝宽度和不同流速下的驱替结果,结合准数计算公式,可以计算不同状态下的启动准数,进而明确不同宽度下的气水同驱启动盲端剩余油的准数界限,见表 2-3-3。

表 2-3-3　气水同驱物理实验启动准数

流速 /(mL·min^{-1})	裂缝宽度					
	0.2 mm	0.4 mm	0.6 mm	0.8 mm	1.0 mm	1.5 mm
1	不能进入	0.486 4	3.936 64	6.747 52	9.299 2	15.226 24
2	不能进入	0.244 48	1.966 72	3.372 16	4.645 12	7.611 52
5	不能进入	**0.094 72**	0.785 92	1.344 64	1.857 28	3.043 84
10	不能进入	0.048 64	0.388 48	0.670 72	0.924 16	1.517 44
20	不能进入	0.019 84	0.192 64	0.336 64	0.463 36	0.757 12
30	不能进入	0.014 08	**0.129 28**	0.221 44	0.307 84	0.503 68
50	不能进入	0.008 32	0.077 44	0.129 28	0.181 12	0.302 08
65	不能进入	0.002 56	0.060 16	**0.100 48**	**0.140 8**	0.232 96
80	不能进入	0.002 56	0.048 64	0.083 2	0.112	0.186 88

注:加粗的数据即观测得到的能进入盲端缝洞驱替剩余油的最大驱替速度时的准数。

根据实验模型设计图,流体在主流动方向流动过程中横向上主要为驱替力,体现在气相法向流动速度上,即 Q/S(Q 为流体流量,S 为主通道的横截面积),为驱替结果的反作用项;纵向上气相驱替油相主要靠密度差引起的浮力,即 $(\rho_o - \rho_g)gh$,是驱替结果的正作用项。此外,纵向上流体还受到裂缝产生的润湿阻力作用,即 $\sigma\cos\theta/w$,是驱替作用的反作用项。基于力学关系,盲端剩余油气驱启动准数 N 的计算公式为:

$$N=\frac{(\rho_{o}-\rho_{g})gh-\sigma\cos\theta/w}{Q/S}l \quad （适用于垂直缝） \tag{2-3-28}$$

$$N=\frac{\Delta\rho_{og}gb/\sin\theta'-\sigma_{og}\cos\theta/w}{Q/(Sl)} \quad （适用于斜直缝） \tag{2-3-29}$$

按照气水同驱模型，最终准数 N 的计算公式为：

$$N=\frac{\Delta\rho_{og}gb/\sin\theta'-\sigma_{ow}\cos\theta/w}{Q/(Sl)} \quad （适用于垂直缝） \tag{2-3-30}$$

$$N=\frac{\Delta\rho_{og}gb/\sin\theta'-\sigma_{og}\cos\theta/w}{Q/\left(Sl\Delta\rho_{og}k_{v}f_{G}\dfrac{k_{rg}}{\mu_{g}}\right)} \quad （适用于斜直缝） \tag{2-3-31}$$

式中　$\Delta\rho_{og}$——油气密度差；

　　　k_{v}——纵向渗透率；

　　　f_{G}——重力系数；

　　　k_{rg}——气相相对渗透率。

3. 氮气驱驱动准数

氮气驱油过程中存在垂向上的油气重力分异作用力与井间驱替作用力，如图 2-3-12 所示。在油气重力分异力作用下，注入气进入储集体后向上运移形成气顶，同时气顶向下驱替原油过程中抑制气体发生黏性指进，在一定驱替速度下保持油气界面稳定，实现均衡驱替，扩大气驱的波及程度。同时，在井间驱替力作用下，气体横向驱替原油流向生产井，但因油气流度比远大于油水流度比，气体横向驱替原油的能力不及水驱。因此，充分发挥油气的重力分异作用，实现垂向重力稳定驱替，是提高气驱效果的关键。

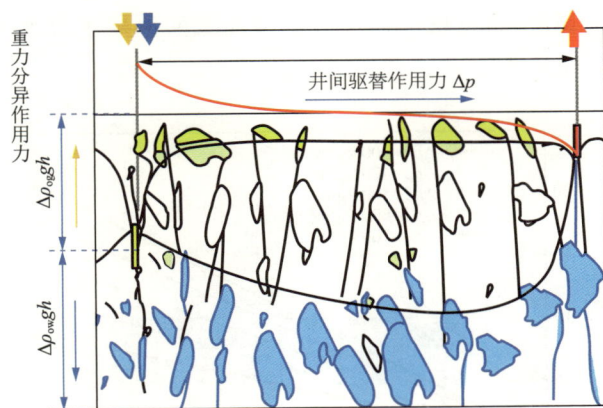

图 2-3-12　气/水在油藏中波及形态示意图

为了定量表征垂向重力分异力与气驱水平驱替力的相互作用大小，提出驱动准数（N_{D}）的概念，其值为重力分异作用力和井间驱替作用力的比值：

$$N_{D}=\frac{\Delta\rho_{og}gh}{\Delta p} \tag{2-3-32}$$

式中 N_D——驱动准数。

垂向渗透率与水平渗透率比值越大，油气的重力分异作用越强，驱动准数越大。塔河油田缝洞型油藏溶蚀洞穴和高角度裂缝发育，与常规砂岩油藏不同，其垂向渗透能力高于水平渗透能力。基于达西定律，绘制了流体水平驱替速度和垂向驱替速度之比与注采压差的关系图版，如图 2-3-13 所示。由图可见，当垂向与水平渗透率比值大于 10、驱替压差小于 9 MPa 时，水平驱替速度 v_h 小于垂向驱替速度 v_v，储集体中流体以油气重力分异作用产生的垂向驱替为主。

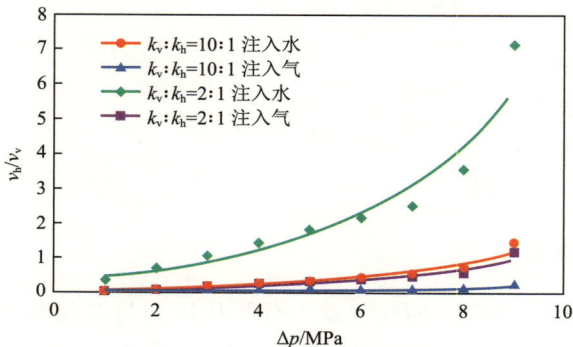

图 2-3-13　气/水的 v_h/v_v 与压差关系曲线

利用驱动准数公式（2-3-32）得到不同油气密度差、不同油柱高度条件下保持垂向驱替为主的横向驱替压差界限图版，如图 2-3-14 所示。由图可以看出，油柱高度越大，实现横向驱替所需的注采压差越大；同一油柱高度下，油气密度差越大，实现横向驱替所需的注采压差也越大。在油柱高度为 100 m，油气密度差为 0.6 g/m³ 的条件下，实现横向驱替所需的注采压差达到 12 MPa，根据塔河油田缝洞型油藏的油藏压力水平分析，氮气驱以垂向驱替为主，实现水平驱替难度大。

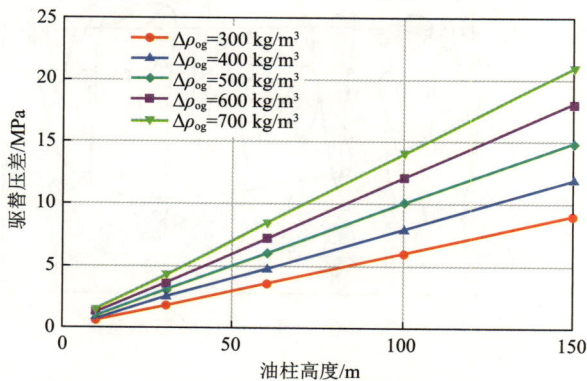

图 2-3-14　不同油柱高度重力稳定驱的横向驱替压差

基于物理模拟实验，建立了驱动准数与驱替效率的关系，如图 2-3-15 所示。由图可以看出，随着驱动准数的增大，重力作用增强，驱替效率提高。若想通过重力驱替作用更好地提高油藏采收率,注入氮气形成的驱动准数应大于 0.08。

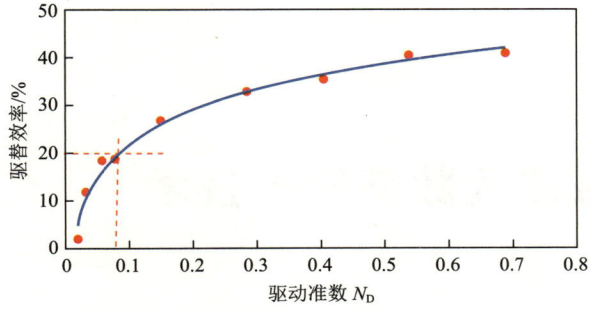

图 2-3-15　驱动准数与驱替效率关系曲线

第三章
缝洞型油藏注气数值模拟技术

数值模拟是揭示油气储集体流体输运规律,进行油藏开发项目方案设计、预测和管理的主要技术手段。目前由于油藏开采方式由一次开采、二次开采已逐渐推广到混相驱、非混相驱、化学驱、蒸汽驱等三次开采,而三次开采过程涉及二氧化碳、化学试剂等与原油和地下水的复杂相互作用,常用的黑油模型已不再适用,必须采用组分模型进行计算分析。组分模型能够反映出各种凝析气藏和挥发油等油藏开采的全过程,也能够精确描述油、气、水三相中组分的瞬间变化,对其数值计算模型进行分析是油藏开发理论研究的关键,可以为油藏开发提供理论基础和实践指导。

迄今为止,国内外大量学者对组分模型数值计算方法开展了广泛研究。早在 1920 年就有相关文献记录了二氧化碳采油实践,1950 年前后石油公司将二氧化碳驱提高油藏采收率作为相关研究课题,20 世纪六七十年代开始出现了描述性数学模型,主要是基于组分模型的数值计算模型。组分模型由组分质量守恒方程、热力学平衡方程和约束方程共同构成,能够很好地描述地下流体性质和流动。其中,第一个被广泛应用的油藏模拟器由 Kazemi 和 Fussell 提出。组分模型的求解主要涉及热力学平衡方程计算和组分数值计算模型求解两个方面。热力学平衡方程计算方法主要包括基于试验的经验公式平衡常数法、基于 Rachford-Rice 函数的闪蒸计算法和 Gibbs 自由能最小化法。组分数值计算模型求解方法主要有全组分全隐式求解方法、K 值组分数值计算方法和半隐式求解方法。Coats 和 Aziz 基于牛顿迭代法提出一种全隐式求解方法。虽然这种隐式求解方法具有较高的数值稳定性,提高了处理大多数组分问题的效率和可靠性,但对计算机工作要求很高,而这些要求随着被考虑的拟成分数量的增加而增加。Zhang 等提出了 K 值组分模型,相平衡计算过程主要采用 K 值进行求解,在节省时间成本的同时降低了数值计算方程的非线性化。Quandalle 和 Savary,Brance 和 Rodríguez 提出了隐式求解压力和饱和度、显式求解组分组成的 IMPECS 方法,该方法将组分模型转化为黑油模型进行求解,提高了计算效率。Acs 等基于体积守恒方程提出了隐式求解压力、显式求解饱和度和组分组成的 IMPECS 方法,降低了计算量。

第一节　多相多组分相平衡计算

在分析不同岩溶成因储集体注气后剩余油分布类型和氮气辅助重力驱油特征的基础上,研究氮气驱过程中重力、毛管力和驱替力之间的关系及其对驱油特征的影响,揭示氮气启动不同类型剩余油的力学机制。

一、相平衡计算方法

缝洞型油藏具有储集空间多样、尺度变化大、分布高度离散、缝洞组合连通模式多样、多种流动模式共存等特点,是一种特殊类型的油藏,传统连续介质油藏中相平衡计算方法已不再适用,为此提出了缝洞型油藏分介质类型的相平衡计算方法。

缝洞型油藏的主要介质类型包括基质、中小尺度裂缝、溶蚀孔洞、离散大裂缝大溶洞等。为此,首先针对中尺度和大尺度缝洞储集体,提出采用基于 Gibbs 自由能的相平衡计算方法;然后针对基质、小尺度缝洞储集体,提出采用考虑毛管力、吸附作用的相平衡计算方法。

1. 中大尺度缝洞相平衡计算方法

根据热力学第二定律,Gibbs 自由能最小是系统达到平衡状态的充分必要条件。Gibbs 于 1875 年提出了化学势 μ 的概念,由于其数值很难确定,因此 Lewis 提出了逸度 f 这一物理量,用以等价 μ。

对于一个多相多组分系统,Gibbs 自由能 G 为:

$$G = \sum_{k=1}^{\pi} \sum_{i=1}^{C} n_{ik}\mu_{ik} \tag{3-1-1}$$

式中　μ_{ik}——组分 i 在 k 相中的化学势;

　　　n_{ik}——k 相中组分 i 的物质的量;

　　　π,C——系统中相的总数和组分数。

设 r 为参考相,且假定参考相在体系平衡时一定存在,则有:

$$G = \sum_{k=1}^{\pi} \sum_{i=1}^{C} n_{ik}\mu_{ir} + \sum_{\substack{k=1 \\ k \neq r}}^{\pi} \sum_{i=1}^{C} n_{ik}(\mu_{ik} - \mu_{ir}) \tag{3-1-2}$$

式中　μ_{ir}——组分 i 在参考相 r 中的化学势。

k 相的摩尔分数 α_k 由下式计算:

$$\alpha_k = \sum_{i=1}^{C} n_{ik}/n_{\mathrm{t}} \quad (k = 1,2,\cdots,\pi;k \neq r) \tag{3-1-3}$$

式中　n_{t}——体系物质总的物质的量,即

$$n_{\mathrm{t}} = \sum_{i=1}^{C} \sum_{k=1}^{\pi} n_{ik} \tag{3-1-4}$$

参考相 r 的摩尔分数 α_r 可表示为：

$$\alpha_r = 1 - \sum_{\substack{k=1 \\ k \neq r}}^{\pi} \alpha_k \tag{3-1-5}$$

利用以上约束条件，通过定义拉格朗日函数 G^* 将 Gibbs 自由能最小化问题转化为求 G^* 的极值问题。

$$G^* = G + \sum_{\substack{k=1 \\ k \equiv r}}^{\pi} \lambda_k \left(\alpha_k - \sum_{i=1}^{C} n_{ik}/n_t \right) \tag{3-1-6}$$

式中　λ_k——拉格朗日乘数。

为得到 G^* 函数的驻点，要求：

$$\frac{\partial G^*}{\partial n_{ik}} = 0 \quad (i=1,2,\cdots,C; k=1,2,\cdots,\pi \text{ 且 } k \neq r) \tag{3-1-7}$$

$$\frac{\partial G^*}{\partial \lambda_k} = 0 \quad (k=1,2,\cdots,\pi \text{ 且 } k \neq r) \tag{3-1-8}$$

由式(3-1-6)、式(3-1-7)和式(3-1-8)可得：

$$\lambda_k/n_t = \mu_{ik} - \mu_{ir} = RT\ln(f_{ik}/f_{ir}) \quad (i=1,2,\cdots,C; k=1,2,\cdots,\pi \text{ 且 } k \neq r) \tag{3-1-9}$$

式中　f_{ik}, f_{ir}——组分 i 在 k 相和 r 相中的逸度；

　　　T——温度；

　　　R——普适气体常数。

对于相中所有组分，λ_k 均相同，并且根据 λ_k 可以确定系统中相的稳定性。

系统 Gibbs 自由能最小时应满足式(3-1-10)的条件：

$$\frac{\partial G^*}{\partial \alpha_k} = \lambda_k \quad (k=1,2,\cdots,\pi \text{ 且 } k \neq r) \tag{3-1-10}$$

由式(3-1-10)可知，若求得 λ_k 为一负数，则随着 α_k 的增加，G^* 可进一步降低；若 $\alpha_k > 0$（k 相存在），则系统 Gibbs 自由能只有在 $\lambda_k = 0$ 时才能达到最小。于是，α_k 和 λ_k 的关系可以写成：

$$\alpha_k \lambda_k = 0 \quad (k=1,2,\cdots,\pi \text{ 且 } k \neq r) \tag{3-1-11}$$

计算时按照下式判断某一相在系统平衡时是否存在：

$$\begin{cases} \dfrac{f_{ir}}{f_{ik}} = 1 \Rightarrow k \text{ 相存在} \\[3mm] \dfrac{f_{ir}}{f_{ik}} < 1 \Rightarrow k \text{ 相不存在} \end{cases} \tag{3-1-12}$$

设 $K_{i,kr}$ 为组分 i 的逸度系数比：

$$K_{i,kr} = \frac{\phi_{ir}}{\phi_{ik}} \tag{3-1-13}$$

式中　ϕ_{ik}, ϕ_{ir}——组分 i 在 k 和 r 相中的逸度系数。

根据逸度系数的定义，式(3-1-13)可表示为：

$$K_{i,kr} = \frac{\phi_{ir}}{\phi_{ik}} = \frac{x_{ik}}{x_{ir}} \frac{f_{ir}}{f_{ik}} = \frac{x_{ik}}{x_{ir}} \exp\left(-\ln \frac{f_{ik}}{f_{ir}} \right) \quad (i=1,2,\cdots,C; k=1,2,\cdots,\pi \text{ 且 } k \neq r) \tag{3-1-14}$$

式中　x_{ik}, x_{ir}——组分 i 在 k 和 r 相中的摩尔分数。

当多相多组分系统处于平衡状态时，$K_{i,kr}$即组分i的k相-r相平衡常数。

引入 Gupta 和 Ballard 的相稳定性变量 θ_k 来反映系统的稳定性，即

$$\theta_k = \ln \frac{f_{ir}}{f_{ik}} \quad (k=1,2,\cdots,\pi \text{ 且 } k \neq r) \tag{3-1-15}$$

可得：

$$x_{ik} = K_{i,kr} x_{ir} e^{\theta_k} \quad (i=1,2,\cdots,C; k=1,2,\cdots\pi \text{ 且 } k \neq r) \tag{3-1-16}$$

由质量守恒定律可得：

$$\alpha_r x_{ir} + \sum_{\substack{k=1 \\ k \neq r}}^{\pi} \alpha_k x_{ik} = z_i \quad (i=1,2,\cdots,C) \tag{3-1-17}$$

式中 z_i——系统中组分i的摩尔分数。

对于任意组分i，有：

$$\sum_{i=1}^{C} x_{ik} = 1 \quad (k=1,2,\cdots,\pi) \tag{3-1-18}$$

可得目标函数 E_k 为：

$$E_k = \sum_{i=1}^{C} \frac{z_i K_{i,kr} e^{\theta_k}}{1 + \sum_{\substack{j=1 \\ j \neq r}}^{\pi} \alpha_j (K_{i,jr} e^{\theta_j} - 1)} - 1 = 0 \quad (k=1,2,\cdots,\pi \text{ 且 } k \neq r) \tag{3-1-19}$$

将式(3-1-5)和式(3-1-16)代入式(3-1-17)，再代入式(3-1-19)并化简，则目标函数 E_k 可写作：

$$E_k = \sum_{i=1}^{C} \frac{z_i (K_{i,kr} e^{\theta_k} - 1)}{1 + \sum_{\substack{j=1 \\ j \neq r}}^{\pi} \alpha_j (K_{i,jr} e^{\theta_j} - 1)} = 0 \quad (k=1,2,\cdots,\pi \text{ 且 } k \neq r) \tag{3-1-20}$$

另一目标函数 F_k 为：

$$F_k = \frac{\alpha_k \theta_k}{\alpha_k + \theta_k} = 0 \tag{3-1-21}$$

由式(3-1-17)可写成如下目标函数：

$$D_{ik} = x_{ik} \left[1 + \sum_{\substack{j=1 \\ j \neq r}}^{\pi} \alpha_j (K_{i,jr} e^{\theta_j} - 1) \right] - z_i K_{i,kr} e^{\theta_k} = 0$$

$$(i=1,2,\cdots,C; k=1,2,\cdots,\pi \text{ 且 } k \neq r) \tag{3-1-22}$$

于是，求G^*最小值的问题最终转化为联立求解目标函数 D_{ik}，E_k 和 F_k 构成的方程组的问题。

当体系温度和压力不变时，采用 Newton-Raphson 法求解 D_{ik}，E_k 和 F_k 构成的方程组。

$$\begin{bmatrix} \dfrac{\partial E_k}{\partial \alpha_k} & \dfrac{\partial E_k}{\partial \theta_k} & \dfrac{\partial E_k}{\partial x_{ik}} \\[2mm] \dfrac{\partial F_k}{\partial \alpha_k} & \dfrac{\partial F_k}{\partial \theta_k} & \dfrac{\partial F_k}{\partial x_{ik}} \\[2mm] \dfrac{\partial D_{ik}}{\partial \alpha_k} & \dfrac{\partial D_{ik}}{\partial \theta_k} & \dfrac{\partial D_{ik}}{\partial x_{ik}} \end{bmatrix} \begin{bmatrix} \Delta \alpha_k \\ \Delta \theta_k \\ \Delta x_{ik} \end{bmatrix} = - \begin{bmatrix} E_k \\ F_k \\ D_{ik} \end{bmatrix}_p \quad (i=1,2,\cdots,C; k=1,2,\cdots\pi \text{ 且 } k \neq r) \tag{3-1-23}$$

式中 $\Delta \alpha_k, \Delta \theta_k, \Delta x_{ik}$——主变量增量；

下标 p——Newton-Raphson 迭代步数。

由于多相多组分体系相平衡的非线性较强，所以迭代计算时各组分 x_{ik} 初值的选取对计算速度影响较大。Wilson 公式计算简单方便，烃类体系通常都用该式来计算各组分的气油平衡常数。这里采用 Wilson 公式来估算烃类各组分气油平衡常数 $K_{i,\mathrm{go}}$ 的初始值，从而计算 x_{ik} 的初始值。

$$K_{i,\mathrm{go}} = \frac{x_{ig}}{x_{io}} = \frac{p_{ci}}{p} \exp\left[5.373(1+\omega_i)\left(1-\frac{T_{ci}}{T}\right)\right] \tag{3-1-24}$$

式中　T_{ci},p_{ci},ω_i——组分 i 的临界温度、临界压力和偏心因子；

　　　　T,p——油藏温度和压力。

2. 小尺度缝洞相平衡计算方法

缝洞型油藏基质渗透率低、孔隙度小，二氧化碳等气体注入后将发生吸附现象，这将影响相平衡计算的准确性。单位质量(m)基质所吸附的气体的量为 $q=V/m$，单位为 $\mathrm{m^3/g}$。

通过输入温度、压力及组分临界性质，利用 Wilson 公式估算 i 组分的初始平衡常数 K_i：

$$K_i = \frac{p_{ci}}{p} \exp\left[5.373(1+\omega_i)\left(1-\frac{T_{ci}}{T}\right)\right] \tag{3-1-25}$$

利用 Peng-Robinson 公式计算 PR 状态方程参数：

$$p = \frac{RT}{V_\mathrm{m}-b} - \frac{a\alpha}{V_\mathrm{m}^2+2bV_\mathrm{m}-b^2} \tag{3-1-26}$$

式中　V_m——组分 i 发生吸附后的摩尔体积；

　　　　α——温度相关系数；

　　　　a,b——修正系数。

利用 van der Waals 混合定律来计算式(3-1-26)中的常数 a 和 b。

$$a = \sum_{i=1}^{N_c}\sum_{j=1}^{N_c} x_i x_j\left[(1-k_{ij})\sqrt{a_i a_j}\right] \tag{3-1-27}$$

$$b = \sum_{i=1}^{N_c} x_i b_i \tag{3-1-28}$$

式中　x_i,x_j——组分 i 和组分 j 的摩尔分数；

　　　　a_i,a_j——组分 i 和组分 j 的组成参数；

　　　　N_c——组分数；

　　　　k_{ij}——组分 i 和 j 的二元交互作用系数；

　　　　b_i——组分 i 的组成系数。

压缩因子 Z 与压力 p 之间的关系为：

$$Z = \frac{pV_\mathrm{m}}{RT} \tag{3-1-29}$$

方程(3-1-29)解的较大值为气相压缩因子，较小值为液相压缩因子。得到压缩因子 Z 之后，求解组分的逸度系数，再采用迭代法求解非线性方程组，从而进行气液两相相平衡计算，最后通过更新获得油、气、水三相相平衡计算结果。

二、相平衡计算方法验证

基于提出的相态计算方法,开展了不同烃类混合物相态计算,检验了方法的正确性和可靠性。

算例一 改变表 3-1-1 所列烃类的含量,并加入二氧化碳组成新的混合物,计算 $T =$ 322.00 K(48.85 ℃),$p=$ 105.35 bar(10.54 MPa)时二氧化碳和烃类组分气油平衡常数 $K_{i,\text{go}}$ 随二氧化碳含量的变化,结果如图 3-1-1 所示。从图中可以看出,混合物中二氧化碳摩尔分数对 C_1 组分和二氧化碳组分的气油平衡常数 $K_{i,\text{go}}$ 影响较大,随着二氧化碳摩尔分数的增加,C_1 组分和二氧化碳组分的气油平衡常数 $K_{i,\text{go}}$ 减小。混合物中二氧化碳的摩尔分数在 60% 以下时,C_{2+} 组分的气油平衡常数 $K_{i,\text{go}}$ 变化很小;二氧化碳摩尔分数在 60% 以上时,C_{2+} 组分的气油平衡常数 $K_{i,\text{go}}$ 随二氧化碳含量的增加而增大。

表 3-1-1　算例一混合物的组成(据 Metcalfe)

组　分	摩尔分数/%	组　分	摩尔分数/%
C_1	35	$n\text{-}C_6$	3
C_2	3	$n\text{-}C_7$	5
C_3	4	$n\text{-}C_8$	5
$n\text{-}C_4$	6	$n\text{-}C_{10}$	30
$n\text{-}C_5$	4	$n\text{-}C_{14}$	5

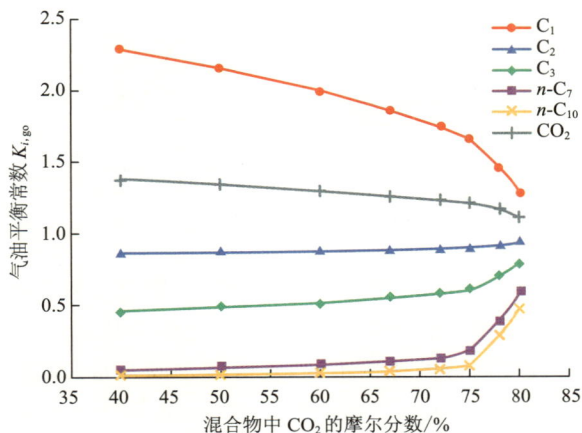

图 3-1-1　气油平衡常数 $K_{i,\text{go}}$ 随二氧化碳摩尔分数的变化曲线

算例二 以 C_1 和 C_6 组成混合物,改变 C_1 与 C_6 的组成比例,得到压力-温度($p\text{-}T$)相图,如图 3-1-2 所示。从图中可以看出,随着体系中重组分(C_6)含量的增加,临界点发生改变,且两相区的面积逐渐减小。压力-温度相图可以直观地显示某一温度、压力下体系的相平衡情况。

算例三 以 C_4,C_{10} 和 CO_2 组成混合物,得到 160 ℉(71.11 ℃)和 1 250 psi(8.62 MPa)条

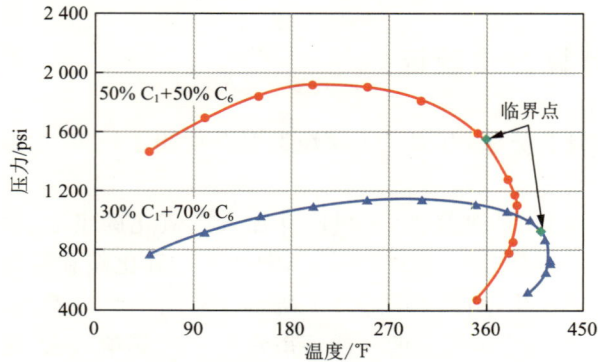

图 3-1-2　C_1+C_6 混合物的压力-温度(p-T)相图

1 psi=6.895 kPa；1 ℉=17.22 ℃

件下的三元相图，并与 Metalfe 与 Yarborough 的实验结果进行对比，如图 3-1-3 所示。从图中可以看出，计算所得的两相区包络线与实验值吻合较好，验证了算法的准确性。C_4 和 C_{10} 含量的增加使体系趋于单相区，CO_2 含量的增加使体系处于两相区。因此，在 CO_2 驱过程中，注入的 CO_2 可与原油进行多次接触，达到混相状态，从而提高采收率。

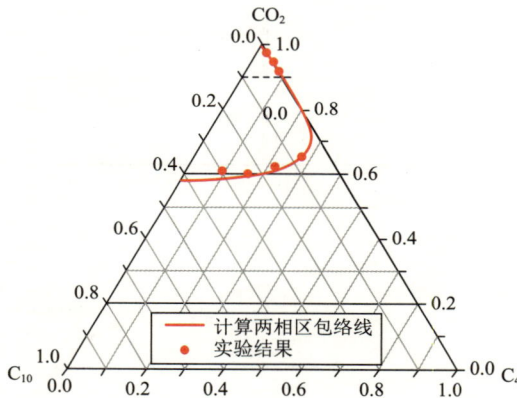

图 3-1-3　160 ℉,1 250 psi 条件下 $C_4+C_{10}+CO_2$ 混合物三元相图

算例四　对于二氧化碳驱油，研究地下流体中水含量对二氧化碳-烃-水系统相平衡的影响是十分必要的。该算例中混合物的二氧化碳和烃类各组分的摩尔组成见表 3-1-2。保持系统中二氧化碳和各烃类组分的比例不变，仅改变水的含量（考虑水组分的摩尔分数从 10% 变化到 90%），计算在 $T=60.00$ ℃，$p=17.00$ MPa 条件下水含量对相平衡的影响。

表 3-1-2　算例四混合物的组成

组　分	摩尔分数/%	组　分	摩尔分数/%
CH_4	40	$C_{10}H_{22}$	20
C_5H_{12}	20	CO_2	20

计算得到油、气、水三相的摩尔分数随水含量的变化，如图 3-1-4 所示。其中，水含量

采用混合物中水的体积分数 S_w 表示。体系中水的体积分数由 0.03 增大到 0.73 时，相应水的摩尔分数由 10％增大到 90％。该过程中，气相摩尔分数从 13％下降到 1％，油相摩尔分数从 77％下降到 8％。可见，水的含量对混合物气相和油相的摩尔分数影响较大，气相和油相的摩尔分数随着水的含量的增加而降低。

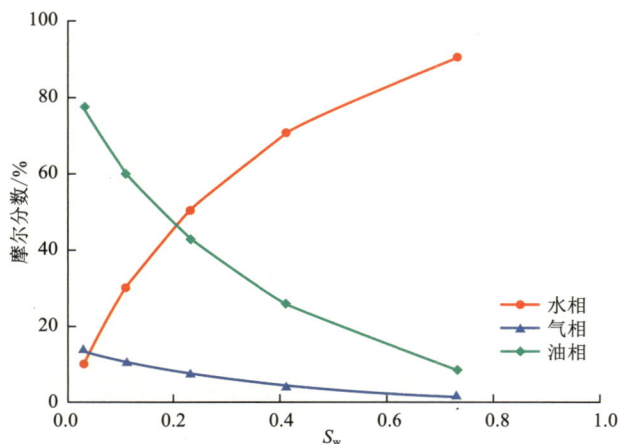

图 3-1-4　各相摩尔分数随水含量的变化曲线

　　不同含水量情况下，二氧化碳-烃-水系统中二氧化碳和各烃类组分的气油平衡常数 $K_{i,go}$ 的计算值见表 3-1-3。在温度和压力不变的情况下，尽管体系中含水量变化较大，但是二氧化碳和各烃类组分的气油平衡常数 $K_{i,go}$ 变化很小，接近常数。

表 3-1-3　二氧化碳和烃类组分气油平衡常数 $K_{i,go}$ 随水的体积分数 S_w 的变化

S_w	$K_{i,go}$			
	CH_4	CO_2	C_5H_{12}	$C_{10}H_{22}$
0.03	1.763 4	1.217 4	0.201 0	0.024 8
0.11	1.764 5	1.217 5	0.200 6	0.024 7
0.23	1.766 5	1.217 6	0.200 0	0.024 5
0.41	1.770 9	1.217 8	0.198 2	0.024 0
0.73	1.789 7	1.218 7	0.191 1	0.022 0

　　相平衡计算方法将计算值与文献中的实验结果进行了对比，结果的误差较小，验证了相平衡计算方法的准确性。

三、实际原油相态特征分析

　　对塔河油田 T607 井原油注入氮气的相态平衡进行计算。T607 井的原油组成见表 3-1-4，油藏温度为 128.7 ℃。研究注入气组成变化时油相中 N_2，C_1 和 C_{11+} 摩尔分数的变化情况，并计算原油的密度、黏度等随压力的变化。

表 3-1-4 T607 井原油组成

组　分	摩尔分数/%	组　分	摩尔分数/%
C_1	33.11	C_7	1.68
C_2	4.63	C_8	1.98
C_3	2.78	C_9	1.66
i-C_4	0.75	C_{10}	1.50
n-C_4	1.50	C_{11+}	44.62
i-C_5	0.68	CO_2	1.06
n-C_5	0.95	N_2	1.73
n-C_6	1.37		

1. N_2，C_1 和 C_{11+} 摩尔分数的变化情况

注入气组成变时，油相中 N_2，C_1 和 C_{11+} 摩尔分数的变化情况如图 3-1-5～图 3-1-7 所示。

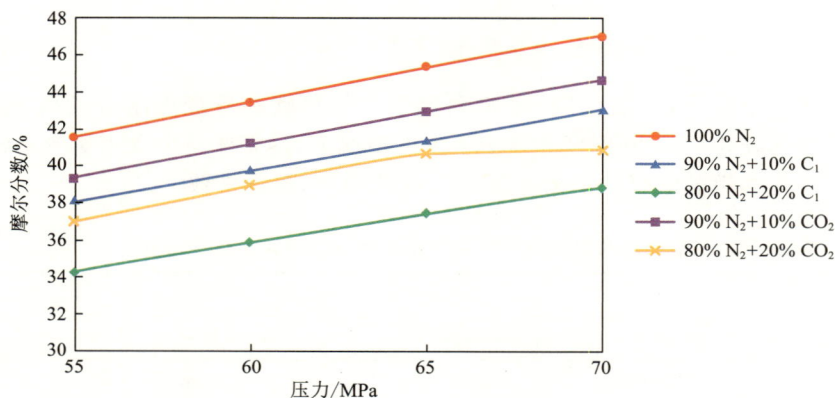

图 3-1-5 N_2 在油相中的摩尔分数变化曲线

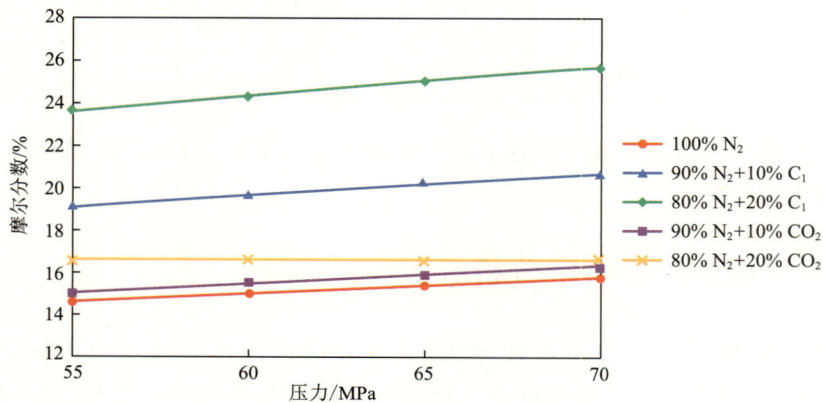

图 3-1-6 C_1 在油相中的摩尔分数变化曲线

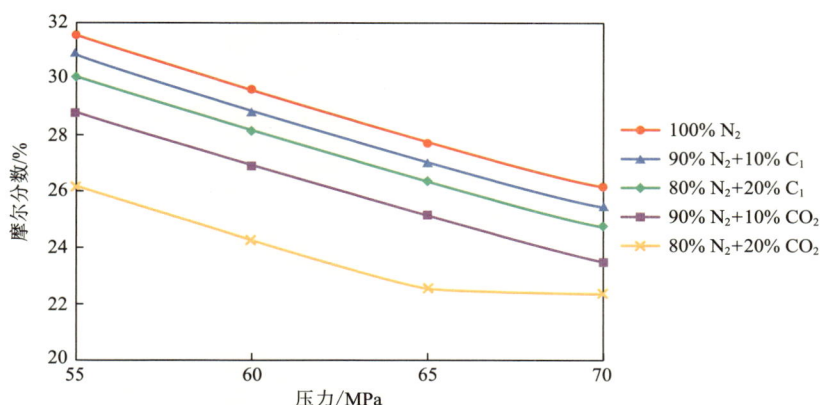

图 3-1-7　C_{11+} 在油相中的摩尔分数变化曲线

从图中可以看出,同一压力下,油相中 N_2 的摩尔分数随注入气中 N_2 摩尔分数的减小而降低,且 C_1 对油相中 N_2 摩尔分数的影响比 CO_2 更加明显。当注入气的组成为 80% N_2 +20% C_1 时,油相中 C_1 的摩尔分数最高。当注入气为 N_2 和 CO_2 的混合物时,CO_2 摩尔分数的增加会使油相中 C_1 的摩尔分数升高。对于注入 80% N_2 +20% C_1 的情况,当压力达到 67 MPa 时,系统达到混相,各组分全部溶于油相中。由于注入气的抽提作用,原油中重组分 C_{11+} 的摩尔分数降低。对比 5 种注气方案发现,注入气中含有 CO_2 时,重组分的摩尔分数下降最明显。

2.油相黏度和密度的变化情况

以原油在 128.7 ℃,57 MPa 条件下的密度(0.818 5 g/cm³)和黏度(0.169 9 mPa·s)为基准值,对比 5 种注气方案的密度和黏度变化情况,如图 3-1-8 和图 3-1-9 所示。结果表明,100% N_2 或 N_2 + C_1 的混合物的降黏效果要优于 N_2 + CO_2 的混合物,且注 N_2 + C_1 的混合物时,原油的密度下降最明显。

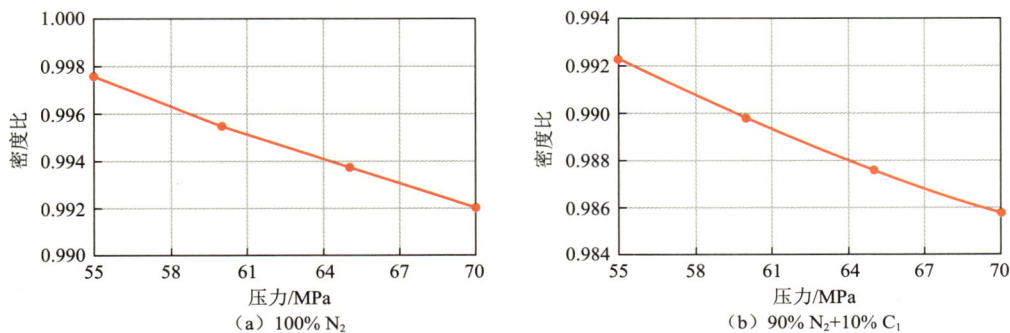

图 3-1-8　不同注气方案下的密度变化

（c）80% N_2+20% C_1

（d）90% N_2+10% CO_2

（e）80% N_2+20% CO_2

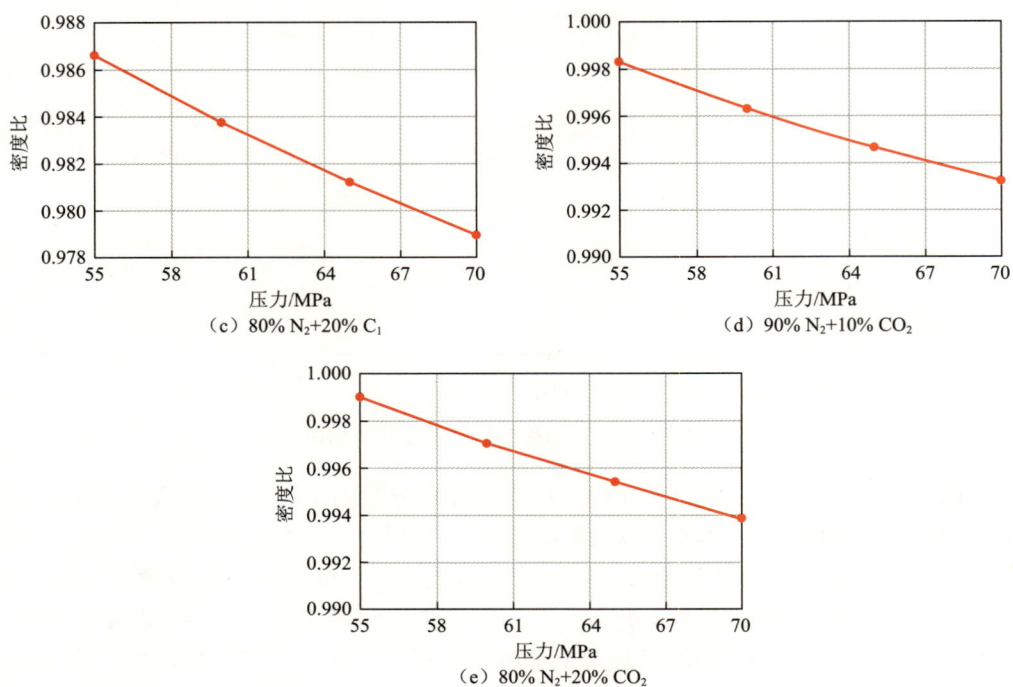

图 3-1-8(续)　不同注气方案下的密度变化

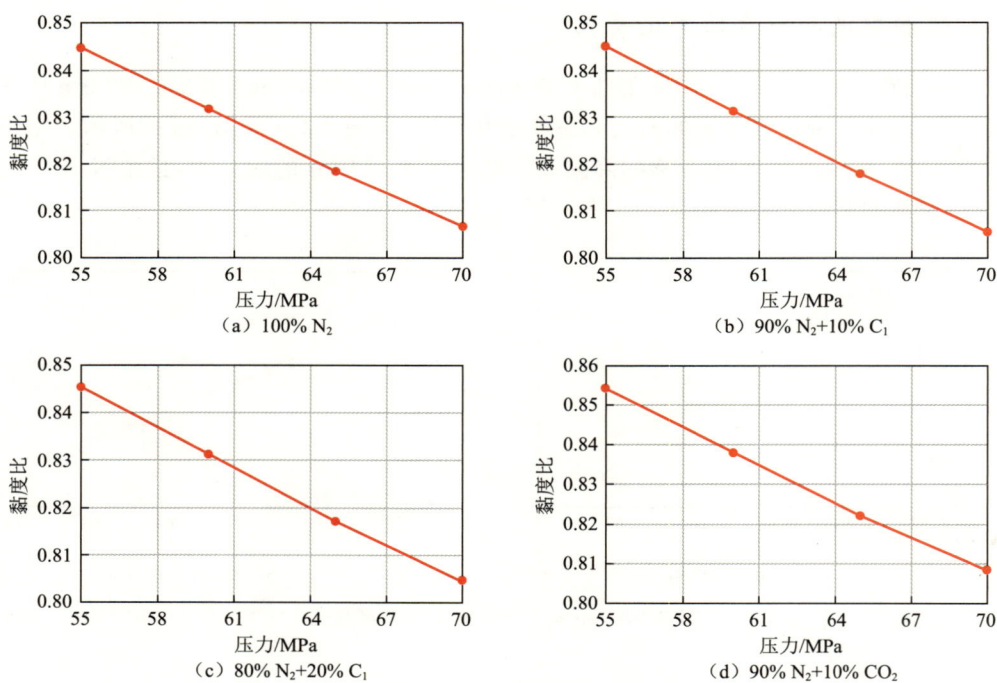

（a）100% N_2

（b）90% N_2+10% C_1

（c）80% N_2+20% C_1

（d）90% N_2+10% CO_2

图 3-1-9　不同注气方案下的黏度变化

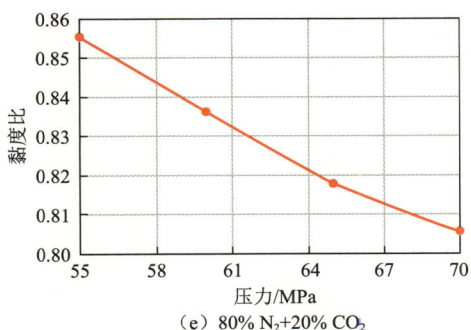

（e）80% N_2＋20% CO_2

图 3-1-9（续）　不同注气方案下的黏度变化

3. 最小混相压力（MMP）对比

利用界面张力消失法计算 5 种注气方案下的最小混相压力，结果如图 3-1-10 所示。从图中可以看出，注入气中的 C_1 会使体系的 MMP 降低：注入气全部为 N_2 时，MMP 约为 65 MPa；当注入气为 90% N_2＋10% C_1 的混合物时，MMP 约为 60.3 MPa；当 N_2 的摩尔分数降为 80% 时，MMP 约为 55.6 MPa。

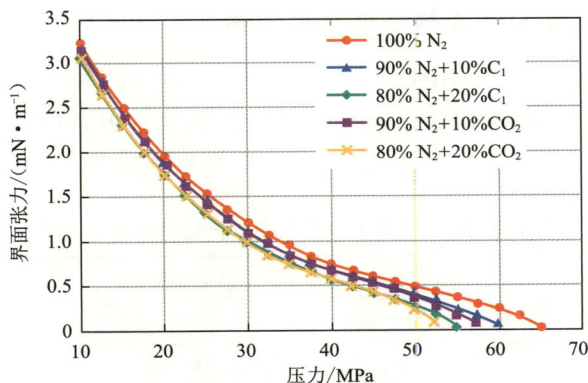

图 3-1-10　界面张力随压力的变化曲线

此外，注入气中的 CO_2 也会使体系的 MMP 降低：注入气为 90% N_2＋10% CO_2 的混合物时，MMP 为 57.8 MPa；当 N_2 的摩尔分数降为 80% 时，MMP 约为 52.5 MPa。与 C_1 相比，CO_2 与 N_2 混合时，MMP 降低的趋势更明显。因此，在实际油藏氮气驱的实施过程中，可在注入气中混入 CO_2 来降低界面张力，从而使系统更快达到混相。

4. 注氮气对油藏气相组分的影响

对于 T607 井，在油藏条件（128.7 ℃，57 MPa）下，注入足够多的 N_2 时气相中 N_2 和 C_1 的摩尔分数如图 3-1-11 所示。

表 3-1-5 给出了油藏中 C_1 随 N_2 摩尔分数的变化情况。由计算结果可以看出，注入足够多的氮气时，气相中 N_2 的摩尔分数逐渐升高，而 C_1 的摩尔分数逐渐降低；气相中 C_1 的

摩尔分数在体系中所占比例较低（＜10％）。

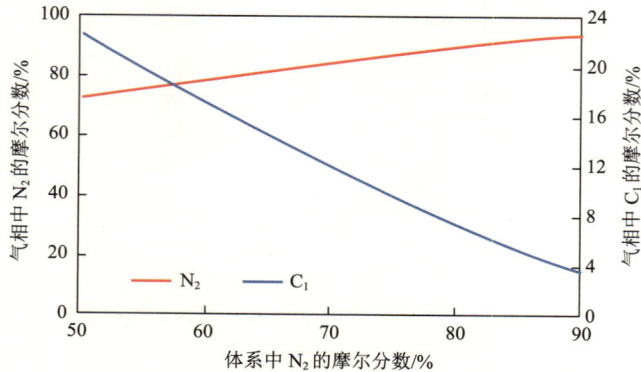

图 3-1-11　气相中 N_2 和 C_1 摩尔分数随体系中 N_2 含量变化曲线

表 3-1-5　油藏中 C_1 随 N_2 摩尔分数的变化

体系中 N_2 的摩尔分数/%	50	66	75	80	90
体系中气相 C_1 的摩尔分数/%	3.52	6.37	7.49	8.09	8.95

5. 注氮气对气、液相中各组分含量的影响

在油藏条件（128.7 ℃,57 MPa）下,计算 N_2 注入过程中 T607 井原油体系达到平衡时各组分摩尔分数随油藏中 N_2 摩尔分数的变化情况,结果见表 3-1-6。从表中可以看出,随着油藏中 N_2 摩尔分数的增加,液相中的 C_1 摩尔分数逐渐降低,C_{11+} 摩尔分数略微升高。

表 3-1-6　T607 井原油气、液相中各组分摩尔分数随体系 N_2 摩尔分数的变化　　单位:%

组　分	油藏中 N_2 摩尔分数							
	50%		66%		75%		80%	
	液　相	气　相	液　相	气　相	液　相	气　相	液　相	气　相
C_1	14.76	21.33	8.90	12.78	6.41	9.17	5.02	7.16
C_2	2.37	2.17	1.66	1.45	1.28	1.10	1.05	0.89
C_3	1.55	0.96	1.21	0.69	0.99	0.55	0.85	0.46
i-C_4	0.44	0.21	0.36	0.16	0.31	0.13	0.27	0.11
n-C_4	0.89	0.38	0.75	0.29	0.65	0.24	0.58	0.21
i-C_5	0.42	0.14	0.37	0.11	0.33	0.09	0.30	0.08
n-C_5	0.59	0.18	0.53	0.14	0.48	0.12	0.44	0.11
n-C_6	0.87	0.19	0.83	0.15	0.78	0.13	0.73	0.12
C_7	1.09	0.17	1.07	0.14	1.04	0.12	1.00	0.11

续表 3-1-6

组　分	油藏中 N_2 摩尔分数							
	50%		66%		75%		80%	
	液　相	气　相	液　相	气　相	液　相	气　相	液　相	气　相
C_8	1.31	0.15	1.32	0.12	1.30	0.11	1.27	0.10
C_9	1.11	0.09	1.14	0.08	1.14	0.07	1.13	0.06
C_{10}	1.01	0.06	1.05	0.05	1.06	0.05	1.06	0.04
C_{11+}	30.70	0.02	33.04	0.01	34.38	0.01	35.31	0.01
CO_2	0.56	0.45	0.40	0.31	0.31	0.24	0.26	0.20
N_2	42.35	73.49	47.37	83.51	49.53	87.87	50.74	90.35

6. 注氮气对各组分平衡常数的影响

计算 T607 井原油各组分平衡常数 K 随油藏中 N_2 摩尔分数变化的情况,结果见表 3-1-7。从表中可以看出,N_2 摩尔分数的变化对各组分的平衡常数影响较小。

表 3-1-7　T607 井原油各组分平衡常数 K 随油藏中 N_2 摩尔分数的变化

组　分	总摩尔分数 /%	油藏中 N_2 摩尔分数			
		50%	66%	75%	80%
C_1	33.11	1.415 3	1.405 1	1.400 0	1.396 4
C_2	4.63	0.909 5	0.87	0.851 8	0.841 0
C_3	2.78	0.623 6	0.576	0.554 8	0.542 5
i-C_4	0.75	0.482 4	0.435 8	0.415 4	0.403 5
n-C_4	1.5	0.438 3	0.393 1	0.373 0	0.362 0
i-C_5	0.68	0.338 3	0.296 9	0.279 1	0.268 9
n-C_5	0.95	0.317 0	0.276 7	0.259 5	0.249 6
n-C_6	1.37	0.227 4	0.193 0	0.178 7	0.170 5
C_7	1.68	0.164 0	0.135 9	0.124 3	0.117 8
C_8	1.98	0.121 8	0.009 9	0.008 9	0.008 4
C_9	1.66	0.009 0	0.070 9	0.006 3	0.005 9
C_{10}	1.5	0.006 8	0.052 3	0.004 6	0.004 3
C_{11+}	44.62	0.000 7	0.000 4	0.000 4	0.000 3
CO_2	1.06	0.785 4	0.770 2	0.762 2	0.757 1
N_2	1.73	1.683 9	1.711 0	1.722 1	1.728 3

7. 不同注入气组成对各组分平衡常数的影响

为研究注入气的组成变化对各组分平衡常数的影响,计算油藏条件(128.7 ℃, 57 MPa)下各组分的平衡常数,见表3-1-8、表3-1-9。

表3-1-8 注入气组成的变化对各组分平衡常数的影响 1

组 分	注入气组成			
	$100\%N_2$	$90\%N_2+10\%CO_2$	$80\%N_2+20\%CO_2$	$70\%N_2+30\%CO_2$
C_1	1.445 7	1.441 2	1.433 8	1.423 2
C_2	0.915 0	0.932 3	0.949 1	0.965 4
C_3	0.620 7	0.645 4	0.671 1	0.697 8
$i\text{-}C_4$	0.476 2	0.502 3	0.530 1	0.559 8
$n\text{-}C_4$	0.431 4	0.457 2	0.484 8	0.514 7
$i\text{-}C_5$	0.330 1	0.354 9	0.382 1	0.412 0
$n\text{-}C_5$	0.308 7	0.333 1	0.359 9	0.389 5
$n\text{-}C_6$	0.219 1	0.240 7	0.265 0	0.292 4
C_7	0.156 5	0.175 0	0.196 2	0.220 7
C_8	0.115 0	0.130 9	0.149 4	0.171 1
C_9	0.083 9	0.097 1	0.112 9	0.131 8
C_{10}	0.062 7	0.073 8	0.087 2	0.103 6
C_{11+}	0.000 6	0.000 9	0.001 5	0.002 4
CO_2	0.792 4	0.809 7	0.826 8	0.843 9
N_2	1.735 4	1.712 8	1.686 2	1.655 2

表3-1-9 注入气组成变化对各组分平衡常数的影响 2

组 分	注入气组成			
	$100\%N_2$	$90\%N_2+10\%C_1$	$80\%N_2+20\%C_1$	$70\%N_2+30\%C_1$
C_1	1.445 7	1.452 6	1.457 8	1.461 5
C_2	0.915 0	0.937 6	0.960 1	0.982 6
C_3	0.620 7	0.648 0	0.676 4	0.706 0
$i\text{-}C_4$	0.476 2	0.502 9	0.531 0	0.560 5
$n\text{-}C_4$	0.431 4	0.457 2	0.484 9	0.514 0
$i\text{-}C_5$	0.330 1	0.353 8	0.379 3	0.406 6
$n\text{-}C_5$	0.308 7	0.331 9	0.356 9	0.383 8
$n\text{-}C_6$	0.219 1	0.238 9	0.260 6	0.284 2
C_7	0.156 5	0.172 6	0.190 7	0.210 5

组分	注入气组成			
	$100\%N_2$	$90\%N_2+10\%C_1$	$80\%N_2+20\%C_1$	$70\%N_2+30\%C_1$
C_8	0.115 0	0.128 4	0.143 4	0.160 3
C_9	0.083 9	0.094 7	0.107 0	0.120 9
C_{10}	0.062 7	0.071 6	0.081 8	0.093 4
C_{11+}	0.000 6	0.000 7	0.000 9	0.001 1
CO_2	0.792 4	0.798 5	0.803 9	0.808 8
N_2	1.735 4	1.720 6	1.702 9	1.683 2

从表中可以看出,随着注入气中 N_2 摩尔分数的减小及 C_1 摩尔分数的逐渐增大,烃类组分的 K 值变化微小。

第二节　注气数值模拟数学模型

注气数值模拟的数学建模就是要建立油、水、氮气及二氧化碳等混合物混相和非混相驱关系的数学表达式,具体包括:

(1)二氧化碳、水、油等主要组分平衡常数计算方程;

(2)考虑油、水、氮气及二氧化碳混合物在油藏条件下的复杂相态变化及物性改变计算方程;

(3)组分的质量传输项计算方程,包括流动项(多相流达西定律)和弥散扩散项(傅里叶扩散定律);

(4)考虑二氧化碳等在岩石中的吸附及沥青质的沉积效应的计算方程。

一、流体物性参数计算方法

1. 气相物性的计算

首先采用 Soave-Redlich-Kwong(SRK)状态方程得到压缩因子计算方程,然后建立气相密度、黏度等物性的计算模型,从而对气体物性参数进行计算。

气相 PVT 性质采用 SRK 状态方程来描述:

$$Z^3-Z^2+(A^*-B^*-B^{*2})Z-A^*B^*=0 \tag{3-2-1}$$

$$A^*=\sum_{i=1}^{N_c}\sum_{j=1}^{N_c}x_ix_j(1-\Phi_{ij})\sqrt{A_iA_j} \tag{3-2-2}$$

$$B^*=\sum_{i=1}^{N_c}x_iB_i \tag{3-2-3}$$

其中:

$$A_i = \Omega_a \frac{p_{ri}}{T_{ri}^2}$$

$$\Omega_a = 0.427\,480\,2\left[1 + (0.48 + 1.574\omega_i - 0.176\omega_i^2)(1 - \sqrt{T_{ri}})\right]^2$$

$$p_{ri} = \frac{p}{p_{ci}}, \quad T_{ri} = \frac{T}{T_{ci}}$$

$$B_i = \Omega_b \frac{p_{ri}}{T_{ri}}, \quad \Omega_b = 0.077\,960\,74$$

式中　Z——气体压缩因子；

　　　N_c——气相中组分数；

　　　ω_i——组分 i 的偏心因子；

　　　Φ_{ij}——二元连接系数；

　　　p_{ci}, T_{ci}——临界压力和临界温度。

气相密度 ρ_g：

$$\rho_g = p/(RTZ) \tag{3-2-4}$$

式中　p——压力，MPa；

　　　R——理想气体常数，$R = 8.315$ J/(mol·K)；

　　　T——温度，K。

气相黏度 μ_g：

$$\mu_g = \sum_{k=1}^{N} \frac{x_g^k \mu_k}{\sum_{\lambda=1}^{N} x_g^\lambda \Phi_{k\lambda}} \tag{3-2-5}$$

式中　μ_k——k 组分黏度，mPa·s；

　　　x_g^k, x_g^λ——气相中 k 组分和 λ 组分的摩尔分数；

　　　$\Phi_{k\lambda}$——二元相互作用参数。

气相各组分的黏度 μ_{gi}：

$$\mu_{gi} = \sum B_i T_i \tag{3-2-6}$$

2. 油相物性的计算

基于 SRK 方程建立油相密度、黏度等物性的计算模型，从而对气体物性参数进行计算。油相 PVT 性质采用 SRK 状态方程来描述。

油相密度 ρ_o：

$$\rho_o = p/(RTZ) \tag{3-2-7}$$

原油组分黏度 μ_n：

$$\mu_n = \prod_k \mu_k x_n^k \tag{3-2-8}$$

式中　x_n^k——n 相 k 组分的摩尔分数。

油相黏度 μ_o：

$$\ln \mu_o = A' - \frac{B'}{T} + C'T + D'T^2 \tag{3-2-9}$$

式中　A', B', C', D'——黏度计算系数，由实验获得。

二、不同介质流体流动数学表征方法

针对不同缝洞介质流体流动特点,建立大溶洞中洞穴流、大裂缝高速非达西流、小尺度缝洞达西流的数学表征方法。

1. 大溶洞内流体流动数学表征方法

1)单相洞穴流

首先考虑单相洞穴流的情况。根据质量守恒定律,可得流体的连续性方程:

$$\frac{\partial \rho}{\partial t} + \nabla \cdot (\rho \boldsymbol{v}) = 0 \tag{3-2-10}$$

式中　ρ——流体的密度,kg/m^3;

　　　$\boldsymbol{v}$——流速,m/s。

根据动量守恒定律,可得流体的运动方程:

$$\frac{\partial (\rho \boldsymbol{v})}{\partial t} + \nabla \cdot (\rho \boldsymbol{v} \boldsymbol{v}) = \nabla \cdot \boldsymbol{\sigma} + \boldsymbol{b} \tag{3-2-11}$$

式中　$\boldsymbol{\sigma}$——流体应力,kN/m^2;

　　　$\boldsymbol{b}$——流场单位体积力,kN/m^3。

由上述两式可得:

$$\rho \frac{\partial \boldsymbol{v}}{\partial t} + \rho (\nabla \cdot \boldsymbol{v}) \boldsymbol{v} = \nabla \cdot \boldsymbol{\sigma} + \boldsymbol{b} \tag{3-2-12}$$

在式(3-2-12)中添加充填引起的阻力项:

$$\rho \frac{\partial \boldsymbol{v}}{\partial t} + \rho (\nabla \cdot \boldsymbol{v}) \boldsymbol{v} = \nabla \cdot \boldsymbol{\sigma} + \boldsymbol{b} - \frac{\mu}{k} \boldsymbol{v} \tag{3-2-13}$$

式中　μ——流体黏度,$mPa \cdot s$;

　　　k——地层渗透率,$10^{-3} \mu m^2$。

假设流体为微可压缩的牛顿流体,则有:

$$\rho \frac{\partial \boldsymbol{v}}{\partial t} + \rho \left[\nabla \left(\frac{v^2}{2} \right) - \boldsymbol{v} \times (\nabla \times \boldsymbol{v}) \right] = -\nabla p + \boldsymbol{b} + \mu \nabla^2 \boldsymbol{v} - \frac{\mu}{k} \boldsymbol{v} \tag{3-2-14}$$

考虑无旋的稳态流动,则有:

$$-(\nabla p - \boldsymbol{b}) = \frac{\mu}{k} \boldsymbol{v} + \left(\frac{\rho}{2} \nabla v^2 - \mu \nabla^2 \boldsymbol{v} \right) \tag{3-2-15}$$

如果下式成立:

$$\left(\frac{\rho}{2} \nabla v^2 - \mu \nabla^2 \boldsymbol{v} \right) \approx \beta \rho \boldsymbol{v} |\boldsymbol{v}| \tag{3-2-16}$$

则流体运动方程可简化为:

$$-(\nabla p - \boldsymbol{b}) = \frac{\mu}{k} \boldsymbol{v} + \beta \rho \boldsymbol{v} |\boldsymbol{v}| \tag{3-2-17}$$

式(3-2-17)与非达西高速流动的 Forchheimer 定律有相同的表达形式,其中 β 为非达西流系数。可见,如果满足式(3-2-17)的条件,则可在多重介质模型中采用三维非达西高速流动的 Forchheimer 定律近似模拟洞穴流。

2）多相洞穴流

对于多相流问题，采用二流体模型描述洞穴流的流动，不相互混溶的两种流体为两个组元，每一种流体都被看作充满整个流场的连续介质，流场中的任一点都同时被两种组元所占据，两种组元存在相互作用。

根据质量守恒定律，可得 k 相（$k=$o 表示油相，$k=$w 表示水相）的连续性方程为：

$$\frac{\partial \alpha_k \rho_k}{\partial t} + \nabla \cdot (\alpha_k \rho_k \boldsymbol{v}_k) = 0 \tag{3-2-18}$$

式中　α_k——k 相的体积分数，%；

ρ_k——k 相的密度，kg/m^3；

$\boldsymbol{v}_k$——k 相的流速，m/s。

根据动量守恒定律，可得 k 相的运动方程为：

$$\frac{\partial}{\partial t}(\alpha_k \rho_k \boldsymbol{v}_k) + \nabla \cdot (\alpha_k \rho_k \boldsymbol{v}_k \boldsymbol{v}_k) = -\alpha_k \nabla \cdot \boldsymbol{\sigma} + \alpha_k \boldsymbol{b} - \sum_l \alpha_k \boldsymbol{F}_{kl} \tag{3-2-19}$$

式中　$\boldsymbol{\sigma}$——流体应力，kN/m^2；

$\boldsymbol{b}$——流场单位体积力，kN/m^3；

$\boldsymbol{F}_{kl}$——l 相对 k 相流体的作用力，N。

$\boldsymbol{F}_{kl}$ 可表示为 k 相流体相对于其他相流体的流速（$\boldsymbol{v}_k - \boldsymbol{v}_p$）的函数：

$$\boldsymbol{F}_{kl} = f(\boldsymbol{v}_k - \boldsymbol{v}_p) \tag{3-2-20}$$

各相流体的体积分数有如下关系：

$$\sum \alpha_k = 1 \tag{3-2-21}$$

在式（3-2-19）中添加充填引起的阻力项，可得：

$$\frac{\partial}{\partial t}(\alpha_k \rho_k \boldsymbol{v}_k) + \nabla \cdot (\alpha_k \rho_k \boldsymbol{v}_k \boldsymbol{v}_k) = -\alpha_k \nabla \cdot \boldsymbol{\sigma} + \alpha_k \boldsymbol{b} - \sum_l \alpha_k \boldsymbol{F}_{kl} - \frac{\mu_k}{k k_{rk}} \boldsymbol{v}_k \tag{3-2-22}$$

式中　μ_k——k 相流体的黏度；

k, k_{rk}——渗透率和 k 相相对渗透率。

与前述单相流体流动的情况类似，设流体为微可压缩的牛顿流体，且考虑无旋的稳态流动。如果下式成立：

$$\left(\frac{\alpha_k \rho_k}{2} \nabla V_k^2 - \mu_k \nabla^2 \boldsymbol{v}_k \right) \approx \beta_k \rho_k \boldsymbol{v}_k |\boldsymbol{v}_k| \tag{3-2-23}$$

则流体运动方程可简化为：

$$-(\nabla \alpha_k p_k - \alpha_k \boldsymbol{b}_k) = \frac{\mu_k}{k k_{rk}} \boldsymbol{v}_k + \beta_k \rho_k \boldsymbol{v}_k |\boldsymbol{v}_k| \tag{3-2-24}$$

式（3-2-24）与非达西高速流动 Forchheimer 定律有相同的表达形式，其中 β 为非达西流系数。可见，可通过在多重介质模型中引入添加惯性项的渗流定律（三维多相非达西高速流动的 Forchheimer 定律）来近似模拟多相洞穴流。

考虑大型洞穴中不混溶多相流体的流动，对于微可压缩牛顿流体的情况，有：

$$\alpha_k \rho_k \frac{\partial \boldsymbol{v}_k}{\partial t} + \alpha_k \rho_k \left[\nabla \left(\frac{\boldsymbol{v} \boldsymbol{v}_k^2}{2} \right) - \boldsymbol{v}_k (\nabla \times \boldsymbol{v}_k) \right] = -\alpha_k \nabla p + \alpha_k \boldsymbol{b} + \alpha_k \mu_k \nabla^2 \boldsymbol{v}_k -$$

$$\sum_l \alpha_k \boldsymbol{F}_{kl} - \frac{\mu_k}{k k_{rk}} \boldsymbol{v}_k \tag{3-2-25}$$

如果大型洞穴中流体为稳态的无旋流动,且流速的梯度和流速随时间的变化足够小且满足下式:

$$\alpha_k \rho_k \frac{\partial \boldsymbol{v}_k}{\partial t} + \alpha_k \rho_k \left[\nabla \left(\frac{\boldsymbol{v} \boldsymbol{v}_k^2}{2} \right) - \boldsymbol{v}_k (\nabla \times \boldsymbol{v}_k) \right] = \alpha_k \mu_k \nabla^2 \boldsymbol{v}_k - \sum_l \alpha_k F_{kl} - \frac{\mu_k}{k k_{rk}} \boldsymbol{v}_k \qquad (3\text{-}2\text{-}26)$$

则上式可近似为:

$$\nabla p - \boldsymbol{\rho}_k \boldsymbol{g} = 0 \qquad (3\text{-}2\text{-}27)$$

式(3-2-27)意味着大型洞穴中的不混溶多相流体处于静力平衡、重力分离状态。

由于大型洞穴中流体的运动阻力远远小于其周围的多孔介质区域流体的运动阻力,假设大型洞穴中的不混溶多相流体能够瞬时达到平衡,且因重力发生分离是合理的,所以在考察多孔介质区域流体流动的时间步长内,大型洞穴内流体流速的梯度和流速随时间的变化足够小,从而使上式成立。

2. 大裂缝内流体流动数学表征方法

大量的实验研究表明,流体在高速流动情况下,压力梯度与流速会显著偏离线性关系。所有偏离这种线性关系的流体即非达西流。Forchheimer 的高速非达西渗流定律参数较少,且是从流体力学中 N-S 方程出发得到的,有一定的理论依据,应用较为方便。Forchheimer 定律可以表示为:

$$-\frac{\mathrm{d}p_f}{\mathrm{d}x} = \frac{\mu}{k_f} v + \rho \beta v^2 \qquad (3\text{-}2\text{-}28)$$

式中　p_f——裂缝压力,MPa;

　　　k_f——裂缝渗透率,$10^{-3}\ \mu m^2$;

　　　ρ——流体密度;

　　　v——流速,m/s;

　　　β——高速非达西流的惯性系数。

式(3-2-28)可以分为两项:第一项为黏性项,代表黏滞力对流动的影响;第二项为惯性项,代表惯性力(即流体流速)对流动的影响。式中的 μ,k_f 和 ρ 都较容易得到,而 β 却难以直接得到。

产生高速非达西现象的原因并非只是层流到湍流的变化。在达到临界雷诺数之前,非达西流和达西流之间就已经出现明显偏差。雷诺数大时,随着流速的增加,管道中层流流体的惯性力的作用逐渐体现出来,流动状态开始发生偏离达西定律的改变;随着流体流速的继续增加,当超过某一值时,惯性力超过黏滞力起主要作用,同时在管道中产生紊流,流动状态再次改变。不同条件下得到的关系式如下:

$$\beta = \frac{C_\beta}{k^a \phi^b} \qquad (3\text{-}2\text{-}29)$$

式中　C_β——非达西常数,在一定条件下为定值;

　　　k——渗透率,$10^{-3}\ \mu m^2$;

　　　ϕ——孔隙度;

　　　a,b——相应的幂次数,因所选公式不同而不同。

多相流动高速非达西流惯性系数的计算公式为:

$$\beta(S_{\mathrm{w}}, k_{\mathrm{rf}}) = \frac{C_{\beta}}{(kk_{\mathrm{rf}})^a}\left[\phi(S_{\mathrm{f}} - S_{\mathrm{fr}})^b\right] \qquad (3\text{-}2\text{-}30)$$

式中　$S_{\mathrm{w}}, S_{\mathrm{f}}, S_{\mathrm{fr}}$——含水饱和度、裂缝含水饱和度和裂缝束缚水饱和度；

k_{rf}——裂缝相对渗透率。

裂缝具有较高的渗透率和较小的流动截面积，流速较大，裂缝系统中的高速非达西流动主要受惯性系数控制。

三、大型溶洞与周围介质流体流动耦合方法

采用多相流体重力分异假定近似计算大溶洞内流体的流动（图 3-2-1），原有的质量守恒方程式及其离散形式仍然成立，即

$$\left[(m_{\beta})_i^{n+1} - (m_{\beta})_i^n\right]\frac{V_i}{\Delta t} = \sum_{j \in \eta_i} F_{\beta,ij}^{n+1} + Q_{\beta i}^{n+1} \qquad (3\text{-}2\text{-}31)$$

式中　m_{β}——β 相的质量；

上标 $n, n+1$——前一时刻和当前时刻的量；

V_i——大型溶洞 i 的体积；

Δt——时间步长；

η_i——同大型溶洞 i 相连接的单元 j 的集合；

$F_{\beta,ij}$——大型溶洞 i 与单元 j 之间 β 相的质量流动项；

$Q_{\beta i}$——大型溶洞 i 内 β 相的源汇项。

对于达西流动，流动项 $F_{\beta,ij}$ 可表示为：

$$F_{\beta,ij} = \lambda_{\beta,ij+1/2}\,\gamma_{ij}(\boldsymbol{\Psi}_{\beta j} - \boldsymbol{\Psi}_{\beta i}) \qquad (3\text{-}2\text{-}32)$$

$$\lambda_{\beta,ij+1/2} = \left(\frac{\rho_{\beta}k_{\mathrm{r}\beta}}{\mu_{\beta}}\right)_{ij+1/2} \qquad (3\text{-}2\text{-}33)$$

$$\gamma_{ij} = \frac{A_{ij}k_j}{d_j} \qquad (3\text{-}2\text{-}34)$$

$$\boldsymbol{\Psi}_{\beta i} = p_{\beta i} - \rho_{\beta,ij+1/2}\,gD_i \qquad (3\text{-}2\text{-}35)$$

式中　$\lambda_{\beta,ij+1/2}$——β 相的流度；

下标 $ij+1/2$——大型溶洞 i 和单元 j 属性参数的加权平均；

$\boldsymbol{\Psi}_{\beta i}$——大型溶洞 i 中 β 相的流动势；

$\rho_{\beta}, \mu_{\beta}$——$\beta$ 相密度和黏度；

$k_{\mathrm{r}\beta}$——单元 j 内 β 相的相对渗透率；

γ_{ij}——传导系数；

A_{ij}——大型溶洞 i 和单元 j 的界面面积；

k_j——单元 j 的渗透率；

d_j——单元 j 中心点到大型溶洞 i 和单元 j 之间界面的距离；

$p_{\beta i}$——大型溶洞 i 中 β 相的压力；

D_i——大型溶洞 i 中心的深度。

大型溶洞 i 的源汇项定义如下：

$$Q_{\beta i} = q_{\beta i} V_i \qquad (3\text{-}2\text{-}36)$$

式中　$q_{\beta i}$——大型溶洞 i 中 β 相流量。

为了在数值模拟程序中通过编程实现大型溶洞中瞬时平衡和重力分离的假定，需将与大型溶洞连接的单元的流动项区分为流入自由流动区域项 $F_{\beta,ij}^{\mathrm{in}}$ 和流出自由流动区域项 $F_{\beta,ij}^{\mathrm{out}}$。

对于流入溶洞单元的流动项 $F_{\beta,ij}^{\mathrm{in}}$，仍按原有公式计算；

对于流出溶洞单元的流动项 $F_{\beta,ij}^{\mathrm{out}}$，按下式计算：

$$F_{\beta,ij}^{\mathrm{out}} = \lambda_{\beta,ij+1/2} \gamma_{ij} (\Psi_{\beta j} - \Psi_{\beta i}) \qquad (3\text{-}2\text{-}37)$$

传导系数 γ_{ij} 按式（3-2-34）计算，流度 $\lambda_{\beta,ij+1/2}$ 按下式计算：

$$\lambda_{\beta,ij+1/2} = \xi_{i\beta} \left(\frac{\varrho_\beta}{\mu_\beta} \right)_{ij+1/2} \qquad (3\text{-}2\text{-}38)$$

式中　$\xi_{i\beta}$——多相流流动分数，根据溶洞内多相流体重力分异的情况及其同多孔介质单元连接的竖向位置来确定。

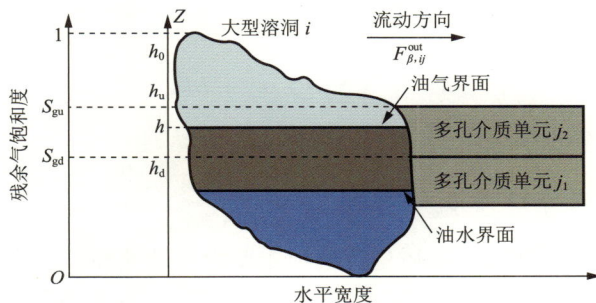

图 3-2-1　大型溶洞与周围介质耦合示意图

S_{gu}，S_{gd}—多孔介质单元 j_2 的顶部和底部含气饱和度；h_0，h_{u}，h_{d}—溶洞高度、多孔介质单元 j_2 的顶部和底部高度

四、注气数值模拟数学表征方法

1. 注气非混相过程数学表征方法

非混相驱过程中网格间组分 κ 的质量传输项主要为流动项，采用多相流动的达西定律来描述，相渗和毛管力是饱和度及 CO_2 和 N_2 含量的函数。

1）流动方程

油相质量流动项 $\boldsymbol{F}_{\mathrm{o}}$：

$$\boldsymbol{F}_{\mathrm{o}} = \rho_{\mathrm{o}} \boldsymbol{u}_{\mathrm{o}} = -k \frac{k_{\mathrm{ro}} \rho_{\mathrm{o}}}{\mu_{\mathrm{o}}} (\nabla p_{\mathrm{o}} - \rho_{\mathrm{o}} \boldsymbol{g}) \qquad (3\text{-}2\text{-}39)$$

气相质量流动项 $\boldsymbol{F}_{\mathrm{g}}$：

$$\boldsymbol{F}_{\mathrm{g}} = \rho_{\mathrm{g}} \boldsymbol{u}_{\mathrm{g}} = -k \frac{k_{\mathrm{rg}} \rho_{\mathrm{g}}}{\mu_{\mathrm{g}}} (\nabla p_{\mathrm{g}} - \rho_{\mathrm{g}} \boldsymbol{g}) \qquad (3\text{-}2\text{-}40)$$

相对渗透率（$k_{\mathrm{r}\beta}$）和毛管力（p_{c}）是饱和度和组成的函数，分别为：

$$k_{r\beta} = k_{r\beta}(S_w, S_g; x_\beta^{CO_2}, x_\beta^{N_2}) \tag{3-2-41}$$

$$p_c = p_g - p_{cgo}(S_w, S_o; x_\beta^{CO_2}, x_\beta^{N_2}) \tag{3-2-42}$$

式中 u_o, u_g——油相和气相速度向量；

$x_\beta^{CO_2}, x_\beta^{N_2}$——$\beta$ 相中 CO_2 和 N_2 的摩尔分数；

p_{cgo}——气油毛管力。

2）质量守恒方程

各组分在溶洞、裂缝、溶孔中的质量守恒方程为：

$$\frac{d}{dt}\int_{V_n} M^\kappa dV_n = \int_{\Gamma_n} \boldsymbol{F}^\kappa \cdot \boldsymbol{n} d\Gamma_n + \int_{V_n} q^\kappa dV_n \tag{3-2-43}$$

式中 M^κ——组分 κ 的质量累积项；

$\boldsymbol{n}$——边界向量；

Γ_n——边界；

q——源汇项；

V_n——体积。

组分 κ 的质量累积项 M^κ 为：

$$M^\kappa = \phi \sum_\beta S_\beta \rho_\beta x_\beta^\kappa + M_{ads}^\kappa \tag{3-2-44}$$

式中 M_{ads}^κ——吸附累积项。

2. 注气混相驱过程数学表征方法

混相驱过程中网格间组分 κ 的质量传输项主要为流动项和扩散弥散项（由扩散和弥散引起的质量传输项），采用多相流动的达西定律求解流动项，采用菲克定律求解扩散弥散项，相对渗透率是饱和度及 CO_2 和 N_2 含量的函数。

1）流动方程

组分 κ 的质量传输项 $\boldsymbol{F}^\kappa$：

$$\boldsymbol{F}^\kappa = \boldsymbol{F}^\kappa|_{adv} + \sum_\beta \boldsymbol{F}_\beta^\kappa|_{dis} \tag{3-2-45}$$

式中 $\boldsymbol{F}^\kappa|_{adv}$——组分 κ 的质量流动项；

$\boldsymbol{F}_\beta^\kappa|_{dis}$——组分 κ 的质量扩散项。

组分 κ 的质量流动项：

$$\boldsymbol{F}^\kappa|_{adv} = \sum_\beta x_\beta^\kappa \boldsymbol{F}_\beta \tag{3-2-46}$$

式中 x_β^κ——β 相中组分 κ 的摩尔分数；

$\boldsymbol{F}_\beta$——β 相的质量流动项。

组分 κ 的质量扩散项：

$$\boldsymbol{F}_\beta^\kappa|_{dis} = -\phi\rho_\beta D_\beta^\kappa \nabla x_\beta^\kappa \tag{3-2-47}$$

式中 D——扩散系数。

油相的质量流动项：

$$\boldsymbol{F}_o = \rho_o \boldsymbol{u}_o = -k\frac{k_{ro}\rho_o}{\mu_o}(\nabla p_o - \rho_o \boldsymbol{g}) \tag{3-2-48}$$

相对渗透率是饱和度和组成的函数,为:

$$k_{r\beta} = k_{r\beta}(S_w, S_g; x_\beta^{CO_2}, x_\beta^{N_2})$$ (3-2-49)

2) 质量守恒方程

各组分在溶洞、裂缝、溶孔中的质量守恒方程为:

$$\frac{d}{dt}\int_{V_n} M^\kappa dV_n = \int_{\Gamma_n} \boldsymbol{F}^\kappa \cdot \boldsymbol{n} d\Gamma_n + \int_{V_n} q^\kappa dV_n$$ (3-2-50)

组分 κ 的质量累积项 M^κ:

$$M^\kappa = \phi \sum_\beta S_\beta \rho_\beta x_\beta^k + M_{ads}^\kappa$$ (3-2-51)

$$M_{ads}^\kappa = (1-\phi)\rho_s K_{d,\beta}^\kappa \rho_\beta x_\beta^\kappa$$

式中 M_{ads}^κ——二氧化碳的吸附及原油重组分的沉淀累积项;

ρ_s——岩石密度;

$K_{d,\beta}^\kappa$——分配系数。

3) 相平衡方程

在多相多组分流动体系中,各组分的逸度及摩尔分数应当满足如下约束方程:

$$f_i^g - f_i^o = 0 \quad (i=1,2,\cdots,n_c+1)$$ (3-2-52)

$$f_i^w - f_i^o = 0 \quad (i=1,2,\cdots,n_c+1)$$ (3-2-53)

$$\frac{x_g^\kappa}{x_o^\kappa} = K_{go}^\kappa(T, p_g, p_o, x_g^\kappa, x_o^\kappa)$$ (3-2-54)

$$\frac{x_g^\kappa}{x_w^\kappa} = K_{gw}^\kappa(T, p_g, p_w, x_g^\kappa, x_w^\kappa)$$ (3-2-55)

式中 f_i^o, f_i^g, f_i^w——油、气、水的逸度;

$x_g^\kappa, x_o^\kappa, x_w^\kappa$——油、气、水中 κ 组分的摩尔分数,%;

p_o, p_g, p_w——油、气、水相压力,MPa;

$K_{\kappa go}^\kappa, K_{gw}^\kappa$—— κ 组分在气、油和气、水相中分配时的相平衡常数。

3. 本构关系

三相质量守恒的控制方程需要补充本构方程。本构方程用于描述牛顿流体和非牛顿流体通过孔隙介质的多相流动应满足的条件。这里考虑了以下 6 个方面的本构关系。

1) 饱和度约束

油、气、水三相在孔隙中任意时刻均满足如下饱和度约束条件:

$$S_o + S_g + S_w = 1$$ (3-2-56)

式中 S_w, S_o, S_g——水相、油相和气相饱和度。

2) 毛管力函数

毛管力是由虹吸现象造成的,数值上等于两相界面处的压力差。在油藏中,通常水的润湿性大于油,气体的润湿性最小。油、气、水三相系统中油-水或气-水两相界面处的毛管力关系如下:

$$p_{cnw} = p_n - p_w \qquad (3\text{-}2\text{-}57)$$

式中　p_{cnw}——三相系统中油-水或气-水两相界面的毛管力,当两相界面为气-水界面时, 它仅与含水饱和度 S_w 有关,当两相界面为油-水界面时,它与含水饱和度 S_w、含油饱和度 S_o 均有关;

　　p_n——$n(n=o,g)$ 相压力;

　　p_w——润湿相压力。

缝洞型油藏注气数值模拟程序 KarstSim 中毛管力函数可通过表格形式输入。此外, KarstSim 包含了修正 Parker 等的毛管力函数,该函数假设两相界面的毛管力与有效饱和度和界面张力有关。

3) 相对渗透率函数

考虑相对渗透率函数仅与流体饱和度有关,且当模拟非牛顿流体流动时流动特征不受非牛顿特征的影响,则相对渗透率描述如下:

水相

$$k_{rw} = k_{rw}(S_w) \qquad (3\text{-}2\text{-}58)$$

油相

$$k_{ro} = k_{ro}(S_w, S_g) \qquad (3\text{-}2\text{-}59)$$

气相

$$k_{rg} = k_{rg}(S_g) \qquad (3\text{-}2\text{-}60)$$

式中　k_{ro}, k_{rg}, k_{rw}——油、气、水的相对渗透率。

在 KarstSim 中,三相相对渗透率数据可通过表格形式输入,也可以采用内部定义的 Brook-Corey 函数或 van Genuchten 函数进行计算。如果采用表格输入,则油的相对渗透率 k_{ro} 可根据 Stone Ⅱ 方法确定:

$$k_{ro} = k_{ro}^{*\,wo} \left[\left(\frac{k_{ro}^{wo}}{k_{ro}^{*\,wo}} + k_{rw} \right) \left(\frac{k_{ro}^{og}}{k_{ro}^{*\,wo}} + k_{rg} \right) - (k_{rw} + k_{rg}) \right] \qquad (3\text{-}2\text{-}61)$$

式中　$k_{ro}^{*\,wo}$——油水两相系统中残余水饱和度处的油相相对渗透率;

　　k_{ro}^{wo}——油水两相系统中油相相对渗透率;

　　k_{ro}^{og}——油气两相系统中油相相对渗透率。

4) PVT 数据

在油藏条件下,油、气、水三相的密度可以根据各相标准条件下的密度和地层体积系数计算得到。

油相密度 ρ_o:

$$\rho_o = \frac{1}{B_o} \left[(\rho_o)_{STC} + R_s (\rho_g)_{STC} \right] = \overline{\rho}_o + \overline{\rho}_{dg} \qquad (3\text{-}2\text{-}62)$$

水相密度 ρ_w:

$$\rho_w = \frac{(\rho_w)_{STC}}{B_w} \qquad (3\text{-}2\text{-}63)$$

气相密度 ρ_g:

$$\rho_g = \frac{(\rho_g)_{STC}}{B_g} \qquad (3\text{-}2\text{-}64)$$

其中：

$$B_o = \frac{(V_o + V_{dg})_{RC}}{(V_o)_{STC}} \qquad (3\text{-}2\text{-}65)$$

$$B_w = \frac{(V_w)_{RC}}{(V_w)_{STC}} \qquad (3\text{-}2\text{-}66)$$

$$B_g = \frac{(V_g)_{RC}}{(V_g)_{STC}} \qquad (3\text{-}2\text{-}67)$$

$$\bar{\rho}_o = \frac{(\rho_o)_{STC}}{B_o} \qquad (3\text{-}2\text{-}68)$$

$$\bar{\rho}_{dg} = \frac{R_s(\rho_g)_{STC}}{B_o} \qquad (3\text{-}2\text{-}69)$$

式中　B_β——β 相的地层体积系数，$\beta=$o,w,g 分别代表油相、水相和气相；

$(\rho_\beta)_{STC}$——β 相在标准条件（或储罐条件）下的密度；

R_s——标准条件下的溶解气油比；

$\bar{\rho}_o, \bar{\rho}_{dg}$——油、溶解气的平均密度；

$(V_\beta)_{RC}$——油藏条件下给定质量的 β 相的体积，$\beta=$o,w,g 和 dg，其中 dg 代表溶解气；

$(V_\beta)_{STC}$——标准条件下给定质量的 β 相的体积。

KarstSim 将地层体积系数和溶解气油比处理成三相油藏中的油藏压力和饱和压力的函数。模拟研究中需要油藏压力、饱和压力与原油地层体积系数、溶解气油比之间的关系，对于给定的油藏，通过 PVT 数据分析可以确定这些数据。

5）流体黏度

气相流体按牛顿流体处理，且它的黏度仅与气体压力有关：

$$\mu_g = \mu_g(p_g) \qquad (3\text{-}2\text{-}70)$$

式中　μ_g——气相黏度；

p_g——气相压力。

油既可处理成牛顿流体，也可处理成非牛顿流体。如果将油按牛顿流体处理，则它的黏度在油藏条件下仅与油相压力有关：

$$\mu_o = \mu_o(p_o) \qquad (3\text{-}2\text{-}71)$$

对于非牛顿流体，β 相（$\beta=$o 或 w）的表观黏度可以表示成与饱和度和流动势梯度有关的函数：

$$\mu_\beta = \mu_\beta(S_\beta, \nabla\Phi_\beta) \qquad (3\text{-}2\text{-}72)$$

式中　S_β——β 相饱和度；

$\nabla\Phi_\beta$——β 相流动势梯度。

这里，β 相流动势梯度定义为：

$$\nabla\Phi_\beta = \nabla p_\beta - \rho_\beta g \nabla D \qquad (3\text{-}2\text{-}73)$$

式中　∇D——重力热梯度。

6）地层孔隙度

地层有效孔隙度 ϕ 定义为与油藏压力 p 和温度 T 有关的函数：

$$\phi = \phi°[1 + C_r(p - p°) - C_T(T - T°)] \tag{3-2-74}$$

式中　　$\phi°$——相对压力 $p°$ 和相对温度 $T°$ 下的地层有效孔隙度；

　　　　$p°, T°$——相对压力和相对温度；

　　　　C_r——岩石压缩系数；

　　　　C_T——地层岩石的热膨胀系数。

第三节　注气数值模拟数值求解方法

　　利用有限体积法对连续性方程进行空间离散,利用一系列有限差分方程来表达油、气、水的物质平衡方程;利用全隐式方法的稳定性和时间步长长的特点,或利用自适应隐式方法(AIM)可以加快模拟和降低空间存储要求的特点来求解这些离散非线性方程。对于简单问题,也可以采用隐式压力显式饱和度方法(IMPES),以提高计算速度。一般通过确定有限子域或网格块的属性来描述流体和岩石的热力学性质;利用有限差分逼近法计算通过连通网格块表面部分的质量流量。应用 Newton-Raphson 迭代程序求解这些离散的非线性有限差分物质平衡方程。

　　利用积分有限差分方法将连续性方程空间离散化,利用向后差分方法实现该方程的时间离散化。组分 i 的离散非线性方程如下：

气相

$$\left[(\phi S_o \overline{\rho}_{dg} + \phi S_g \rho_g)^{n+1}_i - (\phi S_o \overline{\rho}_{dg} + \phi S_g \rho_g)^n_i\right]\frac{V_i}{\Delta t} = \sum_{j \in \eta_i}(\overline{\rho}_{dg}\lambda_o)^{n+1}_{ij+1/2}\gamma_{ij}(\Psi^{n+1}_{oj} - \Psi^{n+1}_{oi}) +$$
$$\sum_{j \in \eta_i}(\rho_g \lambda_g)^{n+1}_{ij+1/2}\gamma_{ij}(\Psi^{n+1}_{gj} - \Psi^{n+1}_{gi}) + Q^{n+1}_{gi} \tag{3-3-1}$$

水相

$$\left[(\phi S_w \rho_w)^{n+1}_i - (\phi S_w \rho_w)^n_i\right]\frac{V_i}{\Delta t} = \sum_{j \in \eta_i}(\rho_w \lambda_w)^{n+1}_{ij+1/2}\gamma_{ij}(\Psi^{n+1}_{wj} - \Psi^{n+1}_{wi}) + Q^{n+1}_{wi} \tag{3-3-2}$$

油相

$$\left[(\phi S_o \overline{\rho}_o)^{n+1}_i - (\phi S_o \overline{\rho}_o)^n_i\right]\frac{V_i}{\Delta t} = \sum_{j \in \eta_i}(\overline{\rho}_o \lambda_o)^{n+1}_{ij+1/2}\gamma_{ij}(\Psi^{n+1}_{oj} - \Psi^{n+1}_{oi}) + Q^{n+1}_{oi} \tag{3-3-3}$$

式中　　V_i——组分 $i(i=1,2,\cdots,N)$ 的体积；

　　　　Δt——时间步长；

　　　　γ_{ij}——流动边界的传导系数；

　　　　η_i——与 i 相连接的单元集合；

　　　　下标 $ij+1/2$——单元 i 和 j 分界面的加权平均值,与 β 相流度(相对渗透率与黏度之比)有关；

　　　　$\Psi^{n+1}_{\beta i}$——单元 i 中 β 相的流动势；

　　　　$Q^{n+1}_{\beta i}$——单元 i 的汇点/源点项。

流动边界的传导系数定义如下：

$$\gamma_{ij} = \frac{A_{ij} k_{ij+1/2}}{d_i + d_j} \tag{3-3-4}$$

流体流动势定义如下：

$$\Psi_{\beta i}^{n+1} = p_{\beta i}^{n+1} - \rho_{\beta,ij+1/2}^{n+1} g D_i \tag{3-3-5}$$

式中 A_{ij}——连通单元 i 和 j 的界面面积；

$k_{ij+1/2}$——单元 i 和 j 连通处的平均绝对渗透率；

d_i——从单元 i 的中心到单元 i 和 j 交界面的距离；

d_j——从单元 j 的中心到单元 i 和 j 交界面的距离；

D_i——单元 i 的中心深度。

单元 i 的汇点/源点项定义如下：

$$Q_{\beta i}^{n+1} = q_{\beta i}^{n+1} V_i \quad (\beta = \mathrm{o,g,w}) \tag{3-3-6}$$

利用上游加权方法求流度项的平均相对渗透率，利用调和加权法计算绝对渗透率。

方程（3-3-1）～方程（3-3-3）也可以写成如下残差形式：

$$R_i^{g,n+1} = \left[(\phi S_o \bar{\rho}_{dg} + \phi S_g \rho_g)^{n+1} - (\phi S_o \bar{\rho}_{dg} + \phi S_g \rho_g)_i^n \right] \frac{V_i}{\Delta t} -$$
$$\sum_{j \in \eta_i} (\bar{\rho}_{dg} \lambda_o)_{ij+1/2}^m \gamma_{ij} (\Psi_{oj}^{n+1} - \Psi_{oi}^{n+1}) - \sum_{j \in \eta_i} (\rho_g \lambda_g)_{ij+1/2}^m \gamma_{ij} (\Psi_{gj}^{n+1} - \Psi_{gi}^{n+1}) - Q_{gi}^{n+1} \tag{3-3-7}$$

$$R_i^{w,n+1} = \left[(\phi S_w \rho_w)_i^{n+1} - (\phi S_w \rho_w)_i^n \right] \frac{V_i}{\Delta t} - \sum_{j \in \eta_i} (\rho_w \lambda_w)_{ij+1/2}^m \gamma_{ij} (\Psi_{wj}^{n+1} - \Psi_{wi}^{n+1}) - Q_{wi}^{n+1} \tag{3-3-8}$$

$$R_i^{o,n+1} = \left[(\phi S_o \bar{\rho}_o)_i^{n+1} - (\phi S_o \bar{\rho}_o)_i^n \right] \frac{V_i}{\Delta t} - \sum_{j \in \eta_i} (\bar{\rho}_o \lambda_o)_{ij+1/2}^m \gamma_{ij} (\Psi_{oj}^{n+1} - \Psi_{oi}^{n+1}) - Q_{oi}^{n+1} \tag{3-3-9}$$

式中，$i = 1,2,\cdots,N$；m 可以是时间点 n 或 $n+1$。如果 $m=n$，则单元 i 采用隐式压力显式饱和度法（IMPES）求解；如果 $m=n+1$，则单元 i 采用全隐式方法求解。

应用 Newton-Raphson 迭代法求解一个流动系统方程，每个单元都有油、气、水三相物质平衡方程，共有 $3N$ 个耦合非线性方程。每个单元选择 3 个主要变量（x_1,x_2,x_3），分别为油压、含油饱和度和饱和压力（或含气饱和度）（表 3-3-1）。在 KarstSim 软件中，主要变量的选择方式与黑油模拟程序一样。该程序采用一个自动变量转换方法来处理模拟产油过程中游离气的出现和消失的过渡，在产油过程存在油、气、水三相流动。

表 3-3-1 主要变量和辅助方程的选择

方　程	主要变量	物理变量
（3-3-1）（气）	$x_1 = p_o$	油压 p_o
（3-3-2）（水）	$x_2 = S_o$	含油饱和度 S_o
（3-3-3）（油）	$x_3 = p_s$ 或 $x_3 = S_g$	饱和压力 p_s 或含气饱和度 S_g

一旦确定了 3 个变量中的 2 个，那么第 3 个变量即取决于结点的相条件。如果油藏中

没有游离气,则认为结点是未饱和的或者油藏压力高于泡点压力,这样饱和压力 p_s 常被当成第 3 个主要变量。如果存在游离气,则认为结点是饱和的或者油藏压力低于泡点压力,这样含气饱和度 S_g 被当作第 3 个主要变量。在油藏模拟中经常遇到泡点压力问题,KarstSim 程序的这个变量转换方法在处理泡点压力问题时是严格有效的。数值模拟实验表明,对不同主要变量的选择对解决三相流动的非线性迭代问题的数值操作非常关键,最好的方法是选择压力和饱和度的混合方程,在不同毛管力条件或相条件下处理相转变问题。

根据这 3 个主要变量,利用 Newton-Raphson 迭代方法得到:

$$R_i^{\beta,n+1}(x_{k,p+1}) = R_i^{\beta,n+1}(x_{k,p}) + \sum_k \frac{\sigma R_i^{\beta,n+1}(x_{k,p})}{\sigma x_k}(x_{k,p+1} - x_{k,p}) = 0 \qquad (3\text{-}3\text{-}10)$$

式中,$\beta = g, w, o$,分别代表气、水、油;$k = 1, 2, 3$,分别代表主要变量 1,2 和 3;p 为迭代点。

迭代中产生的主要变量的增量 $\delta x_{k,p+1}$ 为:

$$\delta x_{k,p+1} = x_{k,p+1} - x_{k,p} \qquad (3\text{-}3\text{-}11)$$

式(3-3-11)代表 $3N$ 个未知 $\delta x_{k,p+1}$ 的一系列线性方程。

KarstSim 程序采用如下数值算法来建立方程的雅可比矩阵:对于全隐式项,利用数值微分法求解雅可比矩阵,如 Forsyth 等所述;对于隐式压力显式饱和度法(IMPES),利用更简单的半解析方法求解雅可比矩阵。

通常三相流动问题的方程的雅可比矩阵为非对称矩阵,在 KarstSim 程序中可选用不同的迭代法来求解该方程。

对于三相渗流系统,每个网格由 3 个方程组成,这 3 个方程分别为气、油、水的质量守恒方程。如果系统中不考虑气相的存在,即可以不考虑气体的方程,那么原来的 3 个方程可减少为 2 个方程,方程数的减少可以明显提高计算速度。如果气体是为提高采收率而注入储层的,储层中原先不存在该气体,那么 KarstSim 软件可以求解 2 个方程,一直到开始注气后改为求解 3 个方程(增加气方程)。

第四节　注气数值模拟正确性验证

设计并编写完善参数输入接口、高压物性计算模块、组装压力和饱和度方程组模块、相组分含量计算模块、数值求解模块、计算结果输出接口模块,形成了缝洞型油藏注气数值模拟程序(KarstSim)。缝洞型油藏注气数值模拟程序设计如图 3-4-1 所示。

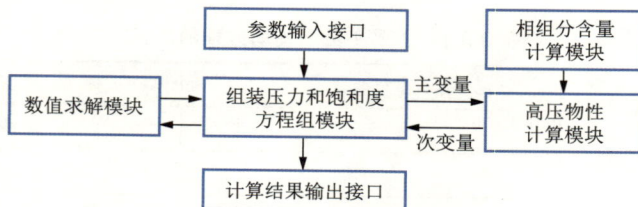

图 3-4-1　缝洞型油藏注气数值模拟程序设计

注气数值模拟计算流程为：

（1）输入数据并进行初始化，根据简化计算模型的组分质量守恒求解流动方程，隐式地解出压力和饱和度主变量；

（2）根据主变量对注气驱油过程多相多组分流体的相平衡进行计算，显式地计算出各相各组分的含量；

（3）确定流体的高压物性等次变量；

（4）采用 Newton-Raphson 迭代法求解非线性方程，利用现代迭代法求解线性方程组；

（5）输出计算结果。

通过数值模拟与物理模拟结果的对比来验证该技术的正确性。设计实验模型参数为：裂缝直径为 3 mm；溶洞直径为 5 cm，厚度为 2 cm；填充物（玻璃珠）直径为 2 mm；定流量（1 mL/min）注入氮气；孔隙体积为 35 mL。

高角度向下并联溶洞（高位洞和低位洞）气驱实验的模拟结果如图 3-4-2 和图 3-4-3 所示。

由实验结果可知，高注低采有利于油、气重力分异作用的发挥，驱油效果较好，采收率可达 70% 以上；受到与之并联洞注采形式的影响，并联模式驱油效果较差。

从图中可以看出，数值模拟计算结果与物理模拟实验结果基本一致，从而验证了缝洞型油藏注气数值模拟方法的正确性。

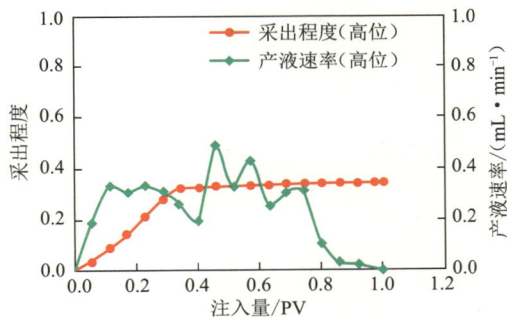

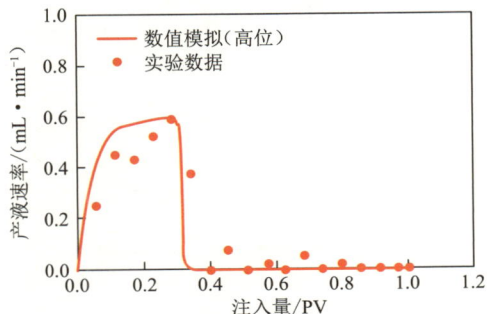

（a）不同注入量下的采出程度曲线　（b）数值模拟与实验的采出程度对比曲线　（c）实验驱替图　（d）数值模拟与实验的产液速率对比曲线

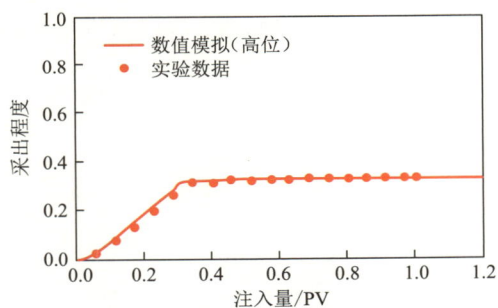

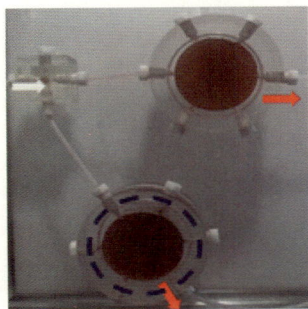

图 3-4-2　高角度向下并联溶洞（高位洞）气驱实验模拟结果

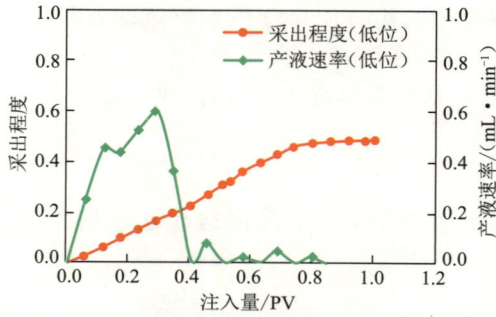

（a）不同注入量下的采出程度曲线

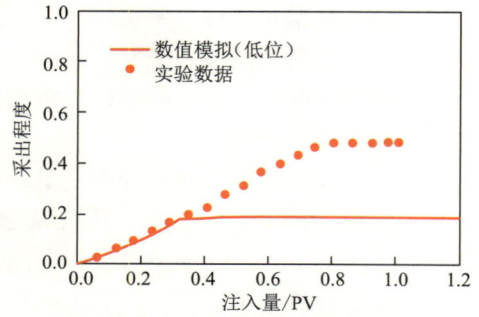

（b）数值模拟与实验的采出程度对比曲线

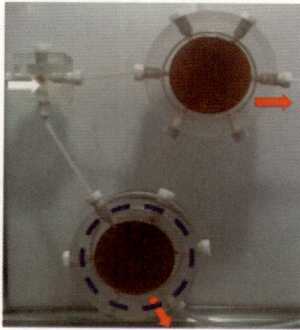

（c）实验驱替图

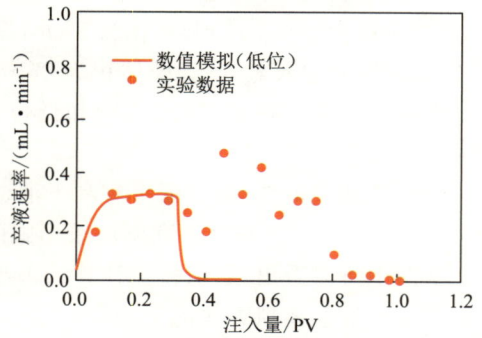

（d）数值模拟与实验的产液速率对比曲线

图 3-4-3　高角度向下并联溶洞（低位洞）气驱实验模拟结果

第四章
缝洞型油藏泡沫辅助氮气驱技术

缝洞型碳酸盐岩油藏储层结构复杂多变,缝洞结构多样,缝洞尺度变化范围广,非均质性极强。在注气提高采收率技术中,由于注入气体密度低、黏度低,受重力超覆的作用,在注入井和采出井之间易形成优势通道,所以易造成采出井过早气窜,从而使最终采收率降低。泡沫是一种气液两相体系,在地层中流动时可产生贾敏效应,能够封堵高渗通道,抑制气窜过早发生,调整注入井吸水剖面等,在缝洞型碳酸盐岩油藏开发后期具有极大的应用潜力。

针对塔河油田缝洞型油藏高温、高盐、无剪切等苛刻储层条件,围绕缝洞型碳酸盐岩油藏泡沫辅助氮气驱技术,研发稳定性强的微分散凝胶泡沫体系,并评价其性能;针对缝洞型油藏储渗结构复杂的特点,系统建立一维、二维、三维物理模型,以物理模拟为主要手段,结合动态分析和理论研究,研究微分散凝胶泡沫的作用机理、技术适应性并优化工艺参数;通过开展微分散凝胶泡沫矿场先导试验,系统揭示微分散凝胶泡沫改善氮气驱效果,为塔河油田注气高效开发提供技术支持。

第一节　缝洞型油藏耐温耐盐泡沫体系

泡沫抑制气窜应用于塔河油田缝洞型碳酸盐岩油藏的基础是研发出耐高温、耐高盐、稳定性强的新型泡沫体系,该体系应适应油藏温度高于 120 ℃、地层水矿化度大于 22×10^4 mg/L、地下不存在提供剪切发泡作用的多孔介质等苛刻储层条件。泡沫体系由起泡剂和稳泡剂构成。本节从缝洞型油藏实际条件出发,优选、复配形成适用于缝洞型油藏的起泡剂,合成改性 MoS_2 纳米片和凝胶大分子聚集体两种纳米材料,并分别将它们作为泡沫稳定剂,形成泡沫体系;对泡沫体系开展性能评价,明确微分散凝胶泡沫具有耐温、耐盐、耐油、高弹性、稳定性强等特点,以适应缝洞型油藏的苛刻储层条件。

缝洞型油藏的储层特点是裂缝、溶洞和溶蚀孔洞发育,非均质性极强,泡沫在油藏中运移时消泡后难以再起泡,因此采用地面高压发泡的施工方式时,泡沫的稳定性最为重要。仅依靠抗温、抗盐起泡剂复配体系所形成的泡沫难以适应温度 120 ℃和矿化度 22×10^4 mg/L 的苛刻油藏条件,需要引入泡沫稳定剂来提高泡沫的稳定性。现有文献报道中,增强泡沫稳定性一般通过提高泡沫液膜的黏度和液膜弹性来实现,常见的泡沫稳定剂有部分水解聚丙烯酰胺(HPAM)、植物蛋白、凝胶和纳米颗粒等。但是上述材料提高泡沫在高温、高盐环境中的稳定性效果有限,难以实现在 120 ℃高温和 $22×10^4$ mg/L 高盐条件下稳定 6 个月以上的油藏应用要求。

基于 MoS_2 改性的纳米片状材料和纳米级凝胶大分子聚集体分别作为泡沫稳定剂与阴-非/阴离子起泡剂体系复合,在高速剪切作用下可形成稳定的泡沫。改性 MoS_2 纳米片状材料主要通过吸附在气-液表面上形成吸附层而增强液膜强度,起到提高泡沫稳定性的作用;纳米级凝胶大分子聚集体主要通过自由基交联反应后高速剪切分散制备获得,其在泡沫的液膜上致密排布、相互交联,形成空间稳定结构。

一、改性 MoS_2 强化泡沫静态性能评价

1. 改性 MoS_2 微观表征

改性 MoS_2 的微观结构如图 4-1-1 所示。由图 4-1-1(a)可知,制备的改性 MoS_2 是一种具有纳米级尺度的片状材料,横向尺寸大约为 98 nm;由片状结构的边缘呈卷曲状可知,改性 MoS_2 具有一定的柔软性。图 4-1-1(b)所示为改性 MoS_2 的 TEM 图像,从图中可以明显看出改性 MoS_2 的片状结构,片与片之间的距离为 0.69 nm。图 4-1-1(c)所示为改性 MoS_2 的原子力显微镜图像,图中 A,B 和 C 位置处纳米片的厚度如图 4-1-1(d)所示,改性 MoS_2 的平均层厚度为 3 nm。

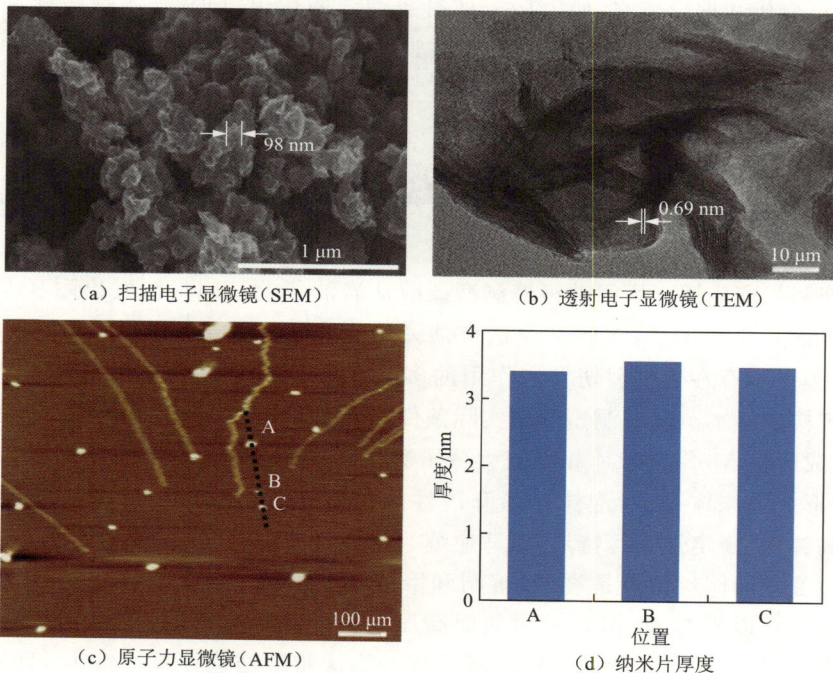

（a）扫描电子显微镜（SEM）　　（b）透射电子显微镜（TEM）

（c）原子力显微镜（AFM）　　（d）纳米片厚度

图 4-1-1　改性 MoS_2 的微观结构

为了验证 MoS_2 改性成功,利用傅里叶红外光谱仪分析了 MoS_2 和 $CTAB\text{-}MoS_2$ 的表面化学官能团,如图 4-1-2 所示。从图中可以看出,$CTAB\text{-}MoS_2$ 的红外光谱图中在 $2\ 911\ cm^{-1}$ 和 $2\ 845\ cm^{-1}$ 位置处有明显峰,这是由烷基链中的—CH_2 的不对称和对称振动造成的。另外,MoS_2 和 $CTAB\text{-}MoS_2$ 的红外光谱图中,$1\ 464\ cm^{-1}$ 处的峰是由 C—N 键拉伸所致。以上 3 个峰在 $CTAB\text{-}MoS_2$ 红外光谱图中的出现证明了 CTAB 分子被成功地接在了 MoS_2 纳米片表面上。MoS_2 纳米片表面存在很多缺陷或者"坏点",这些"坏点"由于化学键不饱和而极其不稳定,当与 CTAB 分子碰撞时,CTAB 分子被吸附在"坏点"上,从而使得 MoS_2 纳米片改性成功。同时,$915\ cm^{-1}$ 和 $766\ cm^{-1}$ 两处峰的形成是由 MoS_2 纳米片表面 Mo —O 和 Mo—S 键的振动造成的。

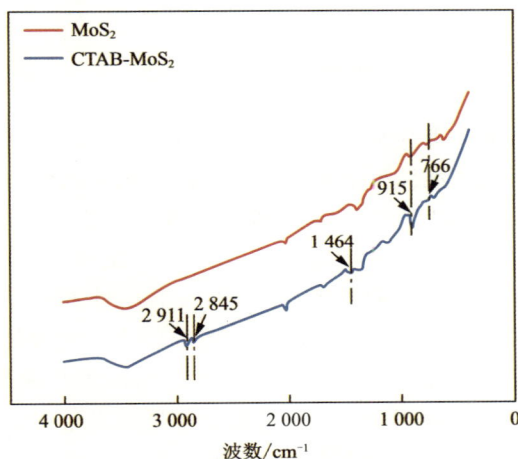

图 4-1-2　MoS_2 和 $CTAB\text{-}MoS_2$ 的傅里叶红外光谱图

2. 改性 MoS_2 质量浓度对泡沫稳定性的影响

改性 MoS_2 质量浓度对泡沫稳定性的影响如图 4-1-3(a)所示。当改性 MoS_2 质量浓度小于 $50\ mg/L$ 时,随着改性 MoS_2 质量浓度的增加,泡沫的析液半衰期逐渐延长;当改性 MoS_2 质量浓度大于 $50\ mg/L$ 时,随着改性 MoS_2 质量浓度的增加,泡沫的析液半衰期逐渐降低;当改性 MoS_2 质量浓度为 $50\ mg/L$ 时,泡沫稳定性最佳。改性 MoS_2 具有亲油-亲水的双亲性质,其与 S-16 和 S-12 表面活性剂分子可产生协同增效作用,吸附在气-液表面上,形成固体吸附层,提高液膜强度,增强泡沫稳定性;当改性 MoS_2 质量浓度过高时,过量的改性 MoS_2 在液膜上发生聚集沉降,促进液膜排液,不利于泡沫稳定。图 4-1-3(b)所示为改性 MoS_2 质量浓度为 $50\ mg/L$ 时改性 MoS_2 吸附在泡沫上形成的 Plateau 区域,当液膜在重力作用下逐渐变薄时,液膜中的改性 MoS_2 质量浓度降低,而 Plateau 区域含有较高质量浓度的改性 MoS_2,改性 MoS_2 会自发地从 Plateau 区扩散、吸附至液膜表面,形成新的改性 MoS_2 吸附层,对泡沫稳定性有提升作用。综上所述,改性 MoS_2 的最优质量浓度为 $50\ mg/L$。

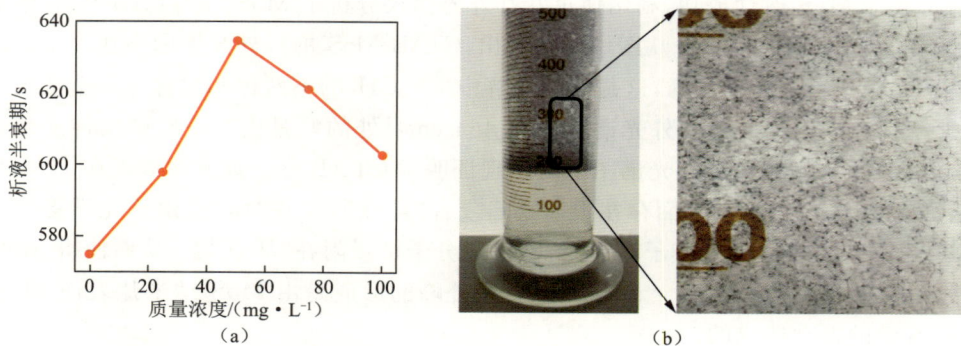

图 4-1-3 改性 MoS_2 质量浓度对泡沫稳定性的影响

3. 改性 MoS_2 强化泡沫的耐盐性

矿化度对改性 MoS_2 强化泡沫稳定性的影响如图 4-1-4 所示。S-16 和 S-12 的复配体系中加入改性 MoS_2 后形成的泡沫析液半衰期明显高于未加改性 MoS_2 的泡沫体系。这进一步证明了具有亲油-亲水性的改性 MoS_2 纳米材料可以在液膜表面形成固体吸附层,提高液膜抵抗阴/阳离子不利作用的能力,从而提高泡沫的稳定性。当矿化度在 $0\sim50$ g/L 之间时,金属阳离子压缩表面活性剂的双电层,增加表面活性剂分子在气-液表面上的吸附量,该行为与改性 MoS_2 共同作用,使泡沫稳定性随着矿化度的增加而升高;当矿化度超过 50 g/L 后,由于表面静电斥力作用削弱,少部分改性 MoS_2 发生团聚,破坏液膜结构,降低泡沫稳定性。加入改性 MoS_2 后,S-16 和 S-12 复合体系的发泡能力有所提高,这是因为改性 MoS_2 具有两亲性,与 S-16 和 S-12 复配后,会进一步降低体系的界面张力和表面张力,从而获得更好的起泡效果。

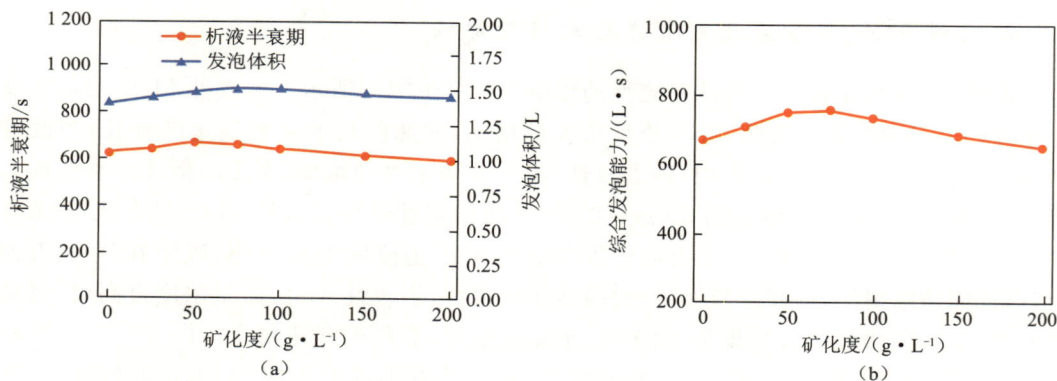

图 4-1-4 配液用水矿化度对泡沫稳定性的影响

图 4-1-4(b)所示为加入改性 MoS_2 后,S-16 和 S-12 复配体系的综合发泡能力随矿化度的变化曲线。由图可以看出,复合体系的综合发泡能力在矿化度为 $50\sim100$ g/L 时较大;当矿化度低于 50 g/L 时,随着矿化度的增加,复合体系的综合发泡能力逐渐增大;当矿化度高于 100 g/L 后,随着矿化度的增加,复合体系的综合发泡能力逐渐减小。此外,加入

改性 MoS_2 的发泡体系的综合发泡能力大于未加改性 MoS_2 的发泡体系，改性 MoS_2 能够提高发泡体积和泡沫稳定性，但改性 MoS_2 强化泡沫体系的稳定性还不能满足缝洞型油藏的应用要求。

改性 MoS_2 强化泡沫在砂岩油藏中有巨大的应用潜力。改性 MoS_2 强化泡沫在液膜破裂后会使析出的改性 MoS_2 分散于水相中，改性 MoS_2 的纳米级片状结构使其具有极强的渗透能力，可以发挥纳米片状材料在多孔介质中的驱油优势；同时，泡沫作为携带剂可将改性 MoS_2 带入油藏高部位，利用纳米片状材料的驱油能力进行油藏高部位剩余油挖潜。

二、凝胶大分子聚集体的合成机理

凝胶大分子聚集体作为泡沫稳定剂，其合成反应机理如图 4-1-5 所示。

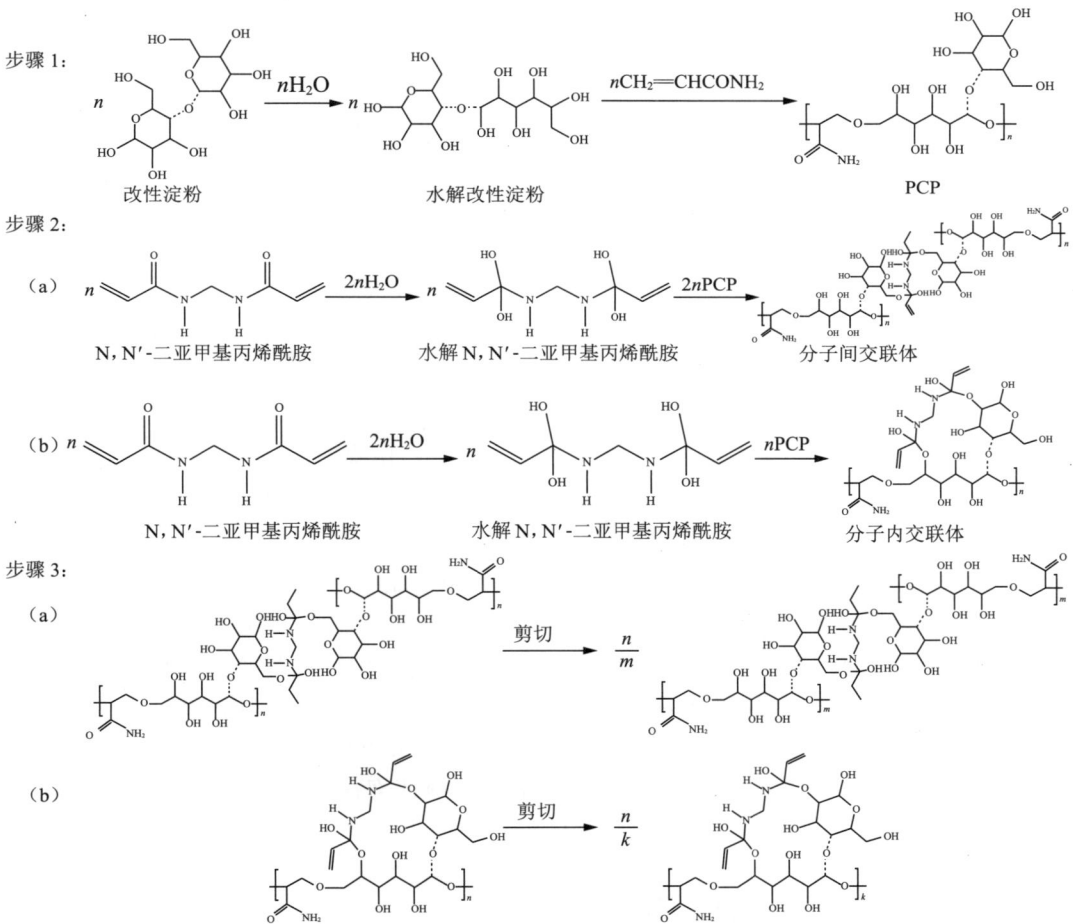

图 4-1-5　凝胶大分子聚集体的合成反应过程

步骤 1：α-淀粉六元环中的醚键断裂，α-淀粉分子水解生成两个羟基，水解后的 α-淀粉与丙烯酰胺单体在引发剂的作用下发生聚合反应，生成高分子聚合产物 PCP。

步骤 2：N,N′-二亚甲基丙烯酰胺分子的羰基水解生成羟基,PCP 与水解生成的羟基发生脱水缩合反应,生成交联官能团,这种官能团可以在分子间和分子内同时生成。分子间交联的反应生成物为分子间交联体,其分子结构如图 4-1-6 所示;分子内交联的反应生成物为分子内交联体,其分子结构如图 4-1-7 所示。

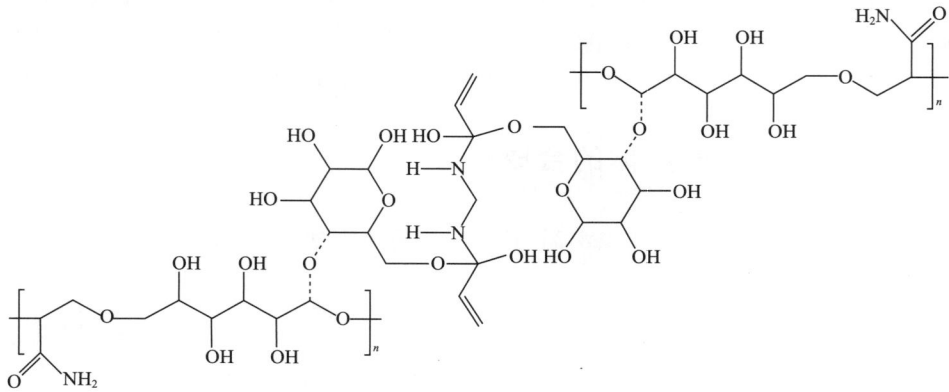

图 4-1-6　分子间交联体

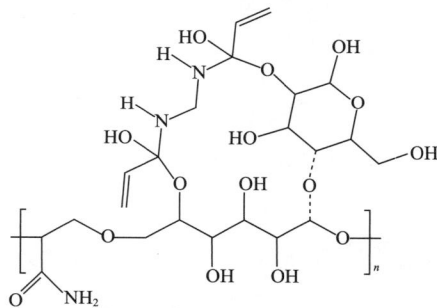

图 4-1-7　分子内交联体

步骤 3：在高速机械剪切应力作用下,分子间交联体和分子内交联体的链长均会缩短或断裂,促进分子团聚,形成凝胶大分子团聚体。结合 SEM 表征,这种凝胶大分子团聚体具有纳米级尺寸且呈较规则的球状,可命名为微分散凝胶颗粒或凝胶分散体。凝胶大分子团聚体上大量暴露的羟基使其易在温度或引发剂的作用下发生二次交联,若二次交联在已形成泡沫的液膜上进行,则会使液膜表面形成整体结构并表现出凝胶的流变性质,这可以极大地提升泡沫稳定性和抗苛刻条件的能力。即使泡沫中的气相窜逸,液膜的整体凝胶表面结构也会维持泡沫骨架长期稳定存在。

三、微分散凝胶泡沫的微观表征

微分散凝胶泡沫的微观形貌及单一气泡的表面结构如图 4-1-8 所示。

由图 4-1-8(a)可知,微分散凝胶泡沫在整体上分散均匀,各气泡相对独立,单一气泡的液膜与其他气泡液膜之间存在空间距离,分散气泡的平均直径为 50 μm。

图 4-1-8(b)所示为微分散凝胶泡沫聚集区域的放大图。可以看出,3 个气泡的液膜围成 Plateau 交界区,当液膜在重力作用下逐渐变薄时,液膜中的起泡剂浓度降低,而 Plateau 区含有较高浓度的起泡剂,起泡剂分子会自发从 Plateau 区扩散至液膜表面,补充液膜中的起泡剂,对泡沫稳定性有提升作用。此外,施加于液膜表面的外力都会作用于 Plateau 区,由于弯曲液面两边的渗透压差和液膜黏弹性,Plateau 交界区的结构会发生改变,这不利于泡沫的稳定。微分散凝胶泡沫的液膜厚度达到 5 μm,按照单一气泡的平均半径为 25 μm 计算,液膜的厚度占单一气泡尺寸的 1/5,这使得泡沫对弯曲界面两侧渗透压的影响不敏感,从而形成稳定性较强的泡沫。

图 4-1-8(c)所示为泡沫液膜表面分布的微分散凝胶颗粒的微观图像。微分散凝胶颗粒的平均直径约为 30 nm,相互之间呈均匀阵列分布。纳米级凝胶大分子聚集体之间可通过暴露的羟基相互交联,在液膜表面形成致密的胶膜。致密的胶膜能够阻止气相扩散,阻碍由重力引起的液膜变薄。图 4-1-8(d)所示为微分散凝胶泡沫的单一气泡示意图,其主要特征是纳米尺度的凝胶微粒均匀分布在液膜表面,相互交联形成整体胶膜。这种特征有利于微分散凝胶泡沫在高温、高盐、油相环境中保持长期稳定。

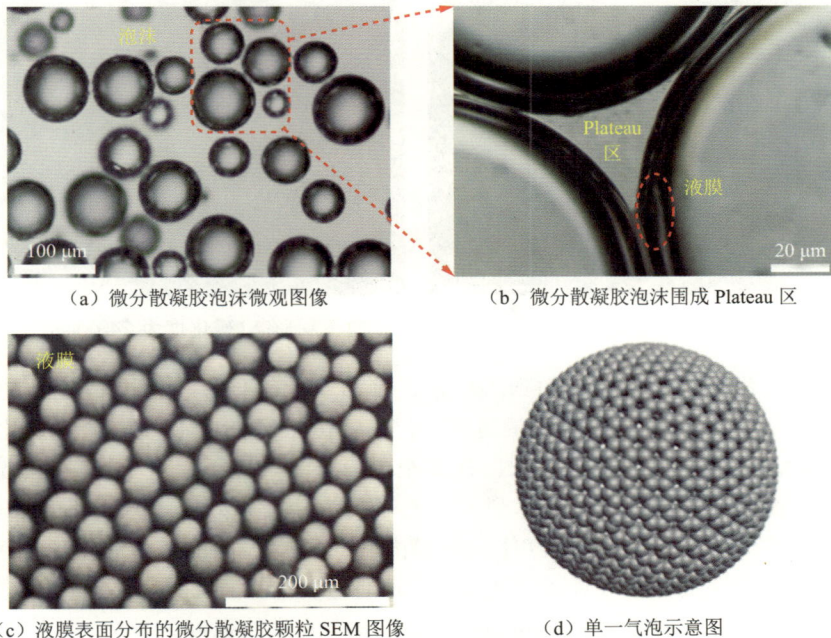

(a) 微分散凝胶泡沫微观图像   (b) 微分散凝胶泡沫围成 Plateau 区

(c) 液膜表面分布的微分散凝胶颗粒 SEM 图像   (d) 单一气泡示意图

图 4-1-8 微分散凝胶泡沫微观形态

四、微分散凝胶泡沫的静态性能评价

1. 泡沫体系的耐盐性能

高矿化度盐水所形成泡沫体系的微观形态如图 4-1-9 和图 4-1-10(a)所示。从图中可以看出,微分散凝胶泡沫能够在 240 g/L 高矿化度下保持稳定的泡沫液膜结构。泡沫体积、泡沫稳定性(泡沫静置消泡过程中泡沫体积变为 90% 时所需时间 T_{90})与矿化度的关系曲线如图 4-1-10(c)所示。从图中可以看出,当配液水矿化度在 0~24 g/L 之间时,起泡体积由 460 mL 缓慢下降至 450 mL。已有研究表明,配液水矿化度对泡沫的稳定性存在双重影响,即提高泡沫稳定性和降低泡沫稳定性。

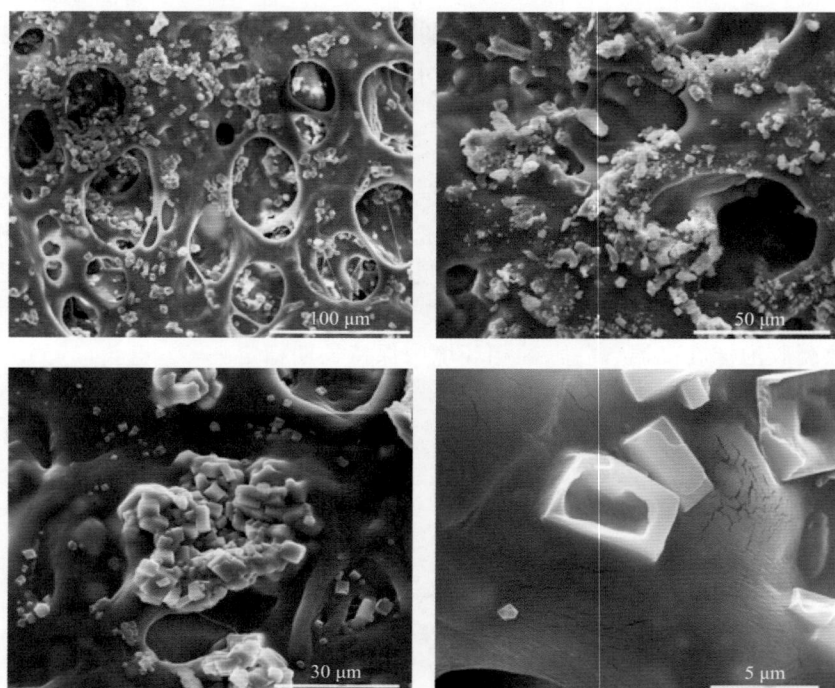

图 4-1-9　高矿化度盐水所形成泡沫体系的微观形态(矿化度为 240 g/L)

当配液水矿化度从 0 g/L 增加到 140 g/L 时,T_{90} 略有下降,这可能是由于电解质的存在阻碍了起泡剂(S-12 和 S-16)分子的运动,导致吉布斯-马朗戈尼效应随着矿化度的增加而减弱;随着配液水矿化度从 140 g/L 升高至 240 g/L,T_{90} 缓慢升高,泡沫稳定性增强。当配液水矿化度为 240 g/L 时,T_{90} 达到 395 d,表现为盐增强效应。分析可知,电解质和高离子强度产生空间位阻效应,阻碍气体从液膜内表面向外表面的扩散;起泡剂溶液中的阳离子会压缩表面活性剂分子表面的双电层,从而削弱表面活性剂分子之间的静电斥力,使得表面活性剂分子在液膜上致密排布,从而提高泡沫液膜的强度。此外,凝胶大分子聚集体在液膜表面致密排布会压缩阳离子的运动空间,这有利于电解质产生空间位阻效应,进一步抑制气体从液膜内表面向外表面扩散。

与将微分散凝胶颗粒作为泡沫稳定剂的起泡体系相比,仅以起泡剂复配体系形成的泡沫起泡能力好但稳定性差,微分散凝胶颗粒的存在极大地提高了泡沫的耐盐能力。

2. 泡沫体系的耐温性能

泡沫体系的耐温能力通常取决于起泡剂和泡沫稳定剂的共同作用。微分散凝胶泡沫的耐温性主要由微分散凝胶颗粒的耐温性决定,即使泡沫中的气相在高温条件下扩散,液膜的整体凝胶表面结构也会维持泡沫骨架长期稳定存在。图 4-1-10(b)所示为微分散凝胶泡沫的 2 个尺寸不同的气泡在 120 ℃高温聚并瞬间的 SEM 图像。根据 Laplace 方程,大小尺寸气泡聚并时,若小尺寸气泡的渗透压高于大尺寸气泡的渗透压,则气体会从小气泡向大气泡扩散,表现为小气泡逐渐变小直至消失,大气泡体积逐渐增大。温度越高,气体分子的热运动越剧烈,大小气泡聚并的现象越严重,但是微分散凝胶泡沫的凝胶大分子聚集体赋存在液膜表面,使得液膜厚度增加,相邻的大小气泡不易聚并。

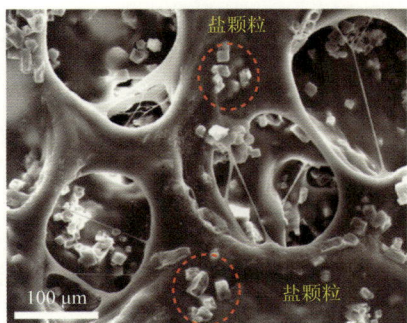

（a）240 g/L 矿化度下微分散凝胶泡沫 SEM 图像

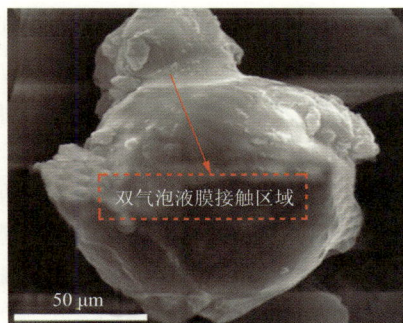

（b）120 ℃条件下双气泡聚并 SEM 图像

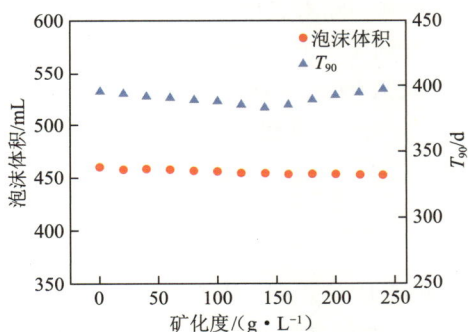

（c）泡沫体积、T_{90} 与矿化度变化的关系

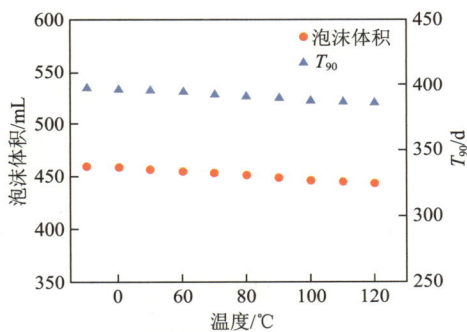

（d）泡沫体积、T_{90} 与温度变化的关系

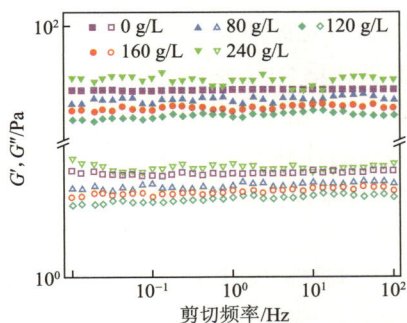

（e）不同矿化度下泡沫储能模量 G'、损耗模量 G''
与剪切频率的关系

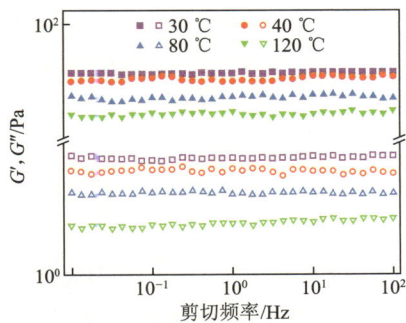

（f）不同温度下泡沫储能模量 G'、损耗模量 G''
与剪切频率的关系

图 4-1-10　微分散凝胶泡沫性能评价结果

(e)和(f)中实心图例代表 G',空心图例代表 G''

由图 4-1-10(d)可知,随着温度从 30 ℃ 逐渐升高至 120 ℃,泡沫体积和 T_{90} 均略有降低,起泡体积从 460 mL 缓慢降至 440 mL,T_{90} 从 390 d 缓慢降至 380 d。分析可知,微分散凝胶颗粒是高分子凝胶分散体,分子中存在耐高温性能较强的多元环刚性结构,分子内交联和分子间交联的双重交联模式形成较大的空间位阻,抑制酰胺基团的水解,极大地提升热稳定性。

3. 泡沫体系的流变性

微分散凝胶泡沫的流变性评价结果如图 4-1-10(e)和图 4-1-10(f)所示。G' 和 G'' 分别表示储能模量和损耗模量,G' 和 G'' 随剪切频率的变化在 0.01～100 Hz 之间基本保持恒定,且 G' 远高于 G'',这表明微分散凝胶泡沫的液膜具有较高的弹性。

图 4-1-10(e)所示为配液水矿化度对泡沫剪切流变性的影响。随着配液水矿化度从 0 g/L 升至 120 g/L,G' 和 G'' 逐渐降低;随着配液水矿化度从 160 g/L 升至 240 g/L,G' 和 G'' 又逐渐升高。G' 和 G'' 的变化趋势转变点在配液水矿化度 120～160 g/L 之间,这表明大量的电解质和金属阳离子的存在增大了微分散凝胶泡沫的黏弹性,从而提高了泡沫的稳定性。该结果与图 4-1-10(c)中随着配液水矿化度从 140 g/L 升至 240 g/L,T_{90} 呈现逐渐升高的趋势是一致的。

图 4-1-10(f)所示为温度对泡沫剪切流变性的影响。随着温度从 30 ℃ 升高到 120 ℃,G' 和 G'' 分别从 44 Pa 降低到 24 Pa 和从 3.9 Pa 降低到 1.8 Pa。即使在 100 Hz 的高剪切频率下,黏弹性仍然可以保持稳定,这说明微分散凝胶泡沫体系具有非常强的流变稳定性。微分散凝胶颗粒的紧密堆积和互相交联在液膜表面形成较稳定的三维聚集结构,表现为较好的黏弹性。

4. 泡沫体系的耐油性能

微分散凝胶泡沫的耐油性能评价结果如图 4-1-11 所示。图 4-1-11(a)和(b)所示为原油与微分散凝胶泡沫共同赋存形态及微观分布形态,微分散凝胶颗粒在泡沫液膜表面形成整体胶面。由泡沫耐油性能评价结果可知,液膜厚度达到 5 μm,按照单一气泡的平均半径为 25 μm 计算,液膜的厚度占单一气泡尺寸的 1/5,这可对原油起到隔离作用,减小原油对表面活性剂分子亲油基团的引力,控制油相环境中表面活性剂分子从气-液表面的逃逸速度,维持液膜稳定,从而提高泡沫的耐油性。图 4-1-11(c)给出了泡沫体积、T_{90} 与原油含量的关系曲线。随着原油含量从 0 逐渐升高至 50%,泡沫体积从 460 mL 逐渐下降至 420 mL,T_{90} 从 390 d 逐渐缩短至 320 d,原油的存在对泡沫体系的起泡性能和稳定性能影响较大。与现有文献报道相比,微分散凝胶颗粒对泡沫的耐油性有显著提高。分析可知,当原油与泡沫体系共同赋存时,由于表面活性剂分子含有亲油基团,所以表面活性剂分子优先吸附在油-水界面上,而不是气-水表面上,这使得气-水表面上表面活性剂分子浓度降低,无法维持气泡稳定,导致泡沫的稳定性降低。然而,微分散凝胶颗粒不仅可增强液膜强度,而且其致密的空间结构可阻碍表面活性剂分子向油-水界面的移动,从而提高泡沫的耐油性能。

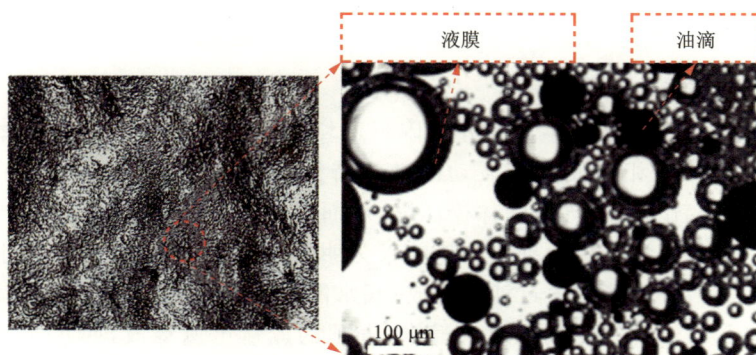

（a）原油与微分散凝胶泡沫共同赋存　（b）原油在微分散凝胶泡沫体系中的微观形态

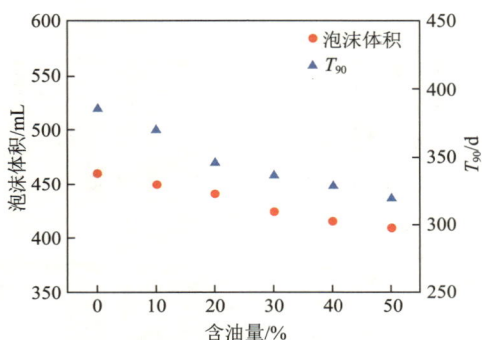

（c）泡沫体积、T_{90} 与含油量的关系

图 4-1-11　微分散凝胶泡沫的耐油性能评价结果

第二节　泡沫辅助氮气驱作用机理

塔河油田缝洞型碳酸盐岩油藏储集体形态多样，非均质性强，按照岩溶背景可分为 3 种典型储集体：表层岩溶带、断溶体和地下暗河。不同岩溶地质条件的储集体发育特征差异很大，导致开发效果差异很大。表层岩溶带储集体的平面展布范围大且连通性好；地下暗河储集体沿河道呈条带状分布，充填程度高；断溶体主要沿断裂展布，储集空间分布在断裂带周围，高角度裂缝发育。本节基于表层岩溶带、断溶体和地下暗河的 petrel 地质模型，将储集空间分别投影在水平和垂直两个方向的平面上，雕刻核心储集空间，制作二维可视化物理模型，研究缝洞岩溶储集体微分散凝胶泡沫辅助氮气驱作用机理。

一、垂直剖面模型泡沫作用机理

1. 表层岩溶带储集体垂直剖面模型

利用表层岩溶带储集体垂直剖面模型开展氮气驱、微分散凝胶泡沫辅助氮气驱实验，分析不同驱替介质的运移特征和波及规律,揭示微分散凝胶泡沫在表层岩溶带储集体垂直剖面模型中的作用机理。

1)氮气驱动态特征分析

图 4-2-1 所示为气体波及生产井井底附近区域时溶洞中的生产井在气体波及溶洞后出现明显的油-气-水三相界面上下波动的动态特征。在溶洞中,气顶与底水能量保持平衡,一旦出现压力变化,就会导致气体受压缩,从而造成连续的压力波动,引起油气界面的上下波动,这一现象在油气界面到达井口前较为明显。底水能量较强时,油水界面上升到井底时会发生水窜,底水能量通过油井释放;底水能量释放后,气顶能量相对增强,从而把油气界面往下压,气体到达井底时发生气窜,气顶的能量迅速释放,底水能量又会推动油带上浮。如此反复,在底水和气顶的协同作用下,油气界面不断波动,从而导致后续多次气窜的发生。

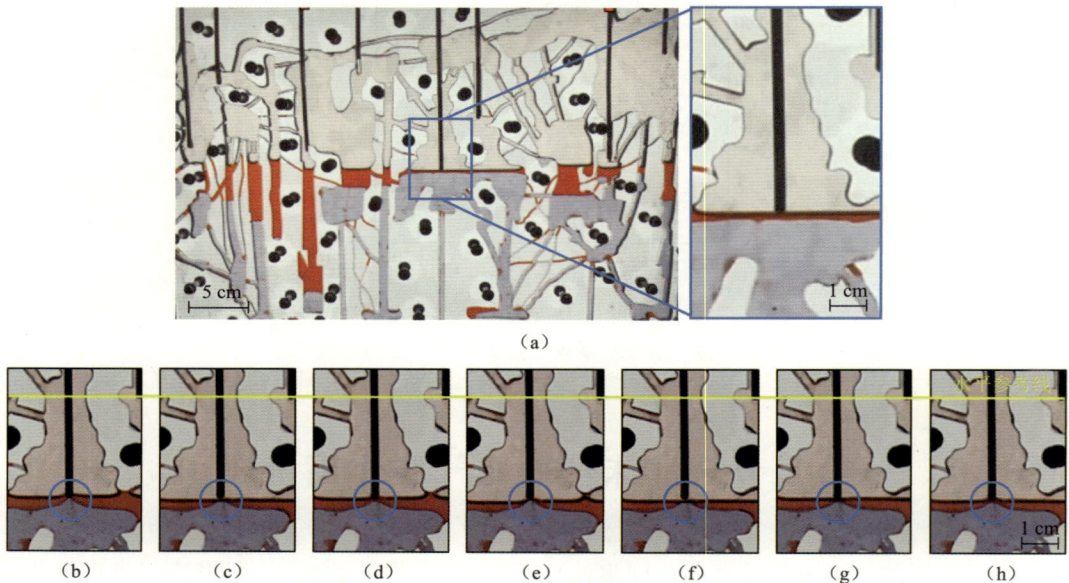

图 4-2-1 生产井井底附近油-气-水三相界面上下波动

从图 4-2-2 中可以看出,在填充的表层岩溶带储集体垂直剖面物理模型中,油气界面并没有维持在相同的水平面上。充填物间孔隙和裂缝的毛管力加剧了储集体的非均质性,油、气、水三相介质受力复杂,使得油气界面的波动比未充填模型更加明显。

表层岩溶带储集体垂直剖面模型氮气驱波及可视化动态过程如图 4-2-3 所示,表层岩溶带储集体平面展布大,纵向上连通性较好,气体注入后由于油、气、水重力分异作用,先上浮至油藏顶部,在水平方向沿着裂缝扩散运移,置换油藏高部位的剩余油,形成较明确的油气界面。随着注入氮气体积的增大,氮气形成气顶,在气顶能量的作用下油气界面下降,与底水的能量博弈过程中油气、油水双界面上下波动,产生协同驱油作用。当一口生产井发生气窜时,油水界面波动加剧,含水率和采液速率随之波动,大量出气的同时伴随着大量出液。氮气驱结束后油藏中的剩余油主要富集在中部和填充介质孔隙中。

图 4-2-2 受充填物影响的油气、油水相界面特征

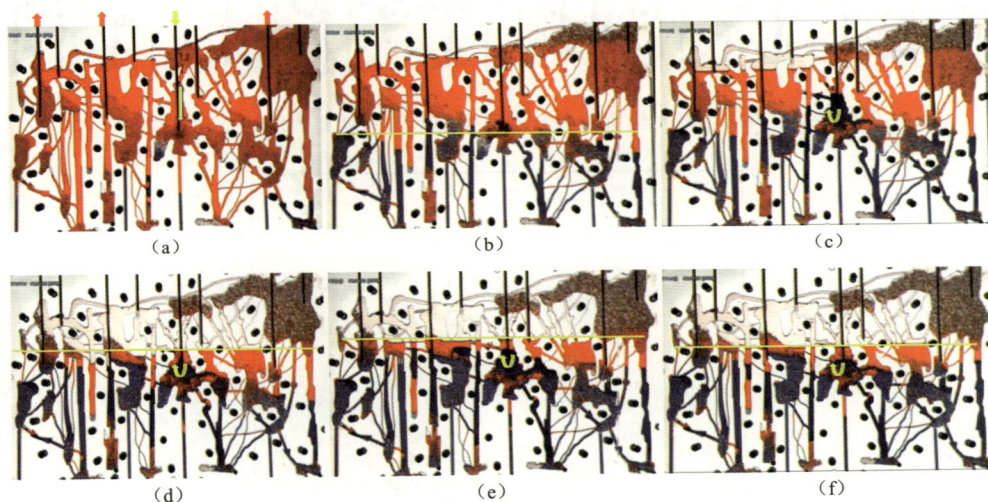

图 4-2-3 表层岩溶带储集体垂直剖面模型氮气驱波及动态特征

2）微分散凝胶泡沫作用效果

图 4-2-4 所示为表层岩溶带储集体垂直剖面模型泡沫辅助氮气驱波及动态特征。微分散凝胶泡沫的密度介于气、油之间，注入后受重力分异作用影响较小，优先在油藏中部位堆积，启动中部位剩余油。随着微分散凝胶泡沫注入量的不断增大，泡沫逐渐占据缝洞体储集空间，均匀进入配位裂缝和溶蚀孔洞中，在运移过程中驱替前缘平稳扩展。在油藏中部位和高部位形成近似"倒锥形"的泡沫堆积腔，能够在水平和垂直两个方向驱替原油。泡沫-油两相流态在驱替过程中保持稳定，使原油平稳向油井流动。

在泡沫段塞后注入氮气，前置的泡沫段塞能够包裹后续注入气，对其产生缓冲作用，增加优势通道的流动阻力，抑制氮气窜逸，迫使后续氮气转向，扩大氮气波及范围，建立新的注采连通关系。图 4-2-5 所示为表层岩溶带储集体垂直剖面模型驱替生产动态。氮气驱（图 4-2-5a）过程中，气体流度大、易压缩，在与底水的协同作用中易受流场变化的影响而发生窜逸，最终采收率为 68%；泡沫辅助氮气驱（图 4-2-5b）过程中，泡沫在油藏中起到调驱的作用，结合泡沫辅助氮气驱波及动态特征可视化过程可知，油藏中部位和高部位剩余油平稳向生产井推进，最终采收率比纯氮气驱高 12%。

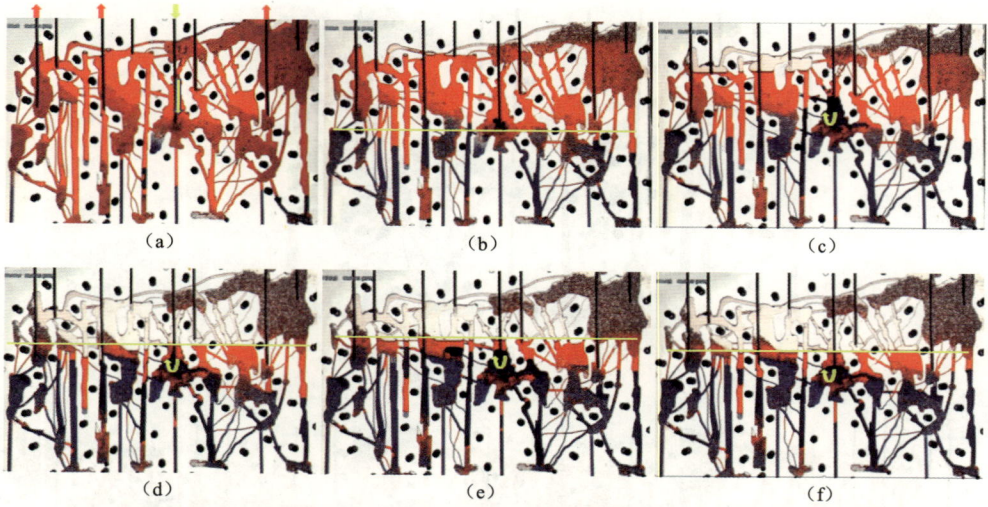

图 4-2-4　表层岩溶带储集体垂直剖面模型泡沫辅助氮气驱波及动态特征

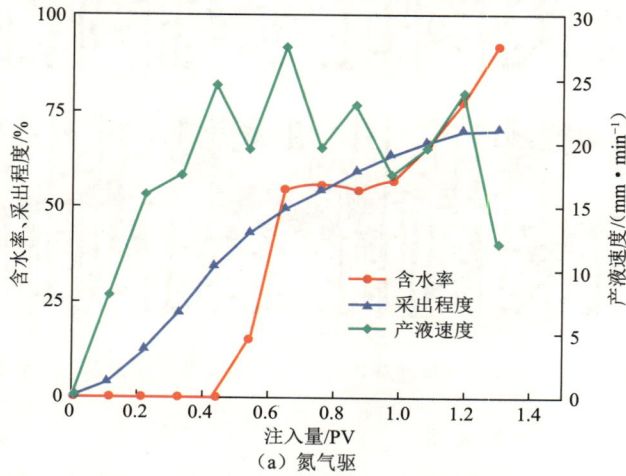

（a）氮气驱

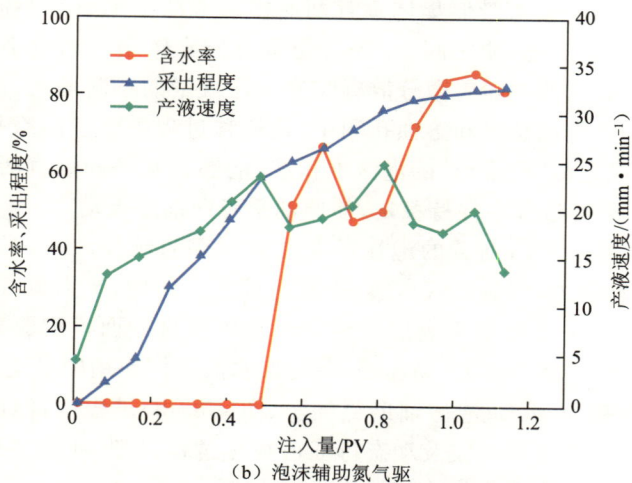

（b）泡沫辅助氮气驱

图 4-2-5　表层岩溶带储集体垂直剖面模型驱替生产动态

2. 断溶体垂直剖面模型

利用断溶体垂直剖面模型开展氮气驱、微分散凝胶泡沫辅助氮气驱实验,分析不同驱替介质的运移特征和波及规律,揭示微分散凝胶泡沫在断溶体垂直剖面模型中的作用机理。

1) 氮气驱动态特征分析

图 4-2-6 所示为断溶体垂直剖面模型氮气驱波及动态特征。由于断裂带呈横向延伸发育,整体的连通性较好,靠近断裂带注气导致气体直接进入断裂带,氮气由于重力分异作用逐渐在油藏顶部形成气顶,置换高部位剩余油。同时,随着氮气的持续注入,氮气沿断裂带窜逸并在生产井发生气窜,导致断裂带远端波及程度低,驱油效率较低。氮气驱后剩余油富集于井间和断裂带周围储量较大的缝洞体中,呈片状离散化分布。

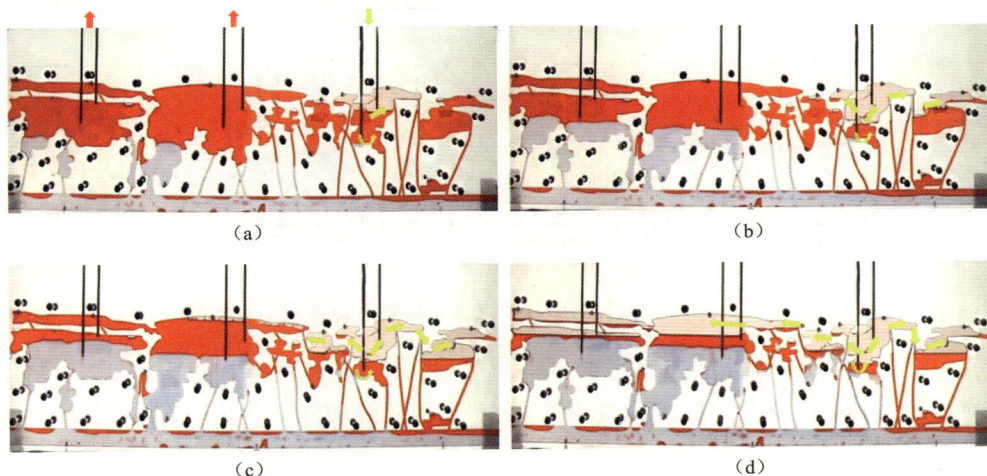

图 4-2-6　断溶体垂直剖面模型氮气驱波及动态特征

2) 微分散凝胶泡沫作用效果

断溶体垂直剖面模型泡沫辅助氮气驱波及动态特征如图 4-2-7 所示。微分散凝胶泡沫注入油藏后在注入井底附近堆积,不断聚集并逐渐占据井底附近缝洞体,置换水驱后剩余油;同时,由于泡沫不易扩散且密度大于纯氮气的密度,所以它具有较强的压水锥能力。断溶体岩溶背景的储集体通常以高角度裂缝连通底水。由图 4-2-7(c)和图 4-2-7(d)可见,泡沫能够通过与底水空间连通的高角度裂缝将剩余油压回底水空间,同时部分泡沫还会侵入底水空间,这说明泡沫可以控制该类油藏由底水快速锥进导致的暴性水淹。

此外,微分散凝胶泡沫沿断裂面平稳推进,逐步波及多个断裂面,提高优势通道的流动阻力,从而有效封堵高导流通道,控制气体的流动速度,为后续注入氮气提供进入优势断裂面两侧缝洞体的机会,扩大波及范围。图 4-2-8 所示为断溶体垂直剖面模型驱替生产动态。氮气驱(图 4-2-8a)过程中,气体易沿断裂面发生窜逸,注入 1.65 PV 氮气时所有生产井都发生气窜,最终采收率为 62%;泡沫辅助氮气驱(图 4-2-8b)过程中,泡沫进入断裂

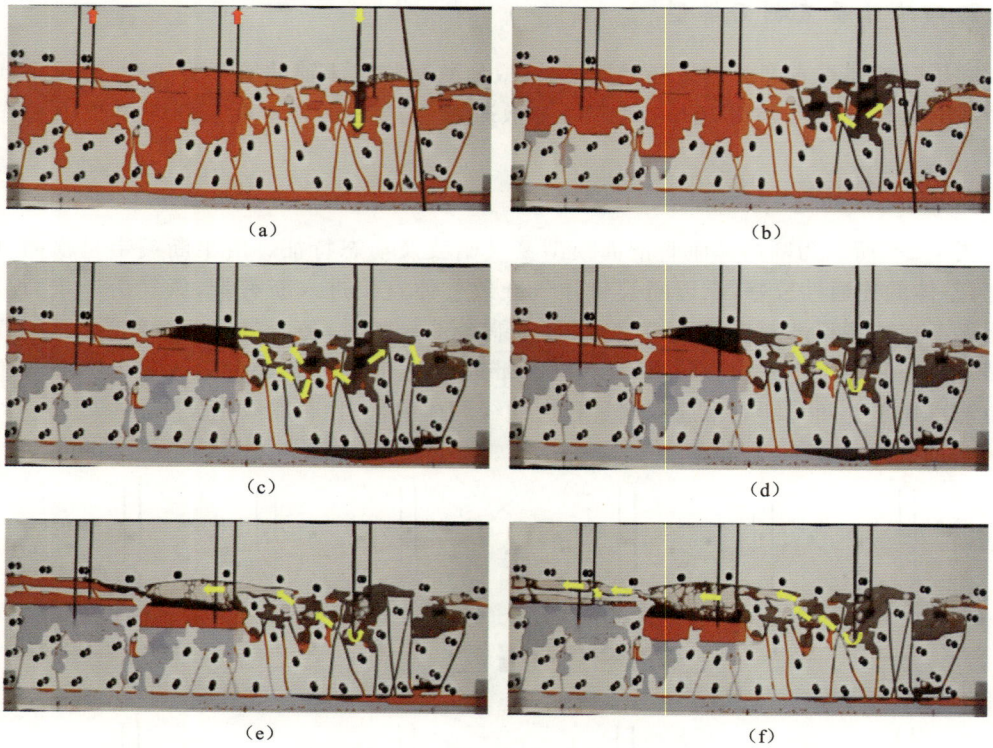

图 4-2-7　断溶体垂直剖面模型泡沫辅助氮气驱波及动态特征

面后,提高了后续氮气沿断裂面窜逸的流动阻力,提高了氮气的垂向波及能力,气窜时注入介质注入量达到 2.5 PV,比纯氮气驱高 0.85 PV,起到增注的作用,最终采收率比纯氮气驱高约 15%。

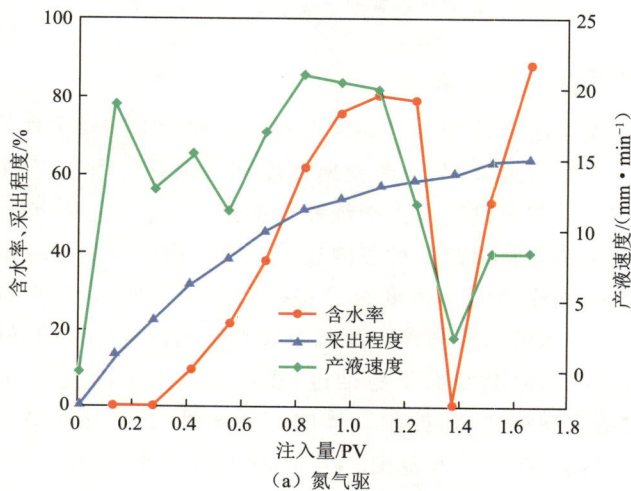

（a）氮气驱

图 4-2-8　断溶体垂直剖面模型驱替生产动态

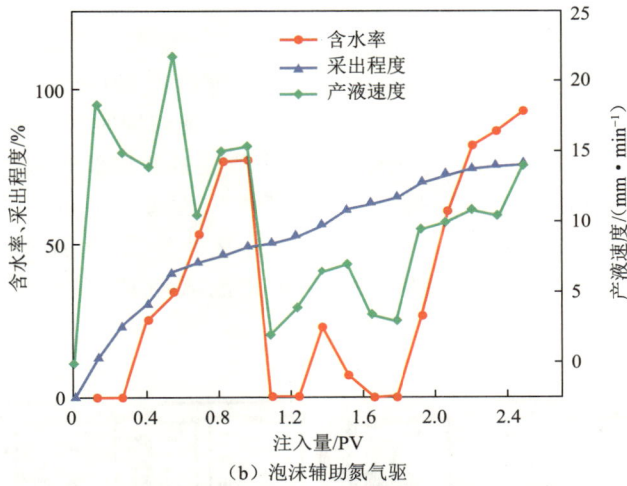

（b）泡沫辅助氮气驱

图 4-2-8（续）　断溶体垂直剖面模型驱替生产动态

3. 地下暗河储集体垂直剖面模型

利用地下暗河储集体垂直剖面模型开展氮气驱、微分散凝胶泡沫辅助氮气驱实验，分析不同驱替介质的运移特征和波及规律，揭示微分散凝胶泡沫在地下暗河储集体垂直剖面模型中的作用机理。

1）氮气驱动态特征分析

地下暗河储集体垂直剖面模型氮气驱波及动态特征如图 4-2-9 所示。模型内存在深、浅双层河道，受重力分异作用影响，底水沿着高角度裂缝进入深层河道，在河道内水平铺展置换原油；注入气则沿高角度裂缝向上运移，聚集在浅层河道上部，随着注入气的增多，在浅层河道逐渐形成气顶，启动高部位剩余油。由于高角度裂缝的存在，气顶的向下作用力和底水的向上作用力易于传递，在深、浅双层暗河储集体中的油水界面出现上下波动，油水界面的不断波动会造成流场的扰动，使暗河储集体中的油在气水协同作用下被置换出来。当生产井见水后，形成优势窜流流场，一些连通程度差的溶洞或者盲端洞中的残余油无法被波及，氮气驱后剩余油分布较离散。

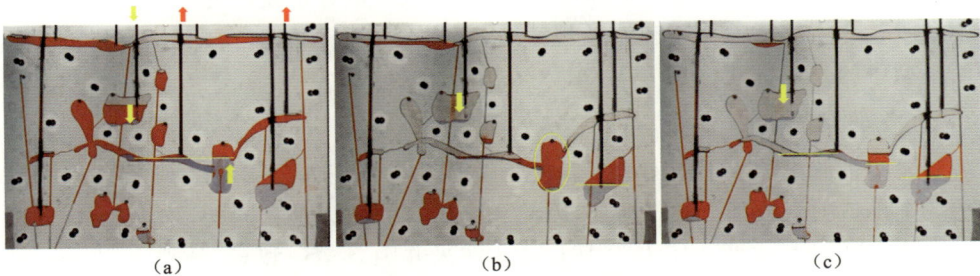

（a）　　　　　　　　　　（b）　　　　　　　　　　（c）

图 4-2-9　地下暗河储集体垂直剖面模型氮气驱波及动态特征

2）微分散凝胶泡沫作用效果

地下暗河储集体垂直剖面模型泡沫辅助氮气驱波及动态特征如图 4-2-10 所示。地下暗河储集体发育复杂，沿河道横向连通性好，纵向连通性差，纯氮气段塞难以进入深层河道，导致波及效率降低。图 4-2-10（e）表明，泡沫注入后能够同时进入深、浅双层河道，在双层河道沿井间压降方向均匀运移，置换纯氮气驱未能波及的深部河道中部位剩余油，且能够启动除盲端剩余油外的绝大部分剩余油。前置泡沫段塞后注氮气，气体首先进入注入井底部溶洞，前置泡沫段塞包裹注入的气体而发挥缓冲作用；随着气体注入量的不断增大，泡沫逐渐运移至次级溶洞和浅层暗河顶部，形成泡沫-气体组合段塞，调整不利的注采剖面，构建空间结构注采关系。

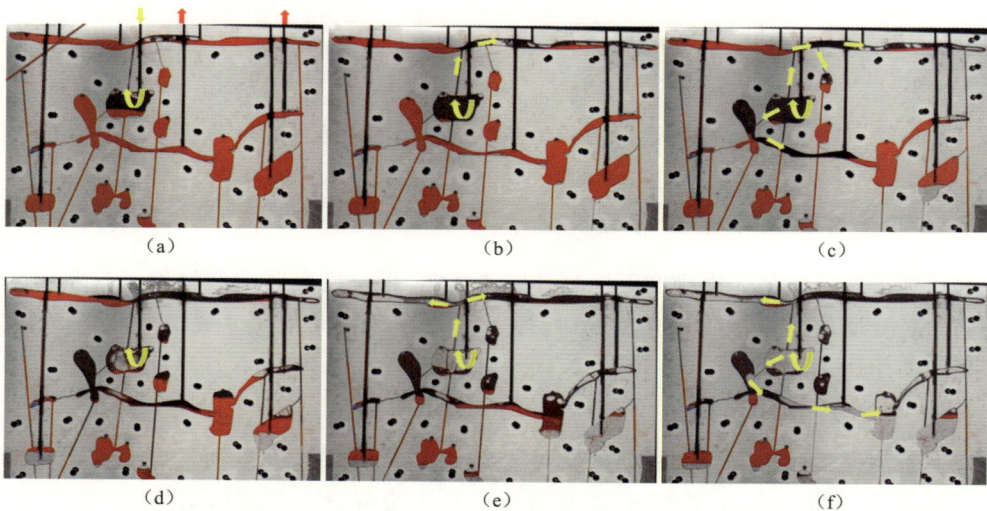

图 4-2-10　地下暗河储集体垂直剖面模型泡沫辅助氮气驱波及动态特征

二、水平剖面模型泡沫作用机理

1. 表层岩溶带储集体水平剖面模型

利用表层岩溶带储集体水平剖面模型开展氮气驱、微分散凝胶泡沫辅助氮气驱实验，分析不同驱替介质的运移特征和波及规律，揭示微分散凝胶泡沫在表层岩溶带储集体水平剖面模型中的作用机理。

1）氮气驱动态特征分析

表层岩溶带储集体水平剖面模型氮气驱波及动态特征如图 4-2-11 所示。3 口模拟生产井的 3 个出口的管线都与大气相连，因此 3 个出口的压力是相同的，均为大气压力。注入井压力为 170 kPa，生产井压力为 101 kPa，注采井距 S_1、S_2 和 S_3 分别为 20 cm，18 cm 和 13 cm（图 4-2-11a），因此 3 个注采方向的压力梯度为：

$$\begin{cases} \mathrm{grad}\ p_1 = \Delta p_1/S_1 = 3.45\ \mathrm{kPa/cm} \\ \mathrm{grad}\ p_2 = \Delta p_2/S_2 = 3.83\ \mathrm{kPa/cm} \\ \mathrm{grad}\ p_3 = \Delta p_3/S_3 = 5.31\ \mathrm{kPa/cm} \end{cases}$$

由上式可知，$\mathrm{grad}\ p_3 > \mathrm{grad}\ p_2 > \mathrm{grad}\ p_1$。图 4-2-11(d)所示为氮气注入后的运移方式：首先沿着大断裂①的方向迁移，然后进入介质断裂②，最后进入小断裂③。压力梯度计算结果和上述分析表明，在氮气运移初期，压力梯度对气体的影响小于缝洞型油藏的连通性，氮气优先波及大尺度裂缝，然后波及迂曲裂缝，而小尺度裂缝由于毛管阻力大，在氮气驱过程中难以波及。图 4-2-11(b)和(c)表明，氮气通过大裂缝到达一个较大的溶洞后，会形成流动优势通道，从而绕过渗流阻力较大的裂缝，使得小裂缝和迂曲度较大的裂缝几乎不能波及，最终形成一条沿着大裂缝和大溶洞到达生产井的气窜通道，结果导致其他区域的原油在后续的驱替中极难被启动。

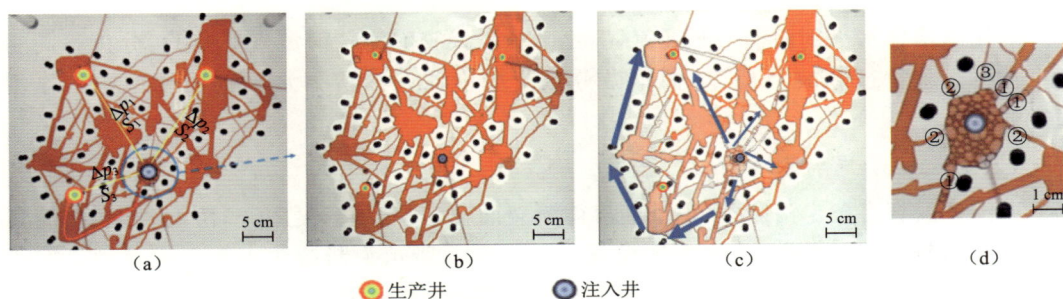

图 4-2-11　表层岩溶带储集体水平剖面模型氮气驱波及动态特征

2) 微分散凝胶泡沫作用效果

表层岩溶带储集体在平面上展布较好，连通程度高，微分散凝胶泡沫注入后在平面上均匀进入与注入井所在溶洞配位的多条裂缝，沿着不同尺度的裂缝持续向四周的缝洞体扩展(图 4-2-12)。泡沫中的表面活性剂具有降低界面张力的效果，因此泡沫可以进入纯氮气驱时未能波及的小尺度裂缝中。泡沫段塞对后续注入的纯氮气段塞可起到较好的包裹与缓冲作用，改变后续气体的运移方向，优化气驱波及前缘，引导气驱均衡波及，起到改善平面非均质性的作用。泡沫辅助氮气驱后剩余油储量较小，主要分布在距离注采井较远的盲端部位，在驱替过程中没有建立生产压差，导致泡沫/氮气绕流。

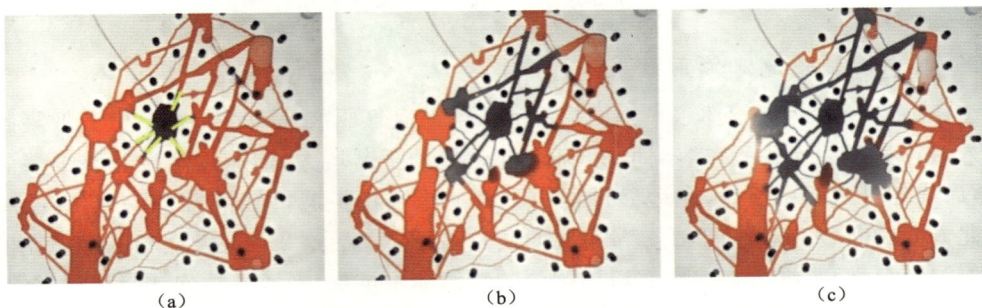

图 4-2-12　表层岩溶带储集体水平剖面模型泡沫辅助氮气驱波及动态特征

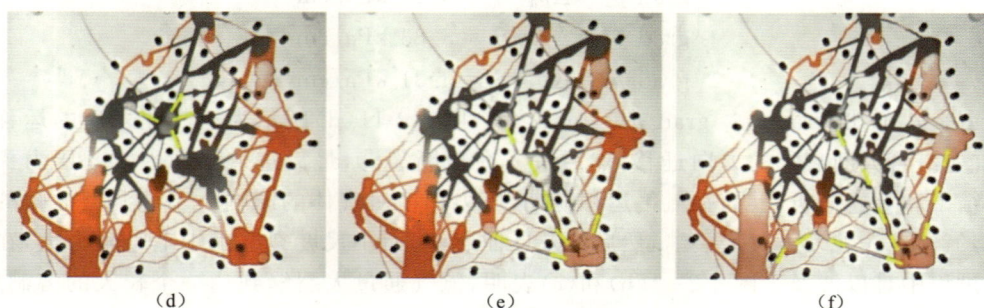

(d)　　　　　　　　　(e)　　　　　　　　　(f)

图 4-2-12(续)　表层岩溶带储集体水平剖面模型泡沫辅助氮气驱波及动态特征

2. 断溶体水平剖面模型

利用断溶体水平剖面模型开展氮气驱、微分散凝胶泡沫辅助氮气驱实验,分析不同驱替介质的运移特征和波及规律,揭示微分散凝胶泡沫在断溶体水平剖面模型中的作用机理。

1) 氮气驱动态特征分析

断溶体发育多条走滑断裂,由于断溶体断裂面较多,断裂开度不一,溶洞、微裂缝储集体主要在断裂面周围发育,非均质性极强。图 4-2-13 所示为断溶体水平剖面模型氮气驱波及动态特征。注氮气阶段,受注采压力梯度的影响,氮气沿西南方向断裂窜逸,而后波及模型中部溶洞,再由与该溶洞连通的断裂进入生产井。气体沿着阻力最小的方向运移,优先波及大尺度断裂,然后波及小断裂,波及路径单一,很容易发生气窜,采出程度较低。

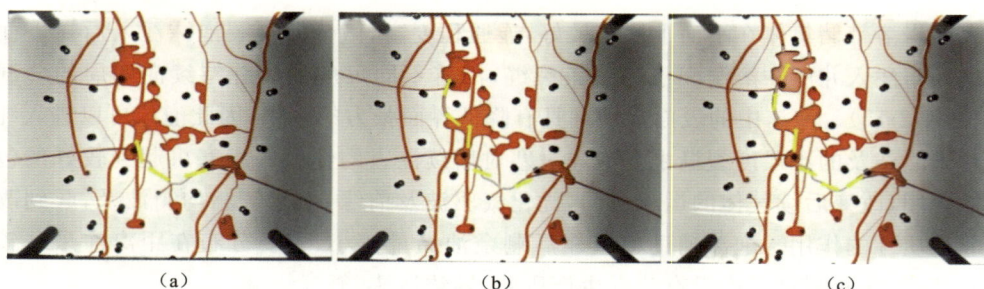

(a)　　　　　　　　　(b)　　　　　　　　　(c)

图 4-2-13　断溶体水平剖面模型氮气驱波及动态特征

2) 微分散凝胶泡沫作用效果

图 4-2-14 所示为断溶体水平剖面模型泡沫辅助氮气驱波及动态特征。微分散凝胶泡沫注入后首先在注入井所在溶洞堆积,随着注入量的不断增大,泡沫逐渐波及整个溶洞空间,随后均匀进入配位断裂,在运移过程中驱替前缘平稳扩展,同时向西南方向的断裂面和东北方向的断裂面运移,形成 2 条主要的波及路径。随后这 2 条波及路径的泡沫在模型中部溶洞汇合堆积,继续在与中部溶洞配位的缝洞体中扩展,形成整体泡沫封堵段塞。

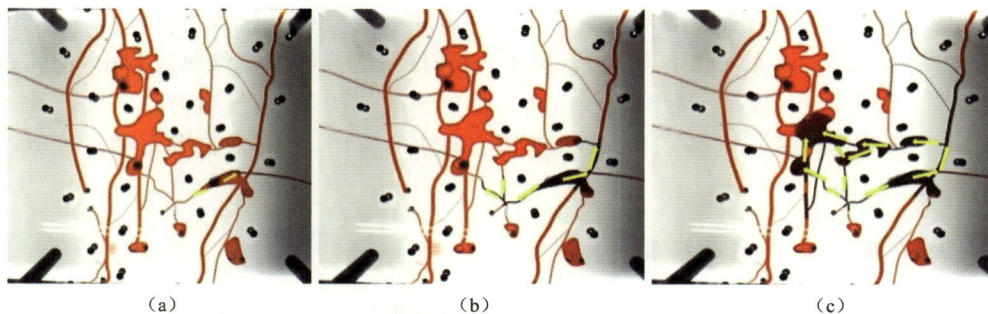

图 4-2-14　断溶体水平剖面模型泡沫辅助氮气驱波及动态特征

在泡沫段塞后注入氮气，前置的泡沫段塞已在 2 条优势断裂带上形成堆积，控制优势窜流通道，后续注入的氮气推动泡沫段塞运移，改变单一路径波及方向，能够在多个断裂带上均衡波及，形成多条波及路径。图 4-2-15 所示为断溶体水平剖面模型驱替生产动态。

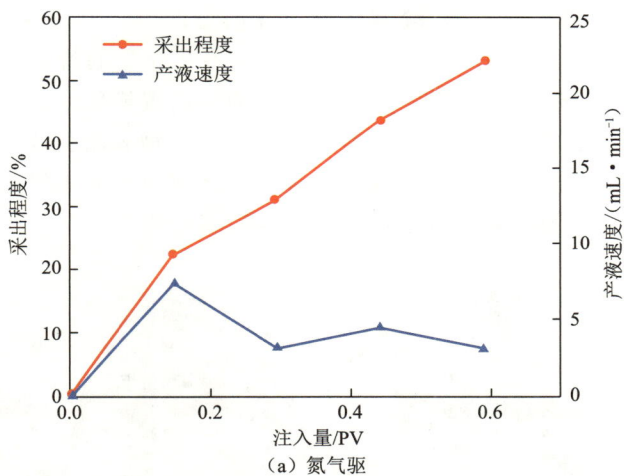

（a）氮气驱

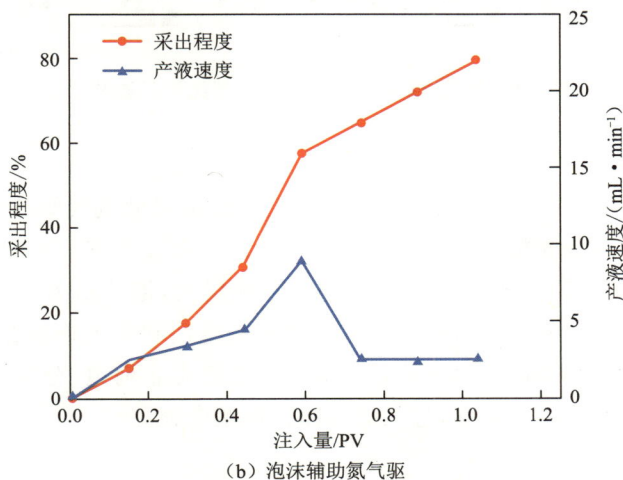

（b）泡沫辅助氮气驱

图 4-2-15　断溶体水平剖面模型驱替生产动态

在氮气驱过程中,气体沿着西南方向断裂面快速窜逸,波及范围较小,当氮气注入 0.6 PV 时生产井完全气窜,最终采收率为 53%(图 4-2-15a);在泡沫辅助氮气驱过程中,泡沫在多条断裂带上形成堆积,提高了后续氮气沿断裂面窜逸的流动阻力,气窜时注入介质注入量达到 1.03 PV,比纯氮气驱高 0.43 PV,起到了增注的作用,最终采收率比纯氮气驱高约 27%(图 4-2-15b)。

3. 地下暗河水平剖面模型

利用地下暗河水平剖面模型开展氮气驱、微分散泡沫辅助氮气驱实验,分析不同驱替介质的运移特征和波及规律,揭示微分散凝胶泡沫在地下暗河储集体水平剖面模型中的作用机理。

1) 氮气驱动态特征分析

地下暗河储集体水平剖面模型氮气驱波及动态特征如图 4-2-16 所示。地下暗河在水平面沿河道发育,河道内填充紧密,缝洞体分布在河道两侧。氮气注入后沿河道方向运移,充填物的存在削弱了储层非均质性,储层呈近似多孔介质的特点,多孔介质产生的毛管阻力减缓了氮气的流动速度,有利于延长氮气对原油的置换作用时间并扩大作用范围;但是充填物的存在使固相比表面积增大,氮气通过后充填物表面会残余油膜,洗油效率比无充填物存在时有所降低。另外,气体流动过程中主体河道方向毛管阻力增大,会在分支裂缝中分流,置换与分支裂缝相连通的配位溶洞内的剩余油。

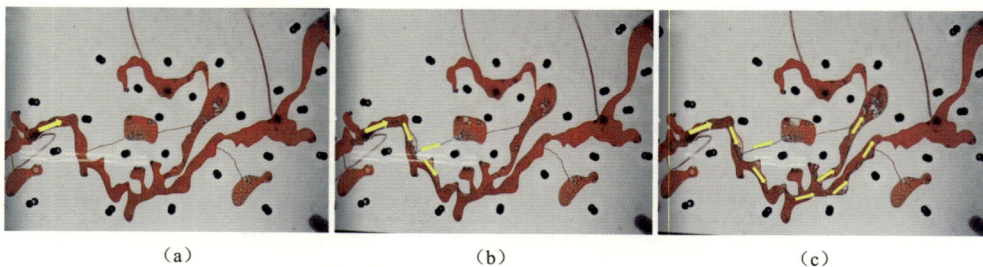

(a)　　　　　　　　　(b)　　　　　　　　　(c)

图 4-2-16　地下暗河储集体水平剖面模型氮气驱波及动态特征

2) 微分散凝胶泡沫作用效果

图 4-2-17 所示为地下暗河储集体水平剖面模型泡沫辅助氮气驱波及动态特征。泡沫沿着河道均匀推进,在分支裂缝与河道的分流位置进入分支裂缝,启动次级通道上的小开度裂缝和溶洞中的剩余油。随着泡沫注入量的不断增大,泡沫沿着分支裂缝、主河道、分支河道均匀波及,泡沫中的表面活性剂能够有效剥离壁面和充填物赋存的油膜,提高洗油效率。在泡沫段塞后注入氮气,由于前置的泡沫段塞已在主河道、分支河道与分支裂缝中形成堆积,氮气推动泡沫持续运移,进入缝洞体置换剩余油。

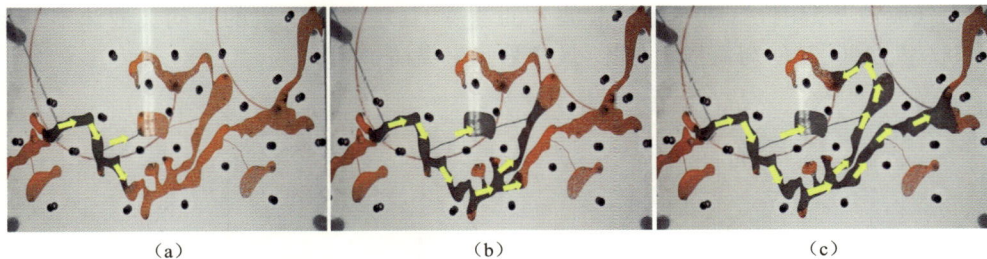

図 4-2-17　地下暗河储集体水平剖面模型泡沫辅助氮气驱波及动态特征

第三节　泡沫辅助氮气驱注入参数优化及油藏适应性

本节主要基于缝洞型油藏三大岩溶地质背景(表层岩溶带、断溶体、地下暗河)的缝洞单元,选取矿场实际井组,建立三维耐温耐压仿真模型和三维可视化仿真模型,研究氮气/微分散凝胶泡沫在三维尺度缝洞单元中的提高采收率效果,针对缝洞型油藏气驱过程中存在的气窜问题,探讨微分散凝胶泡沫抑制气窜、扩大气驱波及体积的技术适应性,优化工程设计参数。

一、表层岩溶带型缝洞单元泡沫适应性研究

1. 氮气驱与泡沫辅助氮气驱效果对比分析

表层岩溶带型多井缝洞单元氮气驱生产动态如图 4-3-1 所示。底水驱阶段,缝洞单元内压力逐渐降低,各生产井产液速率较平稳,随着底水的持续侵入,TK602 井和 TK625 井的含水率首先达到 98%。当底水注入量为 0.6 PV(PV 为注入流体的累积体积与物理模型的孔隙体积之比)时,TK666 井的含水率达到 98%,此时 TK666 井转注氮气,其余 3 口井维持生产状态。当总注入量达到 0.8 PV 时,TK667 井发生气窜,TK667 井的产液速率和含水率先急剧上升后急剧下降,之后出现较长的波动期。随后,TK625 井和 TK602 井也出现了同样的生产曲线波动现象。在生产过程中,裂缝和孔洞中的剩余油在氮气与底水的协同作用下逐渐被驱替,当发生气窜时,生产井含水率急剧上升,底水界面也到达井底附近,发生水窜。生产曲线的波动是由初始气窜后气顶与底水能量的相互博弈作用引发后续连续气窜所引起的,这与表层岩溶带垂直剖面模型油气界面的波动及气窜伴随大量液体产出的规律一致。

表层岩溶带型多井缝洞单元泡沫辅助氮气驱生产动态如图 4-3-2 所示。表层岩溶带型储集体缝洞连通程度高,泡沫能够控制气体扩散波及的速度,使氮气能量均衡驱替。底水驱初期,缝洞单元内压力逐渐下降,一段时间后,TK602 井的含水率首先达到 98%。当底水注入量为 0.6 PV 时,TK666 井含水率达到 98%,此时 TK666 井转注泡沫,其余 3 口井维持生产状态。当注入量达到 1.2 PV 时,生产井发生气窜,产液速率和含水率曲线急剧上升,维持在一定的位置并开始波动,在曲线顶点处发生气窜,然后曲线整体呈波动式下降。转注泡沫后,体系压力上升,泡沫在高导流通道中堆积,形成叠加阻力,缓冲后续氮

气,扩大气驱波及范围,控制气体扩散波及的速度,延缓气窜发生的时间。泡沫辅助氮气驱的采收率为 65.7%,与氮气驱相比,最终采收率提高了 10.2%。

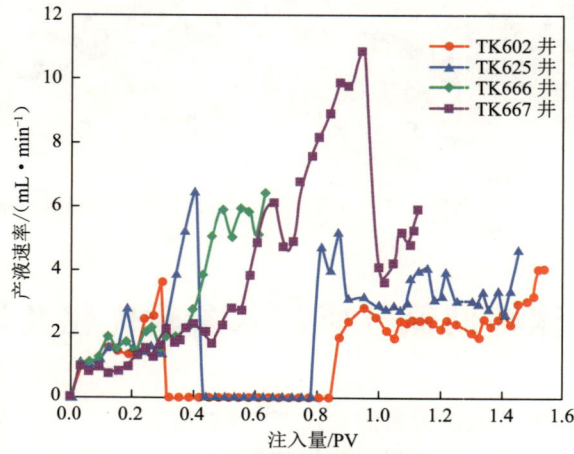

（a）产液速率变化曲线

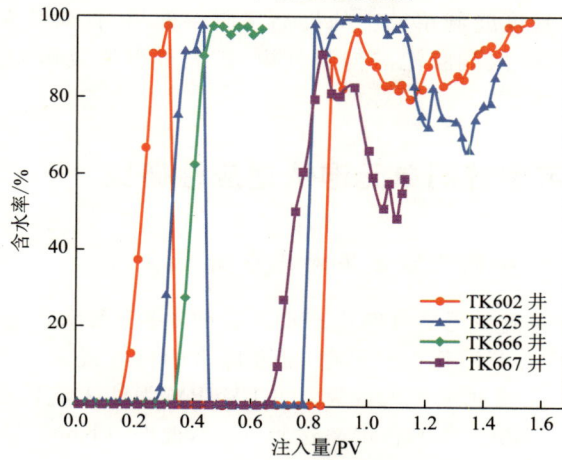

（b）含水率变化曲线

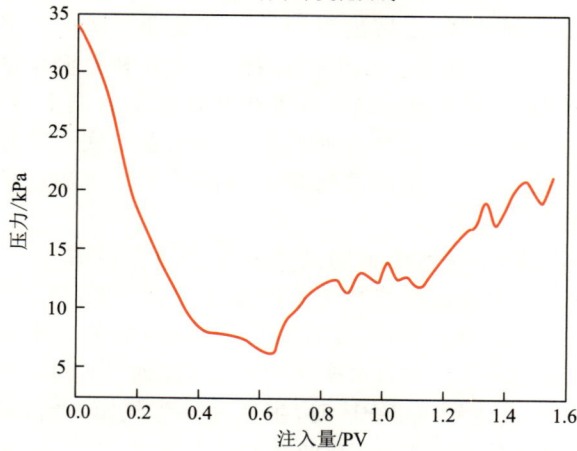

（c）压力变化曲线

图 4-3-1　表层岩溶带型多井缝洞单元氮气驱生产动态

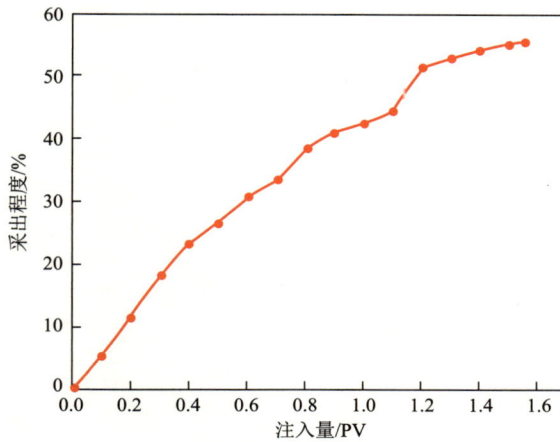

（d）采出程度变化曲线

图 4-3-1(续)　表层岩溶带型多井缝洞单元氮气驱生产动态

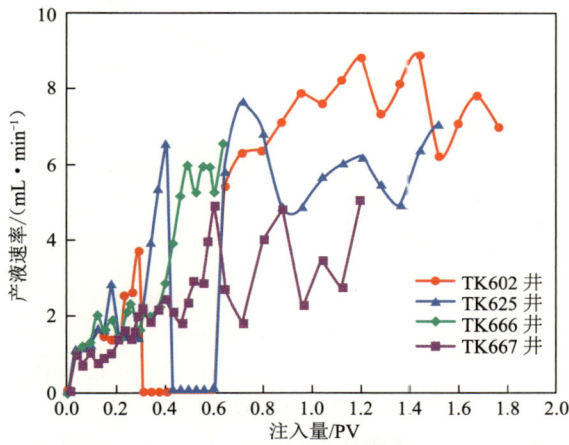

（a）产液速率变化曲线

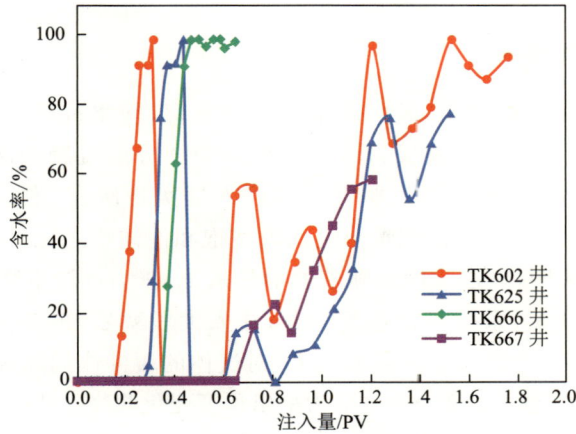

（b）含水率变化曲线

图 4-3-2　表层岩溶带型多井缝洞单元泡沫辅助氮气驱生产动态

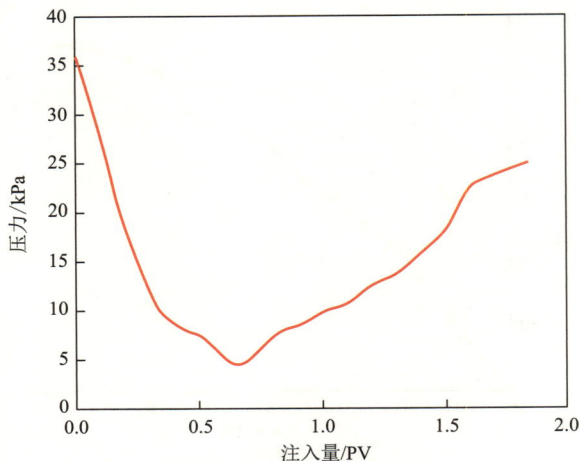

（c）压力变化曲线

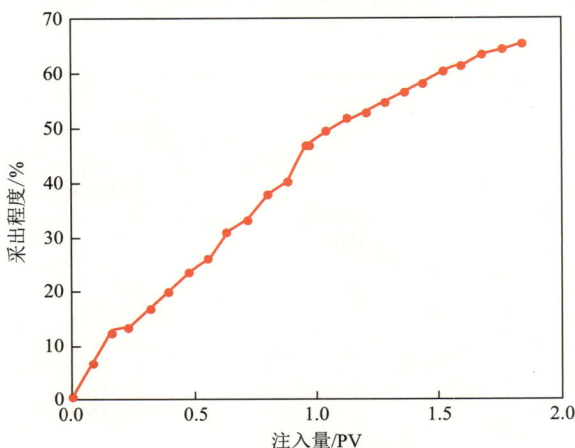

（d）采出程度变化曲线

图 4-3-2(续)　表层岩溶带型多井缝洞单元泡沫辅助氮气驱生产动态

2. 泡沫注入量的影响

　　表层岩溶带模型非均质性强，纵向高角度裂缝发育，气驱过程中油气、油水界面差异化强，气驱效果受限。为了研究表层岩溶带储集体中微分散凝胶泡沫注入量对最终采收率的影响，开展了凝胶泡沫辅助氮气驱的泡沫注入量实验研究，泡沫注入量分别设计为 0.3 PV_G（PV_G 为目标井气窜时的注气量与缝洞模型饱和油体积之比），0.5 PV_G 和 0.8 PV_G。实验结果（图 4-3-3a）表明，底水驱阶段随着原油的采出，压力逐渐下降；注入泡沫段塞和后续的注气补充了储层能量，系统压力逐渐上升；注入大段塞后，最终的储层压力比注入小段塞的最终储层压力大，这说明泡沫段塞越大，对气体的缓冲作用越好，气体段塞的能量越高，泡沫延缓气窜的时间越长。图 4-3-3(b)为采出程度变化曲线。从图中可以看出，0.8 PV_G 泡沫段塞的最终采收率达到 64.6%，0.5 PV_G 泡沫段塞的最终采收率达到 62.5%，0.3 PV_G 泡沫段塞的最终采收率为 57.0%，说明泡沫注入量越大，提高采收率效果越好。

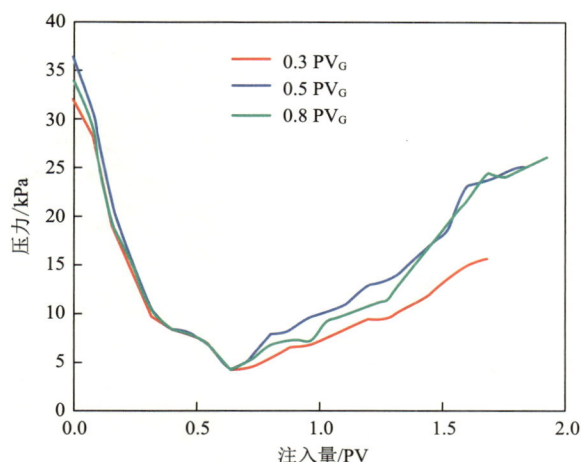

（a）压力变化曲线

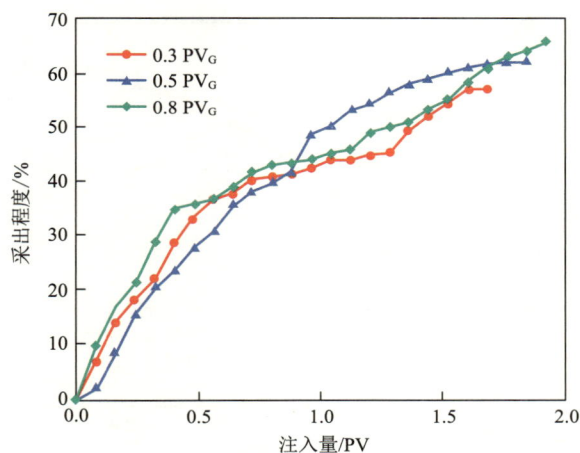

（b）采出程度变化曲线

图 4-3-3　表层岩溶带型多井缝洞单元泡沫注入量的影响

3. 泡沫注入方式的影响

为了研究表层岩溶带储集体中微分散凝胶泡沫注入方式对最终采收率的影响，开展了凝胶泡沫辅助氮气驱的泡沫注入方式实验研究，泡沫注入方式分别设计为：1 PV_G 泡沫段塞＋转注气（单泡沫段塞），0.7 PV_G 泡沫段塞＋0.2 PV_G 氮气＋0.3PV_G 泡沫段塞＋转注气（大段塞少轮次），0.6 PV_G 泡沫段塞＋0.2 PV_G 氮气＋0.3 PV_G 泡沫段塞＋0.2 PV_G 氮气＋0.1 PV_G 泡沫段塞＋转注气（小段塞多轮次）。实验结果（图 4-3-4a）表明，底水驱后转注泡沫，储层压力逐渐上升，且压力变化趋势较稳定，多段塞的泡沫产生多级封堵、多级转向，有利于扩大波及范围，提高储集体动用程度。图 4-3-4（b）为采出程度变化曲线。从图中可以看出，小段塞多轮次注入方式的最终采收率为 70.5％；单泡沫段塞的采收率最小，为 65.7％；大段塞少轮次的采收率介于前两者之间，为 67.5％。

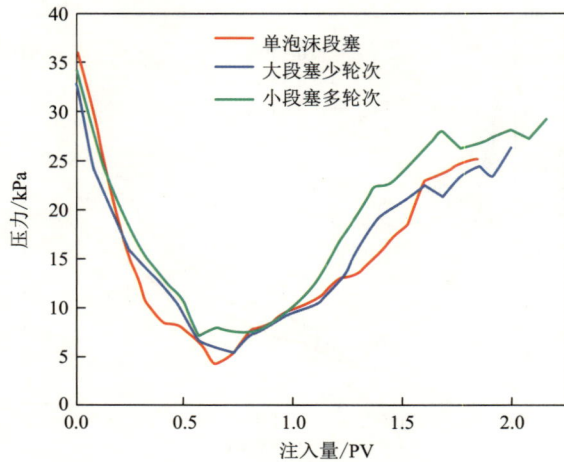

（a）压力变化曲线

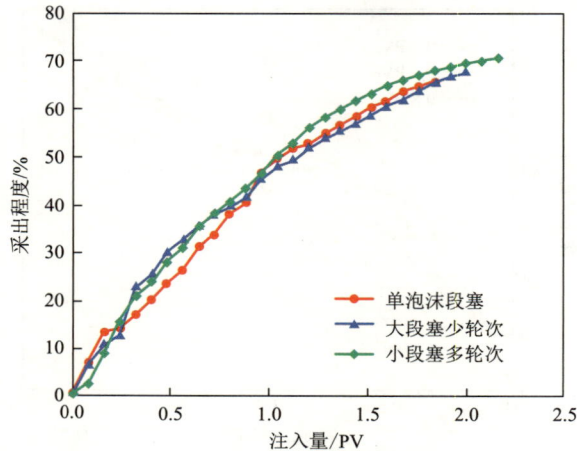

（b）采出程度变化曲线

图 4-3-4　表层岩溶带型多井缝洞单元泡沫注入方式的影响

4. 泡沫注入时机的影响

为了研究表层岩溶带储集体中微分散凝胶泡沫注入时机对最终采收率的影响，开展了凝胶泡沫辅助氮气驱的泡沫注入时机实验研究，泡沫注入时机分别设计为：注气前注入 $0.5 \, PV_G$ 泡沫段塞、注气中注入 $0.5 \, PV_G$ 泡沫段塞和气窜后注入 $0.5 \, PV_G$ 泡沫段塞。实验结果（图 4-3-5）表明，注气前注入 $0.5 \, PV_G$ 泡沫段塞的采收率最高，为 62.5%；气窜后注入 $0.5 \, PV_G$ 泡沫的采收率最低，为 57.5%；注气中注入 $0.5 \, PV_G$ 泡沫的采收率介于前两者之间，约为 60%。由于泡沫的密度介于气和水之间，注入泡沫的时机早，可以在前期调整储集体流场分布，优化驱替介质与原油的驱替关系，控制氮气在缝洞中的重力分异速率，扩大后续氮气段塞的波及范围。

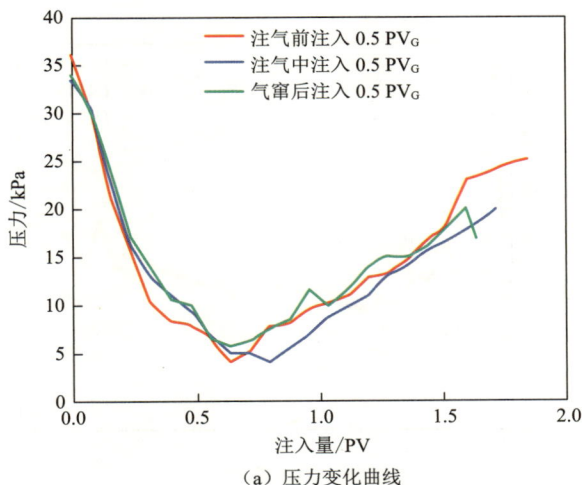

（a）压力变化曲线

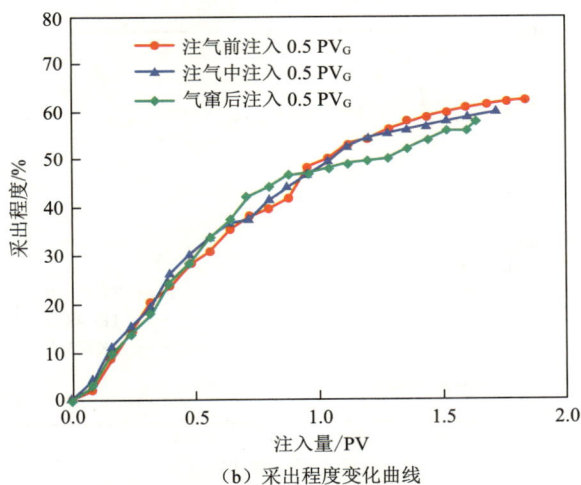

（b）采出程度变化曲线

图 4-3-5　表层岩溶带型多井缝洞单元泡沫注入时机的影响

二、断溶体型缝洞单元泡沫适应性研究

1. 氮气驱与泡沫辅助氮气驱效果对比分析

断溶体型多井缝洞单元氮气驱生产动态如图 4-3-6 所示。底水驱阶段，所有井开井生产，缝洞单元内压力逐渐降低。氮气驱阶段，将 TK763 井改为注气井，其余两口井为生产井。TK456 井由于位于储层深部，含水率很快达到 98%，注气后含水率下降。当注入量为 0.40 PV 时，TK748 井发生气窜；当注入量为 0.46 PV 时，TK456 井发生气窜，TK456 井含水率达到 98%，随后的产液速率曲线略有波动，出现多次气窜现象。如图 4-3-6(d)所示，该缝洞单元的最终采收率为 45.5%。实验中，发生气窜时注气量总是小于 0.5 PV。断溶体储层空间沿大断层分布，流动方向单一，氮气运移阻力较小，表明断溶体型储层比表层岩溶带型储层更容易形成主流优势通道，氮气驱有效作用时间短。

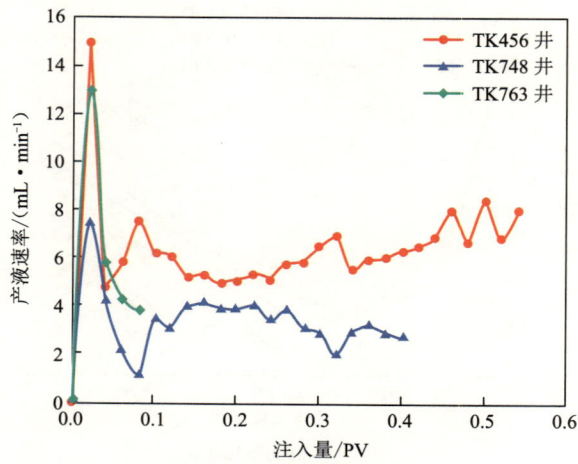

（a）产液速率变化曲线

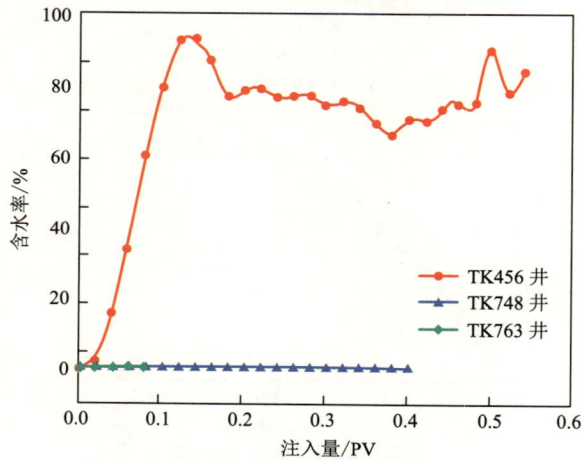

（b）含水率变化曲线

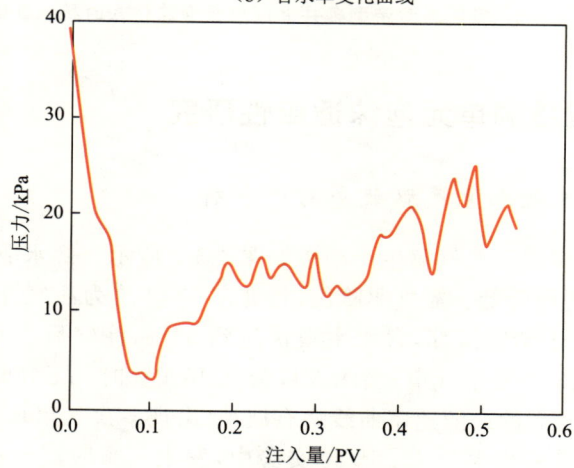

（c）压力变化曲线

图 4-3-6　断溶体型多井缝洞单元氮气驱生产动态

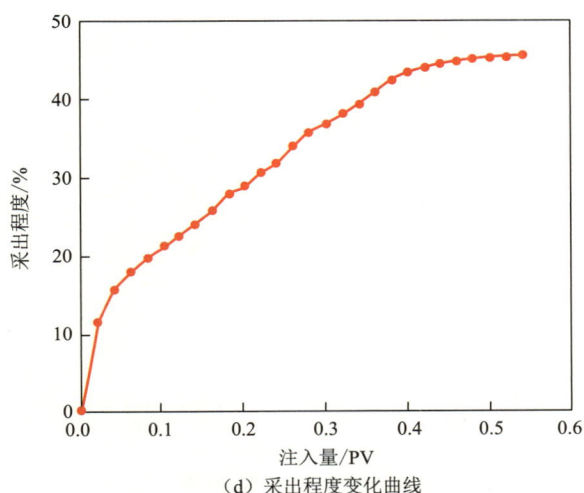

（d）采出程度变化曲线

图 4-3-6(续)　断溶体型多井缝洞单元氮气驱生产动态曲线

断溶体型多井缝洞单元泡沫辅助氮气驱生产动态如图 4-3-7 所示。断溶体型储集体平面及纵向非均质性差异较大，氮气驱有效作用时间短，更容易发生气窜。底水驱期间，储层压力迅速下降，当注入量为 0.12 PV 时，TK456 井含水率迅速上升到 98%。转注泡沫后，储层压力开始缓慢回升，泡沫在断裂带中堆积，包裹后续注入氮气，控制氮气能量耗散，提高驱替介质的增能效率。在泡沫辅助氮气驱阶段，TK456 井含水率下降速度最大。由可视化实验结果可知，在气顶能量的作用下，TK456 井底附近的油水界面下降，高部位剩余油被氮气置换出来。当注入量为 0.57 PV 时 TK748 井发生气窜；当注入量为 0.7 PV 时 TK456 井发生气窜，生产井组的最终采收率为 56.5%。泡沫前缘在储层中均匀波及，对后续氮气起到缓冲作用，抑制了氮气在断裂带中的高速突进，延缓了气窜时间，延长了氮气有效作用时间，较纯氮气驱井组最终采收率提高了 11%。

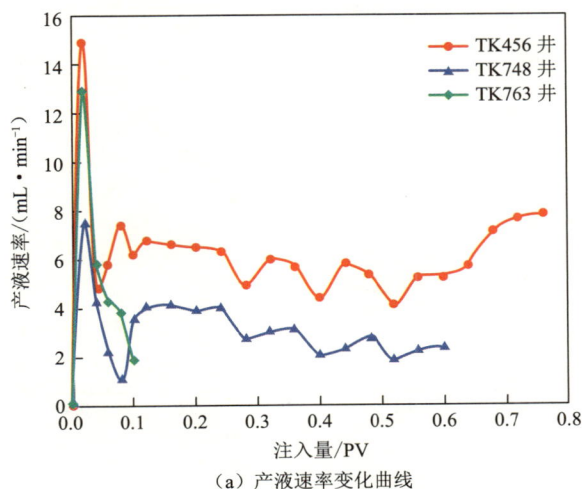

（a）产液速率变化曲线

图 4-3-7　断溶体型多井缝洞单元泡沫辅助氮气驱生产动态

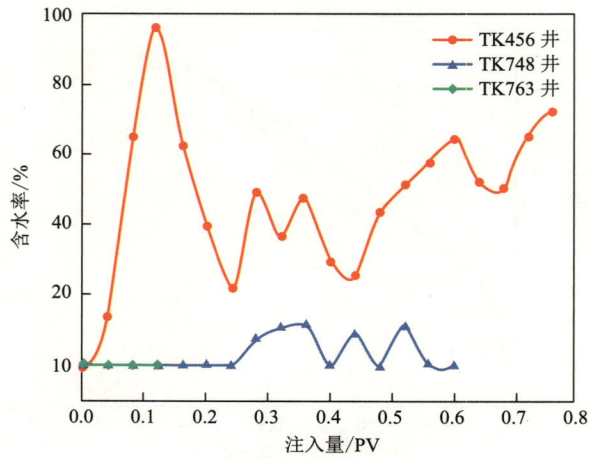

（b）含水率变化曲线

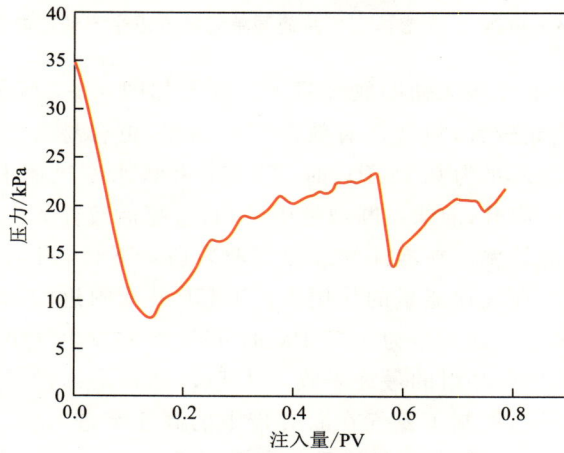

（c）压力变化曲线

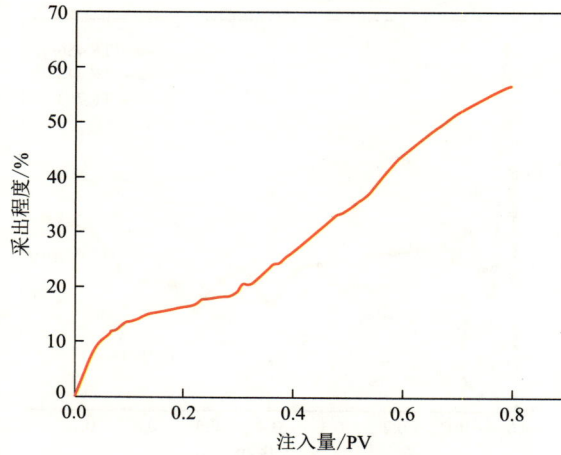

（d）采出程度变化曲线

图 4-3-7(续)　断溶体型多井缝洞单元泡沫辅助氮气驱生产动态

2.泡沫注入量的影响

发育断溶体型储集体的多井缝洞单元平面连通性差,沿断裂面发育,储集体非均质性对氮气波及路径有较大影响,气驱调整难度大,使得泡沫应用的潜力空间较大。为研究发育断溶体型储集体的多井缝洞单元微分散凝胶泡沫注入量对最终采收率的影响,开展了凝胶泡沫辅助氮气驱泡沫注入量实验研究,泡沫注入量分别设计为 0.3 PV_G、0.5 PV_G 和 0.8 PV_G。实验结果(图 4-3-8a)表明,底水驱后注入不同段塞尺寸的泡沫都能够起到缓冲气体、稳定地层压力的作用;与注入 0.3 PV_G 和 0.5 PV_G 的泡沫段塞相比,注入 0.8 PV_G 泡沫段塞压力的增油幅度最大。图 4-3-8(b)所示为采出程度随注入量的变化曲线。从图中可以看出,注入 0.8 PV_G 泡沫段塞的采收率为 55.4%,注入 0.5 PV_G 泡沫段塞的采收率为 52.7%,注入 0.3 PV_G 泡沫段塞的采收率最小,为 49.8%。在断溶体模型中,注入氮气优

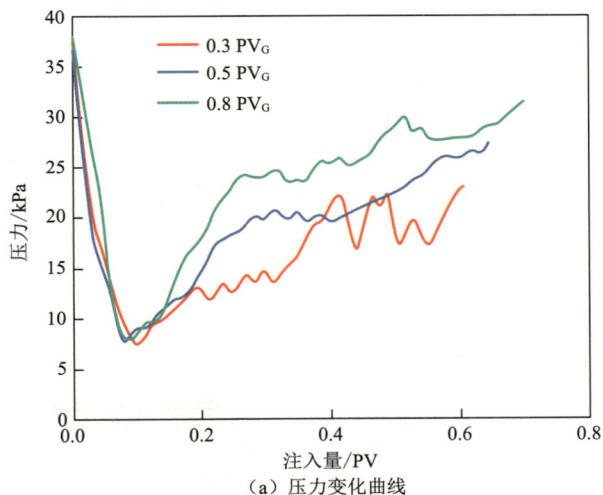

(a) 压力变化曲线

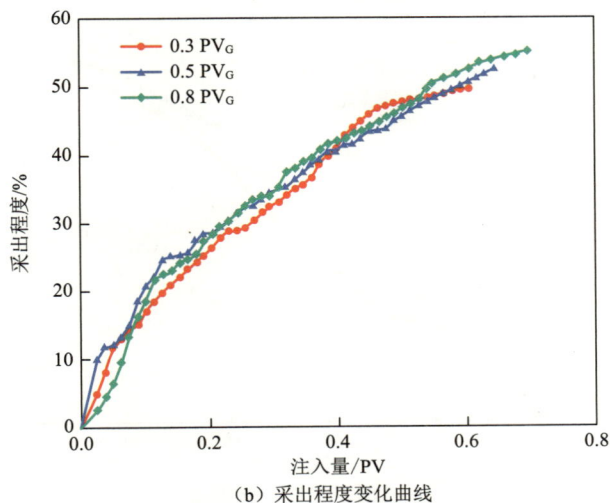

(b) 采出程度变化曲线

图 4-3-8　断溶体型多井缝洞单元泡沫注入量的影响

先波及大断裂,然后沿着大断裂主要渗流通道突进,波及路径单一,而泡沫能够封堵高渗透通道,改变后续氮气运移方向,从而有效地波及次级通道裂缝和断裂中的剩余油,提高驱油效果,且泡沫注入量越大,提高采收率的效果越好。

3. 泡沫注入方式的影响

为了研究发育断溶体型储集体的多井缝洞单元中微分散凝胶泡沫注入方式对最终采收率的影响,开展了凝胶泡沫辅助氮气驱的泡沫注入方式实验研究,泡沫注入方式分别设计为 1 PV_G 泡沫段塞+转注气(单泡沫段塞),0.7 PV_G 泡沫段塞+0.2 PV_G 氮气+0.3 PV_G 泡沫段塞+转注气(大段塞少轮次),0.6 PV_G 泡沫段塞+0.2 PV_G 氮气+0.3 PV_G 泡沫段塞+0.2 PV_G 氮气+0.1 PV_G 泡沫段塞+转注气(小段塞多轮次)。实验结果(图 4-3-9a)表明,底水驱后转注泡沫,储层压力上升一定程度后出现较长的、在一定范围内上下波动的

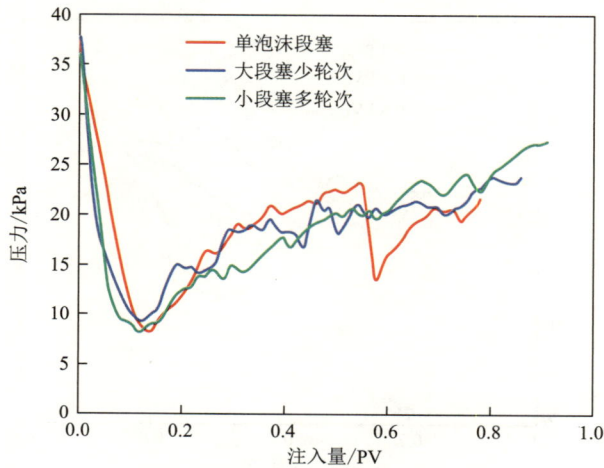

（a）压力变化曲线

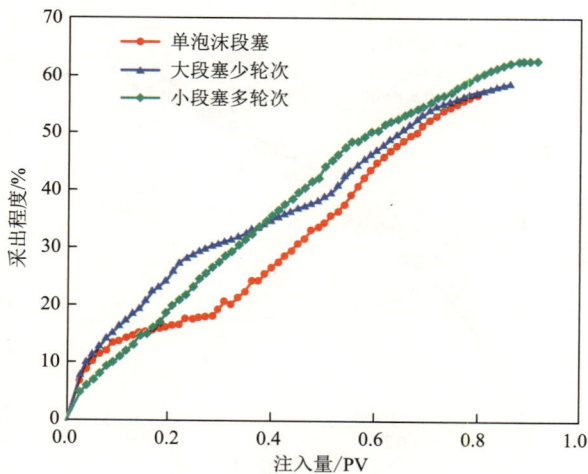

（b）采出程度变化曲线

图 4-3-9　断溶体型多井缝洞单元泡沫注入方式的影响

波动段。图 4-3-9(b)为采出程度随注入量的变化曲线。从图中可以看出,小段塞多轮次注入方式的最终采收率最大,为 62.7%;单泡沫段塞的采收率最小,为 56.5%;大段塞少轮次的采收率介于前两者之间,为 58.5%。与表层岩溶型储集体相似,小段塞多轮次注入方式可使泡沫在断溶体型储集体中产生多级封堵、多级转向,有利于扩大驱替介质的波及范围、提高储集体动用程度。

4. 泡沫注入时机的影响

为了研究断溶体型储集体中微分散凝胶泡沫注入时机对最终采收率的影响,开展了凝胶泡沫辅助氮气驱的泡沫注入时机实验研究,泡沫注入时机分别设计为注气前注入 $0.5\ PV_G$ 泡沫段塞、注气中注入 $0.5\ PV_G$ 泡沫段塞和气窜后注入 $0.5\ PV_G$ 泡沫段塞。从图 4-3-10 中可以看出,注气前注入 $0.5\ PV_G$ 泡沫段塞的采收率最高(52.7%),且生产压力曲

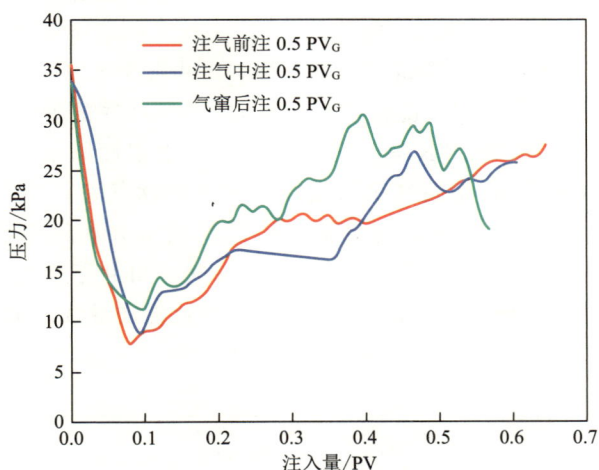

（a）压力变化曲线

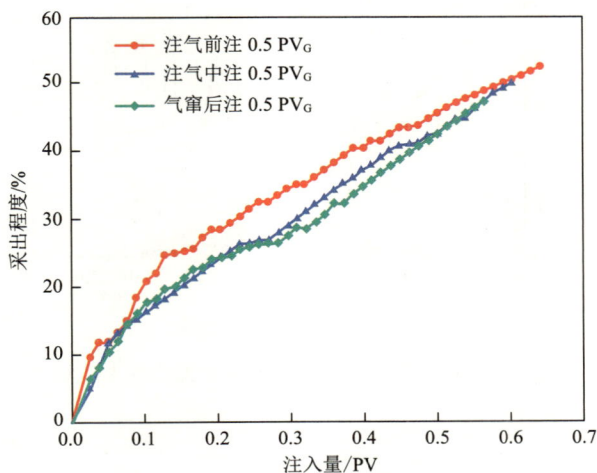

（b）采出程度变化曲线

图 4-3-10　断溶体型多井缝洞单元泡沫注入时机的影响

线较为平稳；气窜后注入 0.5 PV_G 泡沫的采收率最低（47.5%），泡沫段塞后的氮气驱提高采收率幅度不大；注气中注入 0.5 PV_G 泡沫的采收率介于前两者之间，达到了 50.1%。断溶体的地质发育特点导致其极易发生气窜，后期调整（完全气窜后再注入泡沫）的效果远不及早期干预（注气前注入泡沫），因此发育断溶体型储集体的缝洞单元宜在气驱开始前注入一定规模的泡沫段塞，以提高驱替效率和波及范围。

三、地下暗河型缝洞单元泡沫适应性研究

1.氮气驱与泡沫辅助氮气驱效果对比分析

地下暗河型多井缝洞单元氮气驱生产动态如图 4-3-11 所示。底水驱阶段，缝洞单元内压力逐渐降低，由于暗河型储集体连通性好，高角度裂缝连通底水，所以位于储层深部的 TK7632 井含水率很快达到 98%。氮气驱阶段，注气后储层压力缓慢增加，说明注入氮气补充了储层能量。当注入量为 0.58 PV 时，TK780 井发生水窜，产液量和含水率骤增后再次下降，底水能量减弱后，在气顶能量的作用下，水窜井井底的油水界面下降，水窜井再次产油；当注入量为 1.1 PV 时，TK780 井发生气窜，含水率逐渐增大，气窜的同时伴随着水窜，导致产液量大幅度增加，初始气窜后连续出现了多次气窜；TK780 井后续产液速率和含水率曲线不断波动，说明在底水与气顶的协同作用下井底油水界面不断上下波动。TK647 井、TK778X 井和 TK6101 井的产液量较小，这 3 口井不在氮气主要渗流通道上，注气效果较差，一旦其他区域形成气窜通道，这 3 口井就无法继续产液。图 4-3-11(d)为采出程度变化曲线，可以看出氮气驱最终采收率为 60.3%。

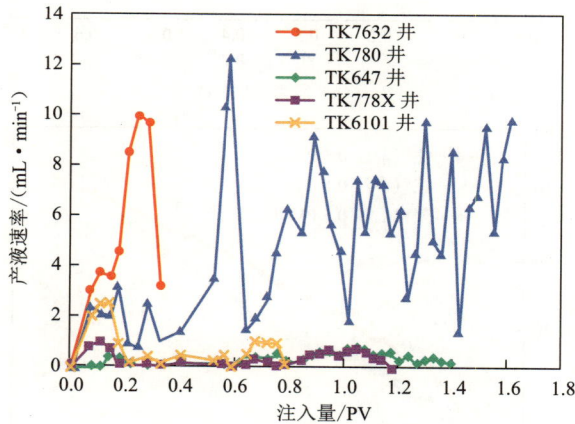

（a）产液速率变化曲线

图 4-3-11　地下暗河型多井缝洞单元氮气驱生产动态

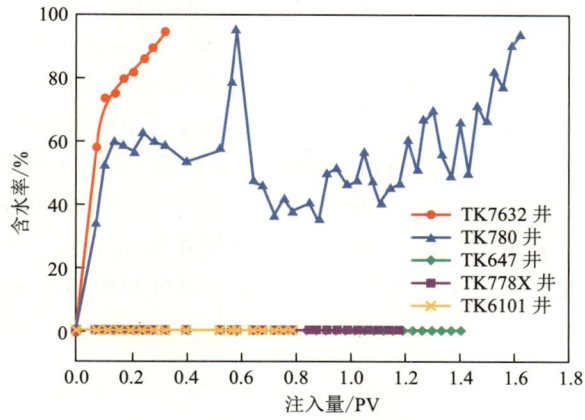

（b）含水率变化曲线

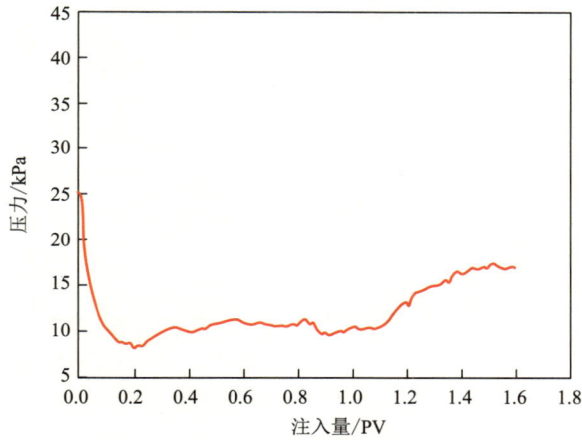

（c）压力变化曲线

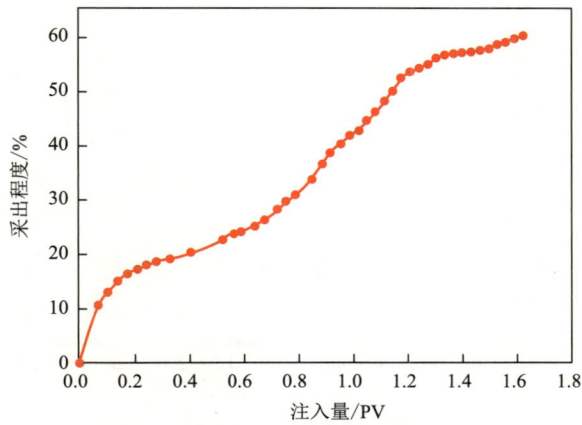

（d）采出程度变化曲线

图 4-3-11(续)　地下暗河型多井缝洞单元氮气驱生产动态

　　地下暗河型多井缝洞单元泡沫辅助氮气驱生产动态如图 4-3-12 所示。地下暗河型储集体连通程度好,填充程度高,在底水驱阶段,随着产液量增加,储层压力迅速下降。泡沫辅助氮气驱阶段,当注入量为 0.2 PV 时 TK647 井含水率最高;随后当注入量为 0.5 PV 时,TK6101 井发生水窜,说明注入的泡沫改变了储集体中流体的流场,与氮气驱相比,发生水窜的生产井位置和顺序发生了变化;当注入量为 1.3 PV 时,TK6101 井发生气窜,随后产液速率和含水率曲线都出现波动,并伴随有数次气窜;当注入量为 1.5 PV 时,压力开始下降,油藏形成了气驱优势通道。TK7632 井、TK778X 井和 TK780 井的产液量较小,说明这 3 口井不在泡沫辅助氮气驱控制流场内,注气效果不明显。图 4-3-12(d)为采出程度随注入量的变化曲线。从图中可以看出,泡沫辅助氮气驱的最终采收率为 75.6%,与氮气驱相比,提高了 15.3%。

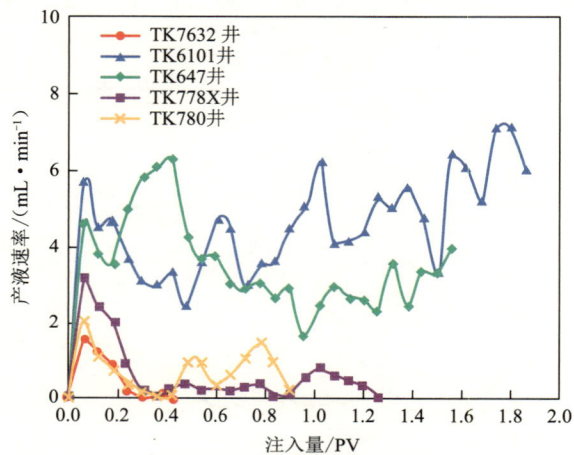

（a）产液速率变化曲线

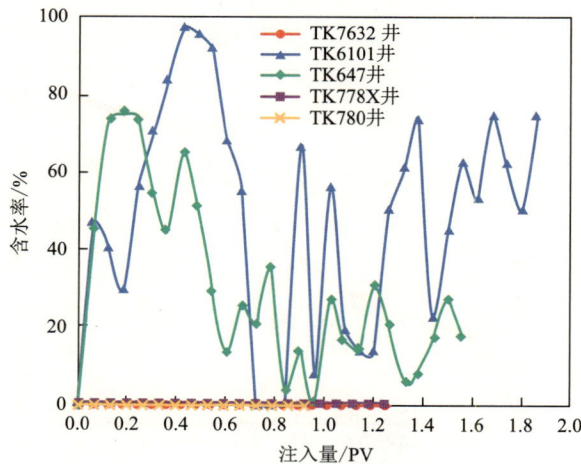

（b）含水率变化曲线

图 4-3-12　地下暗河型多井缝洞单元泡沫辅助氮气驱生产动态

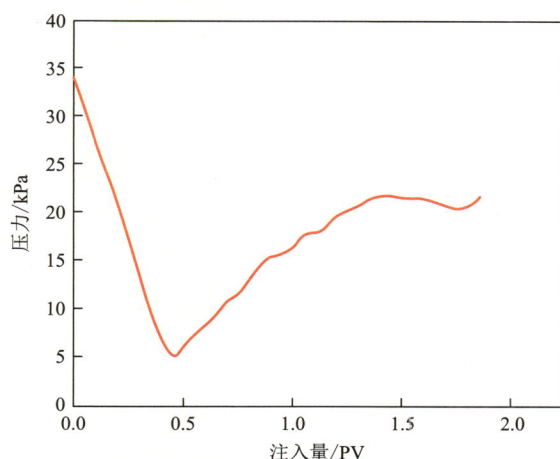

（c）压力变化曲线

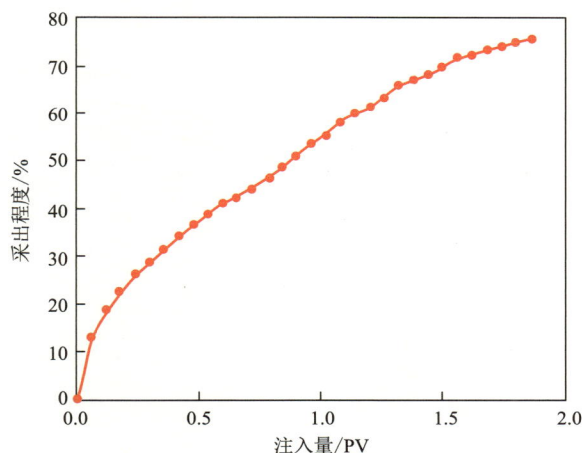

（d）采出程度变化曲线

图 4-3-12(续)　地下暗河型多井缝洞单元泡沫辅助氮气驱生产动态

2. 泡沫注入量的影响

为研究地下暗河型储集体中微分散凝胶泡沫注入量对最终采收率的影响，开展了泡沫辅助氮气驱的泡沫注入量实验研究，泡沫注入量分别设计为 0.3 PV_G，0.5 PV_G 和 0.8 PV_G。实验结果（图 4-3-13a）表明，与注入 0.3 PV_G 和 0.5 PV_G 的泡沫段塞相比，注入 0.8 PV_G 泡沫段塞效果最好，且在暗河模型中，泡沫段塞的注入量对驱替效果的影响比对表层岩溶带和断溶体的更大，且注入量越大，效果越好。由于暗河型储集体沿古河道发育，储集体水平规模大，且紧密型填充物使储层呈多孔介质的特点，毛管阻力的影响使泡沫的堆积速度减缓，足量的泡沫占据河道空间，起到控制气窜的作用，从而表现出泡沫的封堵性能；当泡沫注入量较小时，氮气易沿河道边部绕流，导致泡沫段塞封堵失效。图 4-3-13(b)为采出程度随注入量的变化曲线。从图中可以看出，注入 0.8 PV_G 泡沫段塞的采收率为 74.4%，注

0.5 PV_G泡沫段塞的采收率为 70.1%,注入 0.3 PV_G泡沫段塞的采收率最低,为 67.8%。

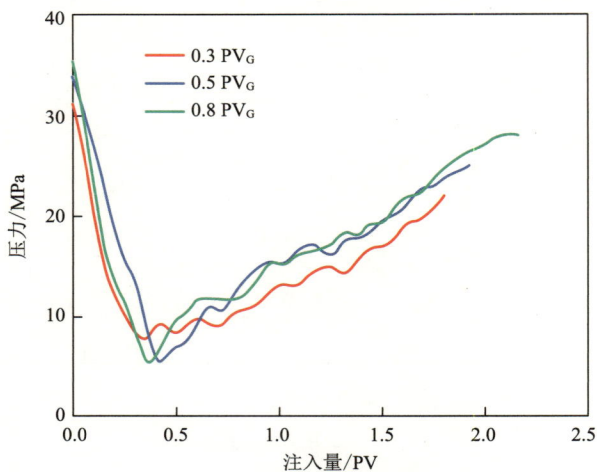

（a）压力变化曲线

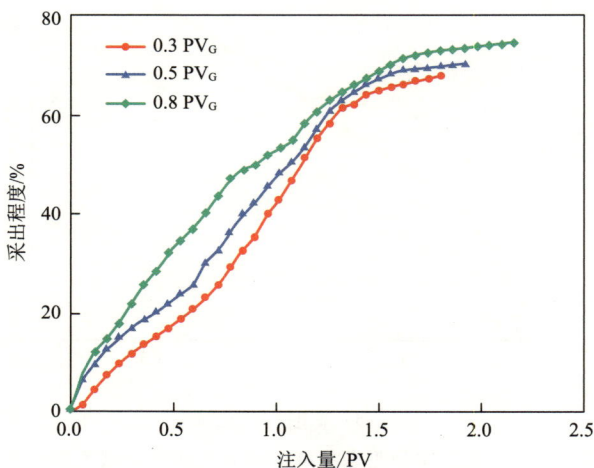

（b）采出程度变化曲线

图 4-3-13　地下暗河型多井缝洞单元泡沫注入量的影响

3.泡沫注入方式的影响

　　为研究地下暗河型储集体控制的多井缝洞单元中微分散凝胶泡沫注入方式的影响,开展了泡沫辅助氮气驱的泡沫注入方式实验研究,泡沫注入方式分别设计为 1 PV_G泡沫段塞＋转注气(单泡沫段塞),0.7 PV_G泡沫段塞＋0.2 PV_G氮气＋0.3 PV_G泡沫段塞＋转注气(大段塞少轮次),0.6 PV_G泡沫段塞＋0.2 PV_G氮气＋0.3 PV_G泡沫段塞＋0.2 PV_G氮气＋0.1 PV_G泡沫段塞＋转注氮气(小段塞多轮次)。实验结果(图 4-3-14a)表明,不同注入方式的驱油效果存在差异,暗河模型底水驱后转注泡沫,储层压力上升趋势稳定。图 4-3-14(b)为采出程度随注入量的变化曲线,其中小段塞多轮次注入方式的最终采收率为 80.7%,单泡沫段塞的采收率最低(75.6%),大段塞少轮次的采收率介于前两者之间,为 77.5%。小段塞多轮次的注入方式使得氮气段塞和泡沫段塞互相进入,降低了纯氮气段塞的流度,使暗河储集体内的流场变化较大,有利于扩大波及范围。

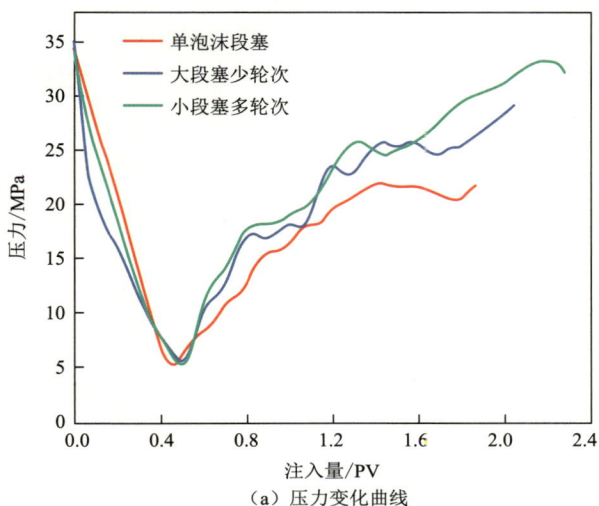

（a）压力变化曲线

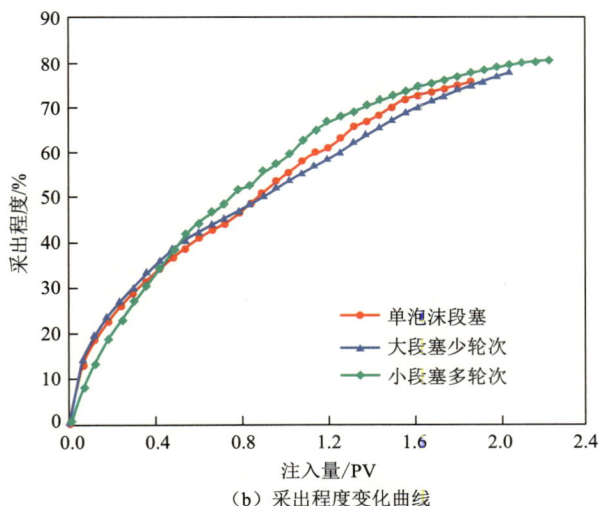

（b）采出程度变化曲线

图 4-3-14　地下暗河型多井缝洞单元泡沫注入方式的影响

4. 泡沫注入时机的影响

为了研究地下暗河型储集体中微分散凝胶泡沫注入时机对最终采收率的影响,开展了凝胶泡沫辅助氮气驱的泡沫注入时机实验研究,泡沫注入时机分别设计为注气前注入 0.5 PV_G 泡沫段塞、注气中注入 0.5 PV_G 泡沫段塞和气窜后注入 0.5 PV_G 泡沫段塞。实验结果(图 4-3-15a)表明,气窜前后注入泡沫段塞都能不同程度地增加储层压力,提高油井的采收率;注气前注入泡沫的效果要优于气窜后注入泡沫,且在注气前注泡沫压力增长的趋势更加稳定。图 4-3-15(b)为采出程度随注入量的变化曲线。从图中可以看出,注气前注入 0.5 PV$_G$ 泡沫段塞的采收率最高,为 70%;气窜后注入 0.5 PV$_G$ 泡沫段塞的采收率最低,为 60.5%;注气中注入 0.5 PV$_G$ 泡沫段塞的采收率介于前两者之间,达到了 64.4%。河道紧密型填充物的存在削弱了储层平面非均质性,气窜发生时会形成多条气窜通道,后期调整(完全气窜后再注入泡沫)提高波及范围有限;早期干预(注氮气前注入泡沫)的注入量不足会造成氮气绕过泡沫段塞,导致封堵失效。因此,发育暗河型储集体的缝洞单元宜在注气前注入足量泡沫,形成泡沫段塞和氮气段塞互穿的模式,以提高驱替效率和波及范围。

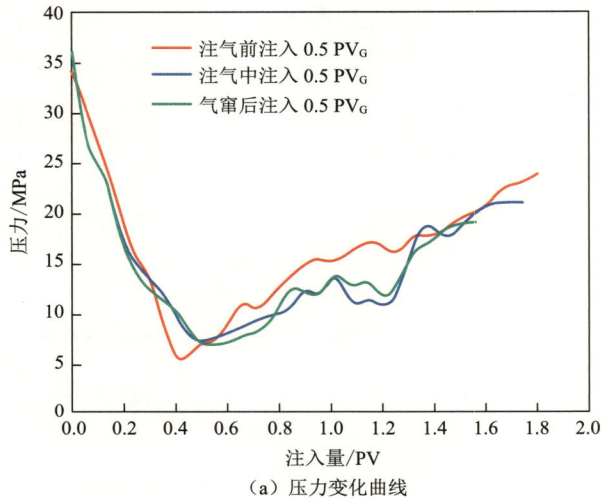

（a）压力变化曲线

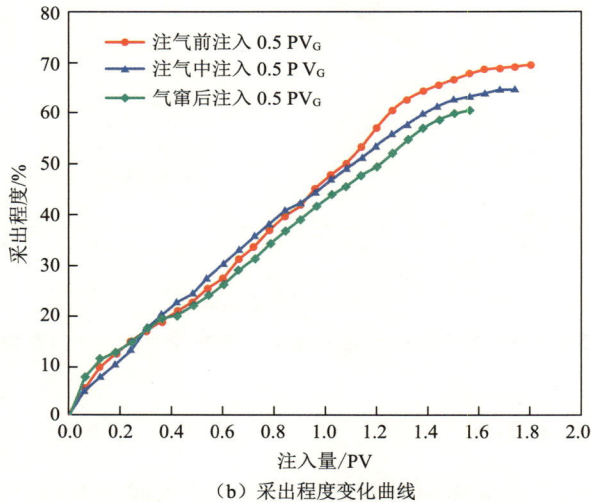

（b）采出程度变化曲线

图 4-3-15　地下暗河型多井缝洞单元泡沫注入时机的影响

第四节　凝胶泡沫辅助氮气驱矿场先导试验

为了验证缝洞型油藏凝胶泡沫辅助氮气驱技术在实际油藏的作用效果,2018 年起塔河油田共开展了 7 井次凝胶泡沫辅助氮气驱矿场试验,其中单井吞吐 3 井次、单元调驱 3 井次,累计增油 8 300 余 t,验证了凝胶泡沫辅助氮气驱技术的提高采收率效果(表 4-4-1)。

表 4-4-1　凝胶泡沫辅助氮气驱矿场先导试验汇总表

序　号	注入方式	井　号	泡沫液注入量/m³	阶段增油量/t	方液换油率/(t·m⁻³)
1	单井吞吐	TH121119H	200	2 400	12.00
2		TH12198	400	1 050	2.63
3		TH12142	200	1 660	8.30
4	单元调驱	TK722CH2	1 400	1 500	1.07
5		TK647	800	1 745	2.18
6		TK666	800	—	—

一、单井吞吐矿场先导试验

针对塔河油田边底水油藏单井多轮次注气后吞吐效果变差的问题,利用凝胶泡沫自身密度大、控水压锥能力强的特点,配合注气实施单井吞吐措施,改善注气控水效果,提高原油采收率。塔河油田共开展凝胶泡沫辅助氮气驱单井吞吐矿场试验 3 井次,下面以 TH121119H 井为例进行说明。

1. 单井概况

TH121119H 井位于阿克库勒凸起西南斜坡部位(图 4-4-1),缝洞发育,出水通道未被抑制,高含水生产,天然能量下降,底水逐步锥进,能量较强;T_4^0 地震反射波具有"串珠状"反射特征(图 4-4-2),底部漏失,常规完井,同时井周有局部构造高部位。单元内邻井 TH12171CH 井、TH12109 井累产高,分别为 34 080 t 和 5 603 t,剩余油丰富。其中,邻井 TH12109 井位于 TH12171CH 井北西 1 630 m 处,完钻井深 6 051.00 m,完钻层位为奥陶系中—下统鹰山组,完钻后对裸眼井段自然完井建产。

2. 生产概况

自喷期较短,仅 31 d,生产过程中能量下降快。转抽阶段底水锥进,含水率波动大。截至 2018 年 5 月,TH121119H 井平均含水率为 50%。2018 年 7 月注氮气 50×10^4 m³(图 4-4-3),注气期间伴水 949 m³。首轮注气生产末期底水锥进,高含水生产。截至 2019 年 4 月 1 日,该井累产液 32 349 t,累产油 21 990 t,累产水 10 359 t,累注气 50×10^4 m³(图 4-4-4)。

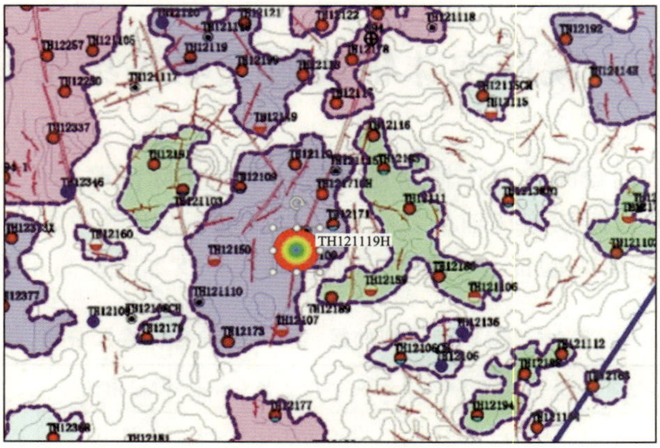

图 4-4-1　TH121119H 井位图

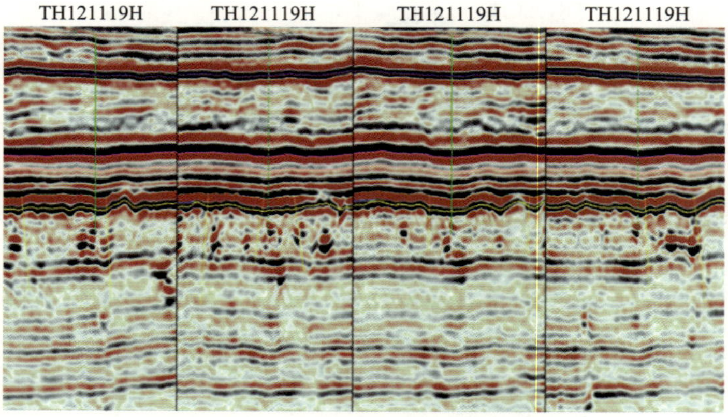

图 4-4-2　TH121119H 井底微地震测井结果图

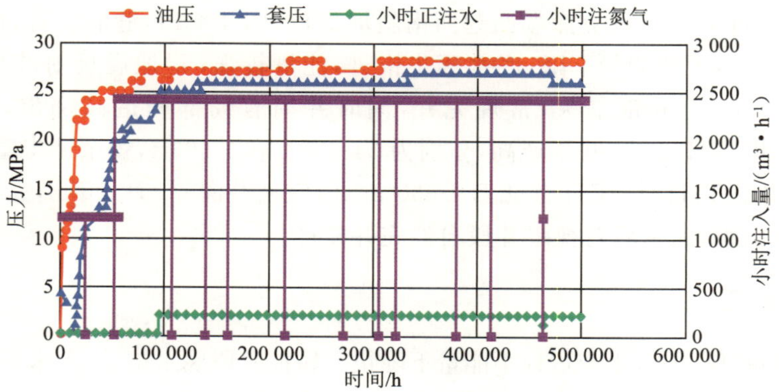

图 4-4-3　TH121119H 井注气曲线

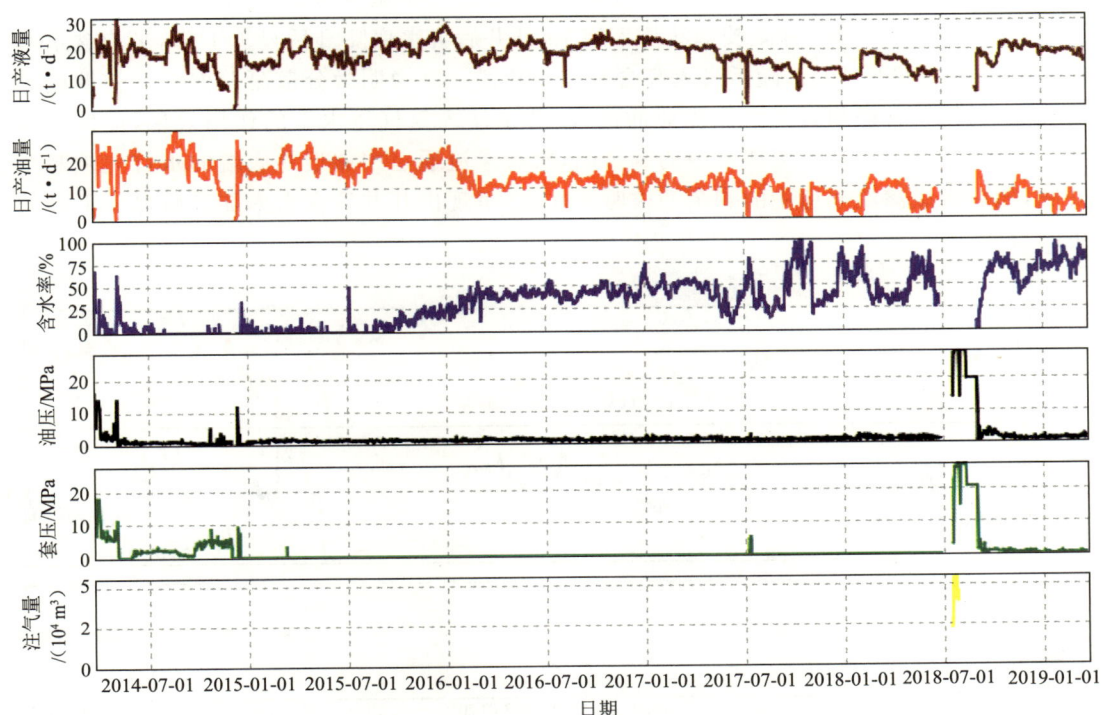

图 4-4-4　TH121119H 井生产动态曲线

3. 泡沫辅助氮气驱单井吞吐施工方案设计

TH121119H 井注气压锥，首轮注气压锥效果有限，二轮累注气 80×10^4 m³（设计注气 100×10^4 m³），之后计划注入 200 m³ 微分散凝胶泡沫（表 4-4-2），以改善注气压锥效果。

表 4-4-2　TH121119H 井微分散凝胶泡沫辅助氮气驱施工泵注程序

序　号	泵注程序	管　型	类　别		注入量 /m³	排量 /(m³·h⁻¹)	时间 /h	备　注
1	注 4% 聚合物溶液	油管	段塞1	前置液	25	3～5	5～6	前置隔离保护，测地层对黏弹性流体的吸入性
2	注凝胶泡沫	油管	段塞2	泡沫液	200	8	25	利用清水配制 3% 凝胶泡沫液，伴油田水 1～4 m³
				氮　气	6.1515×10^4	2 400		
				油管伴水	74.5	2～4		

4. 单井吞吐泡沫辅助氮气驱增油效果分析

TH121119H 井后期注氮气补充地层能量，首轮注气压水锥效果一般，处于高含水生产阶段,第二轮注气 80×10^4 m³,在注气末期注入 200 m³ 微分散凝胶泡沫。2019 年 5 月 13 日完成 TH121119H 井凝胶泡沫注入施工,开井后含水率陡升后显著下降,平均含水率由 80% 下降至最低 10%,随后进入高含水波动阶段。这说明微分散凝胶泡沫在初期进入了孔隙,封堵了井底附近的水流优势通道,改善了注入氮气压水锥的作用效果,促使后续注入水绕流,启动次级渗流通道中的剩余油,次级渗流通道中靠近井底端的水首先被驱至井底,随后次级渗流通道中的剩余油被驱至井底,呈现出开井后含水率陡升后显著下降的生产特征。

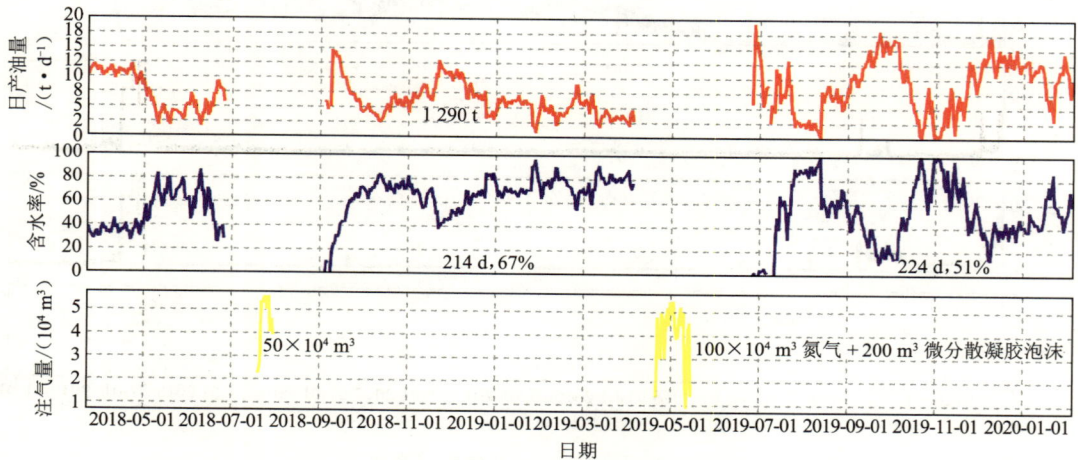

图 4-4-5　TH121119H 井泡沫辅助氮气驱单井吞吐生产动态曲线

二、单元调驱矿场先导试验

针对塔河油田单元注气沿优势通道气窜、井间剩余油难动用问题,实施凝胶泡沫调驱措施,以控制井组气窜,扩大波及范围,提高原油采收率。塔河油田共开展凝胶泡沫辅助氮气驱单元调驱矿场试验 3 井次,下面以 TK722CH2 井组为例进行简要说明。

1. 井组概况

S86 缝洞单元位于塔河主体区西部位构造平台区的 S86 缝洞条带,单元受北西 S98 和北东 T708 主干断裂共同控制。其中,S98 断裂为挤压性断裂,岩溶作用相对较弱,缝洞发育规模小,井间连通性差,油气充注度低;T708 断裂为拉张性断裂,岩溶作用相对较强,缝洞发育规模大,井间连通性好,油气充注度高。

图 4-4-6 所示为 S86 缝洞单元能量体/蚂蚁体属性叠合图。由图可知,该单元北东、北西主干断裂发育,自西向东和近西—南向次级断裂发育,单井钻时曲线和测井解释数据显示单井基本以钻遇裂缝沟通溶洞为主,通过酸压建产,综合分析认为该缝洞单元断裂+裂缝发育,储集体沿断裂延展方向发育展布,属于典型的断控岩溶油藏。该单元面积为 5.38 km²,地质储量为 479.1×10^4 t。

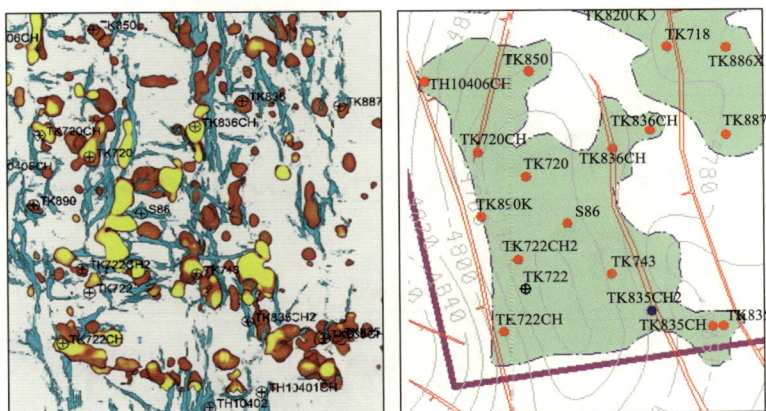

图 4-4-6　S86 缝洞单元能量体/蚂蚁体属性叠合图

2. 生产概况

图 4-4-7 所示为 TK722CH2 关联井组奥陶系油藏综合开发曲线,可划分为以下 3 个阶段:

(1) 天然能量开发阶段(2001-11—2008-07)。TK743 井投产初期采用 6 mm 油嘴进行生产,油压为 10.2 MPa,日产液量为 34.4 t/d,日产油量为 28.6 t/d,含水率为 16.9%;TK722 井投产初期采用 6 mm 油嘴进行生产,油压为 9.4 MPa,日产液量为 171.9 t/d,日产油量为 121.9 t/d,含水率为 29.1%;TK835CH 井投产初期采用 6 mm 油嘴进行生产,油压为 8.7 MPa,日产液量为 109.7 t/d,日产油量为 107.1 t/d,含水率为 1.8%;TK836CH 井投产初期采用 6 mm 油嘴进行生产,油压为 5.8 MPa,日产液量为 20.4 t/d,日产油量为 19.4 t/d,含水率为 5%。

(2) 单元水驱开发阶段(2008-08—2013-10)。TK835CH 井转单元注水井,与 TK743 井建立水驱连通,TK743 井含水率呈台阶式下降,呈现明显水驱受效特征;TK836CH 井转单元注水井,单元进入水驱开发。水驱过程中 TK836CH—S86 井建立水驱注采受效关系,S86 井在水驱期间有较短的含水波动下降受效特征。

(3) 单元气驱+单元水驱开发阶段(2014-08 至今)。单元水驱效果变差后,该关联井组中第 1 口单元注气井 TK722CH2 井进行了 4 周期单元气驱,在注气至第 3 周期(注入 200×10^4 m³氮气)后邻井 S86 井与 TK722CH2 井建立气驱注采受效关系,S86 井含水快速下降,具有良好的气驱效果,日产油量从 0 t/d 上升至 25~30 t/d;第 2 口单元注气井为 TK836CH 井,在 2015 年单元试注气过程中,邻井 S86 井含水率下降至 0%,是典型的气驱受效特征。

3. 井组连通性及潜力分析

图 4-4-8 所示为 S86 缝洞单元相干图。从图中可以看出,S86 缝洞单元区域主干断裂、夹持区次级断裂较发育,TK722CH2 关联井组区域内不同规模的缝洞体均较发育,井

间主要依靠断裂-溶洞体-断裂连通,多发育近北—东主干断裂、西—东和西南向的次级断裂,井间多分布不同尺度的高部位溶洞体。

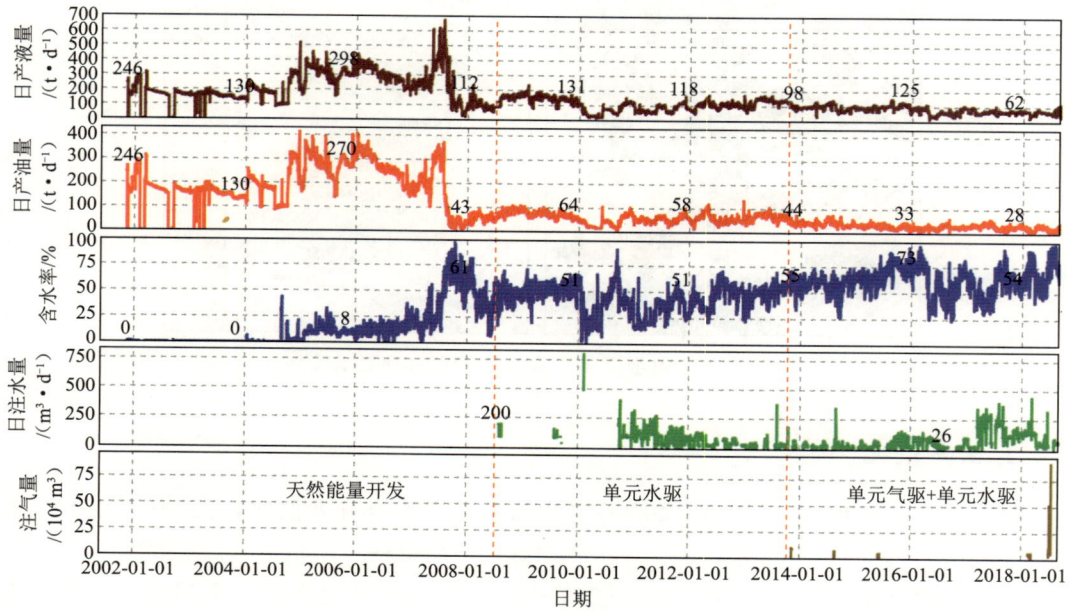

图 4-4-7　TK722CH2 关联井组奥陶系油藏综合开发曲线图

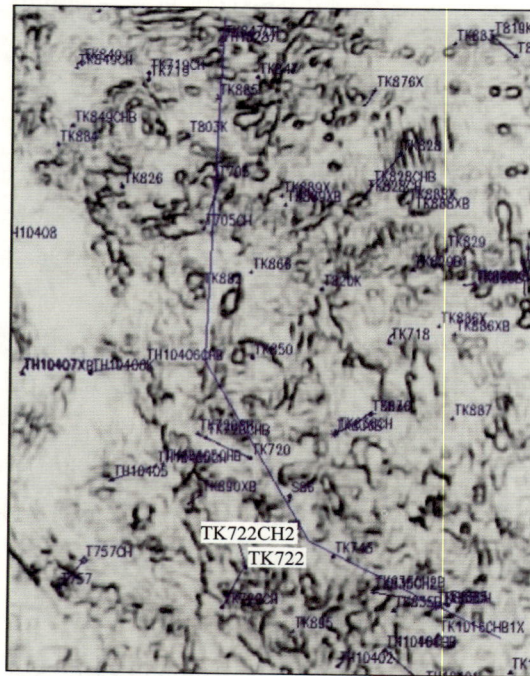

图 4-4-8　S86 缝洞单元相干图

　　TK722CH2 关联井组在前期水驱开发过程中存在 4 条连通路径(图 4-4-9):TK722CH2—S86,TK722CH2—TK743,TK836CH—S86 和 TK835CH2—TK743,其中受效最明显的为 TK722CH2—S86 和 TK722CH2—TK743。TK722CH2—S86 井间水驱通道以溶洞-裂缝为主,井间、井周断溶体规模较大,通过水驱能够对井间通道内油体进行有效驱替,同时该注采对应井组水驱受效时间较长,表明储集体和剩余油具备一定的规模。TK722CH2—TK743 井间水驱通道以溶洞-裂缝为主,静态连通显示井间发育一定的溶洞相储集体,通过大排量注水能够对该通道内的剩余油进行动用。

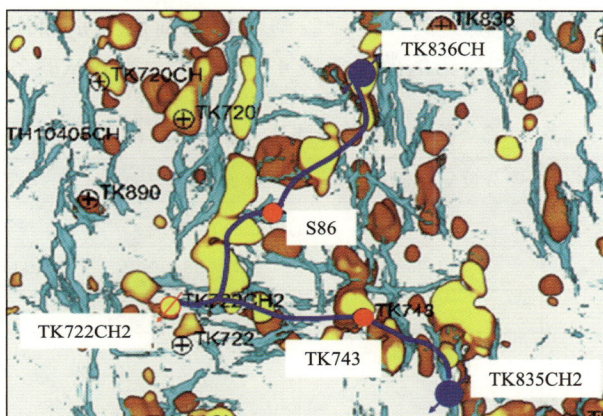

图 4-4-9　TK722CH2 关联井组水驱注采对应关系图

　　综合分析动静态资料可知,TK722CH2-S86 井组水驱、气驱通道较一致,井间发育北东向断裂,储集体沿北东向次级断裂发育,规模较大,是井间水驱、气驱的有利部位,仍有保持多周期气驱的潜力。TK722CH2 关联井组在氮气驱过程中存在 TK722CH2—S86 气驱主要受效方向。

　　通过对 TK722CH2 关联井组前期气驱过程中出现的问题进行分析,并结合目前静态刻画认识和生产状况,发现主要存在以下三方面的问题:

　　(1)气驱过程中,TK722CH2 井注气后仅 S86 井单向受效,气驱受效方向单一;

　　(2)TK722CH2 井组有氮气突破的风险;

　　(3)TK722CH2 井组气驱效果周期递减加大。

　　结合 TK722CH2 关联井组目前存在的主要问题和井组内可挖潜区域的排查,认为该井组实施凝胶泡沫辅助氮气驱有以下潜力:

　　(1)凝胶泡沫可抑制优势通道气体突进,调整向 S86 井的氮气分流量,延缓 S86 井氮气驱见气时间,提高后续气驱效果;

　　(2)凝胶泡沫占据主干断裂空间后,可使后续注入氮气转向,改变氮气沿北东向断裂运移的单一优势驱替方向,在 TK722CH2-TK890 和 TK722CH2-TK895CH 两个方向建立新的动态连通关系;

　　(3)TK722CH2-TK743 方向水窜,凝胶泡沫能够发挥压水锥的作用,降低目标井含水率。

4. 凝胶泡沫辅助氮气驱单元调驱段塞设计

TK722CH2 井组微分散凝胶泡沫辅助氮气驱矿场施工采用微分散凝胶泡沫体系＋普通泡沫体系＋纯氮气 3 段式注入方式,单周期氮气总量为 150×10^4 m³,其中 38×10^4 m³ 氮气用于制备第 1 段塞微分散凝胶泡沫体系(氮气/体系液体积比为 1∶1),57×10^4 m³ 氮气用于制备第 2 段塞普通氮气泡沫(氮气/起泡液之比 3∶1),剩余 55×10^4 m³ 纯氮气作为第 3 段塞注入。普通泡沫是未添加凝胶作为稳泡剂的泡沫体系,其配方为 0.15% S-12 与 0.15% S-16 复配,主要作用是在注入井近井区域缓冲后续氮气段塞,保护前置微分散凝胶泡沫段塞,防止氮气段塞过快突破。在凝胶泡沫段塞前后分别加注示踪剂 A 和示踪剂 B,以评价微分散凝胶泡沫控制气窜的效果。表 4-4-3 所示为先导试验各段塞名称及注入量。

表 4-4-3　微分散凝胶泡沫注入量及注入段塞顺序

注入顺序	段塞名称	微分散凝胶泡沫液/m³	纯氮气量/(10^4 m³)	气液比	地下体积/m³
第 1 段塞	示踪剂 A				
第 2 段塞	凝胶泡沫	1 250	38	1∶1	2 500
第 3 段塞	示踪剂 B				
第 4 段塞	普通泡沫	625	57	3∶1	2 500
第 5 段塞	纯氮气驱	—	55	—	1 809

5. 凝胶泡沫辅助氮气驱单元调驱效果分析

1) 抑制氮气沿优势通道突进

微分散凝胶泡沫辅助氮气驱过程中,注入井的油压逐渐升高,生产井的油压呈现先降低后升高的趋势。图 4-4-10 所示为 TK722CH2 井组泡沫辅助氮气驱过程中的注入压力变化曲线。在微分散凝胶泡沫注入阶段,注入压力从 12.5 MPa 缓慢爬升至 17.5 MPa,表明微分散凝胶泡沫注入后在缝洞体内堆积,占据前期气驱优势通道,起到封堵和调剖的作用;在普通泡沫注入阶段,由于气液比增大,注入介质密度降低,导致注入压力从 17.5 MPa 陡升至 26 MPa,并在随后的注入中缓慢升高,表明优势通道中堆积的微分散凝胶泡沫持续发挥封堵作用,控制氮气沿优势通道突进。

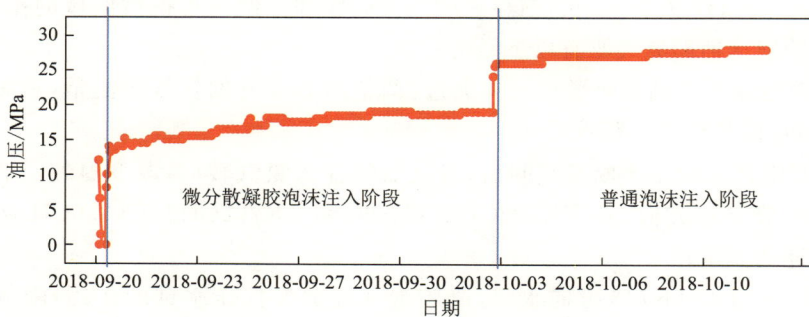

图 4-4-10　TK722CH2 井泡沫辅助氮气驱注入压力变化曲线

　　图 4-4-11 所示为 TK722CH2 井微分散凝胶泡沫辅助氮气驱邻井油压随时间的变化曲线。油压反映油井的供液能力，其中 TK722CH2 井注气，S86 井为主要受效井，TK722CH2 井与 S86 井之间存在气驱优势通道。TK722CH2 井注入微分散凝胶泡沫期间，S86 井油压下降幅度较大，这是因为微分散凝胶泡沫优先波及前期氮气驱的优势通道，抑制原有运移通道的氮气突进，导致 S86 井来自优势储集体的供液能力下降，表现为油压降低，而新的储集体有待于后期纯氮气段塞补充能量，提升供液能力，但 S86 井油压下降幅度大是由胶质和沥青质堵塞造成的。

　　表 4-4-4 所示为 TK722CH2 井微分散凝胶泡沫辅助氮气驱邻井示踪剂产出情况及控制气窜率。在先导试验过程中，在微分散凝胶泡沫段塞前注入示踪剂 A，在微分散凝胶泡沫段塞后注入示踪剂 B，从示踪剂的产出量分析可以看出：示踪剂 A 的产出量明显高于示踪剂 B 的产出量，示踪剂 A 注入油藏后沿各生产井优势通道方向窜进；示踪剂 B 受微分散凝胶泡沫段塞封堵优势通道的影响，在油藏中扩散范围增大，对应生产井的示踪剂产出量降低。考虑两种示踪剂饱和蒸气压的差异，微分散凝胶泡沫综合控制气窜率为 60%。

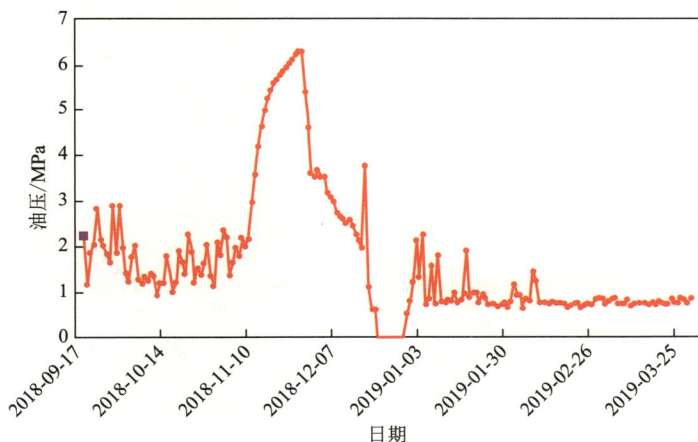
（a）TK743 井

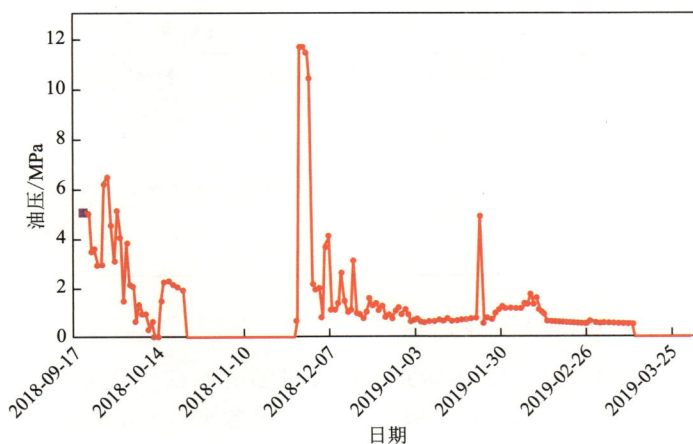
（b）S86 井

图 4-4-11　生产井油压变化曲线

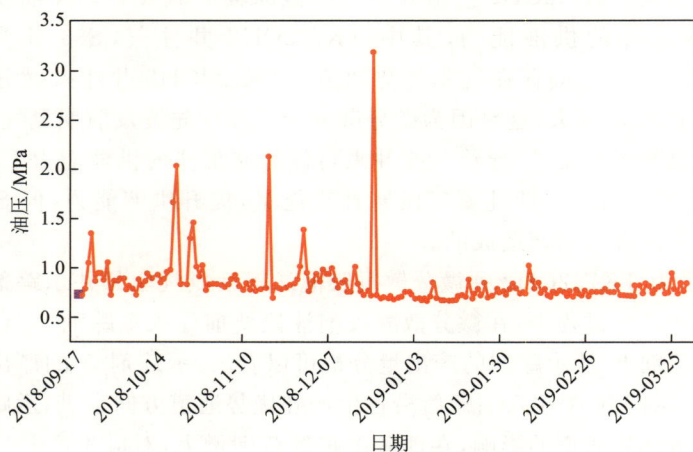

（c）TK890XCH井

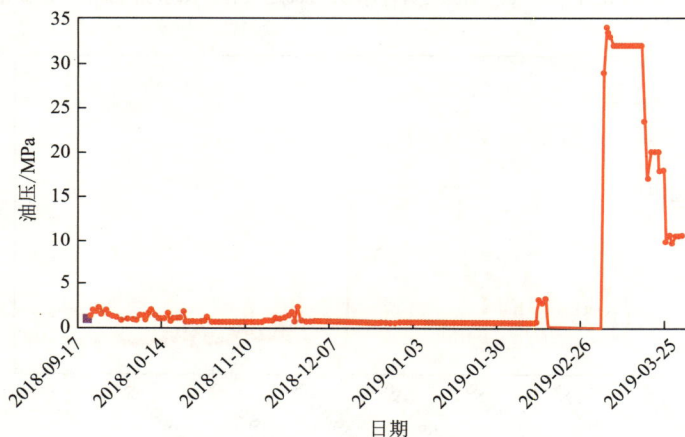

（d）TK895X井

图 4-4-11(续)　生产井油压变化曲线

表 4-4-4　示踪剂产出量及控制气窜率

注入井	生产井	示踪剂 A/g	示踪剂 B/g	控制气窜率/%	综合控制气窜率/%
TK722CH2	TK743	0.87	0.50	42.5	60
	S86	0.95	0.56	41.0	
	TK895X	0.76	0.46	39.5	
	TK890XCH	0.52	0.25	51.9	

2）氮气段塞转向启动新的缝洞体

图 4-4-12 所示为 TK722CH2 井邻井日产液量随时间的变化曲线。以注微分散凝胶泡沫前 10 d 各邻井日产液量平均值为基点(图中蓝色数据点)，TK722CH2 井注微分散凝胶泡沫期间，TK743 井日产液量呈现先下降后上升的趋势。TK722CH2 井与 TK743 井之间存在高导流水窜通道，微分散凝胶泡沫辅助氮气驱措施期间，TK743 井油压和产液量均

呈现波动下降后上升的趋势,这是因为微分散凝胶泡沫压锥并控制水窜通道,抑制优势通道供液,迫使后续氮气段塞转向,绕过优势通道补充油藏能量,导致后期 TK743 油压和产液量上升,新的缝洞体被启动。图 4-4-13 所示为 TK722CH2 井微分散凝胶泡沫辅助氮气驱邻井含水率与日产油量随时间的变化曲线。TK743 井含水率从 80% 下降至 60%,日产油量从 15 t/d 上升至 31 t/d 后自喷生产,最高日产油量达到 34.1 t/d,最低含水率为 2.65%,进一步表明微分散凝胶泡沫可发挥压锥作用,控制水、气优势通道,后续注入的氮气段塞转向绕流,启动新的缝洞体。

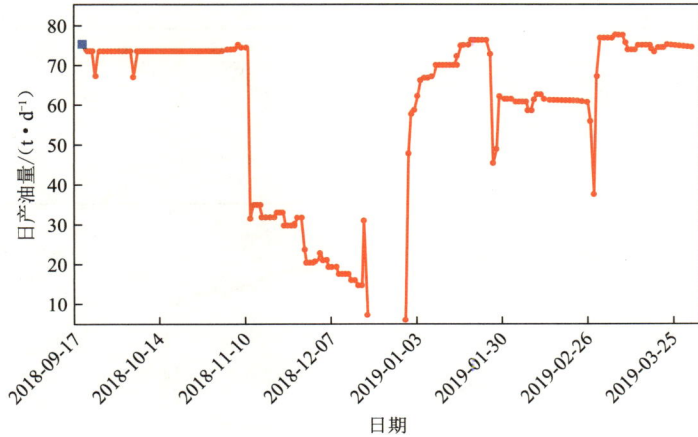

（a）TK743 井

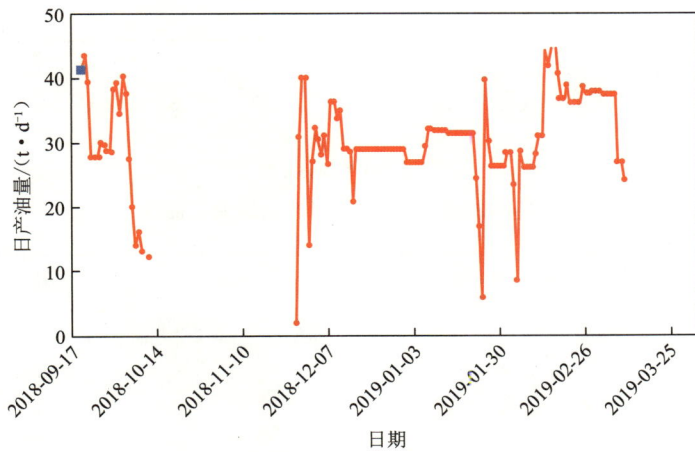

（b）S86 井

图 4-4-12　生产井日产油量变化曲线

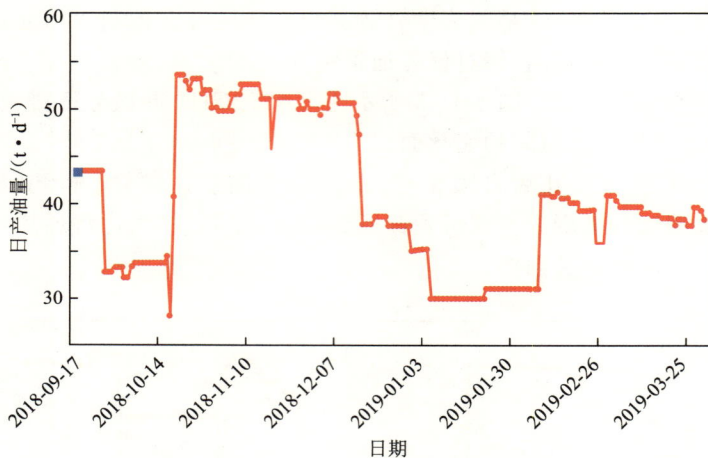
（c）TK890XCH 井

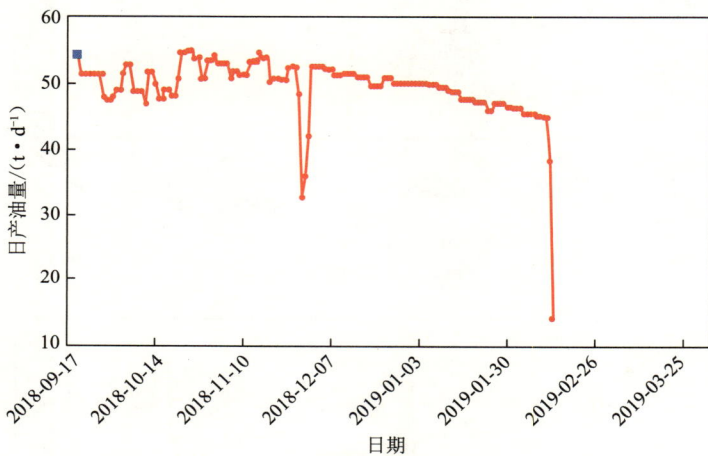
（d）TK895X 井

图 4-4-12(续)　生产井日产油量变化曲线

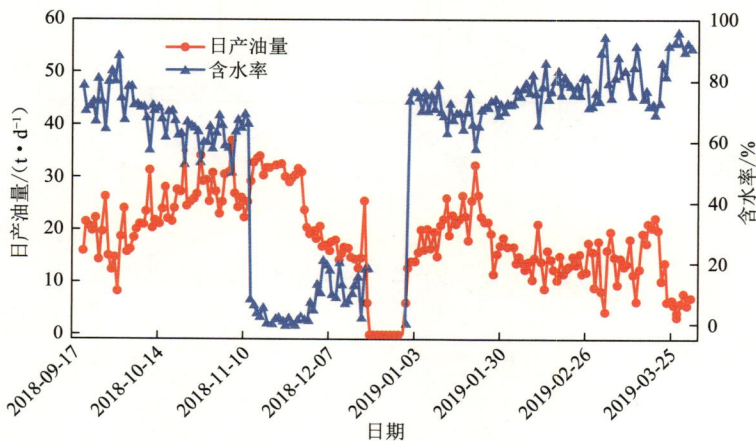
（a）TK743 井

图 4-4-13　生产井含水率与日产油量动态变化曲线

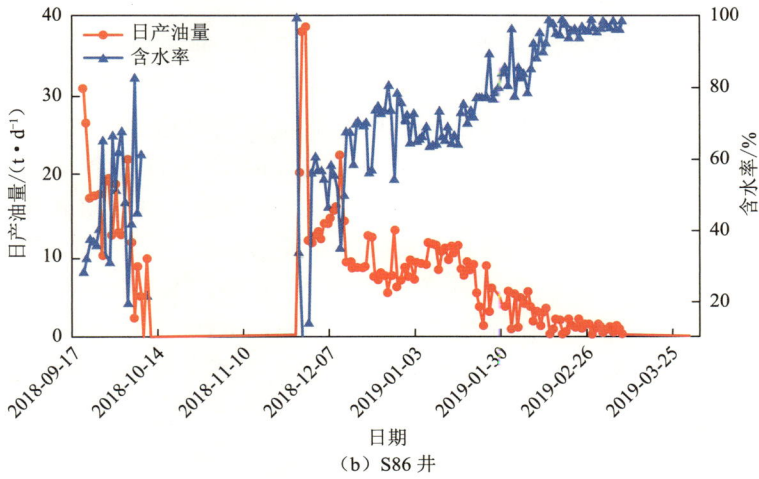

（b）S86 井

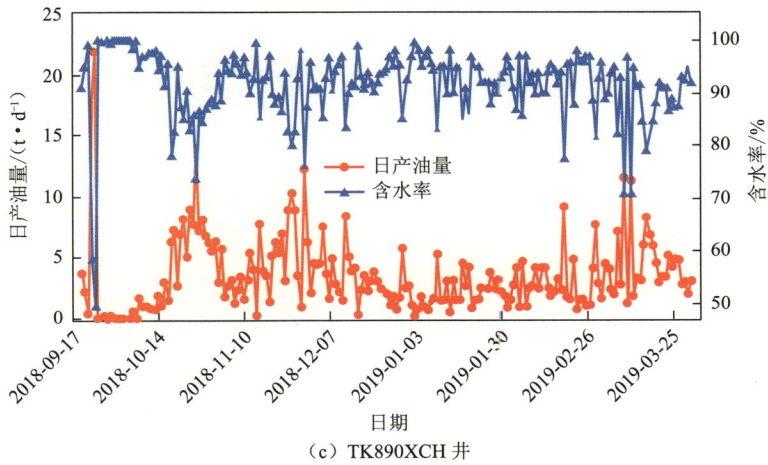

（c）TK890XCH 井

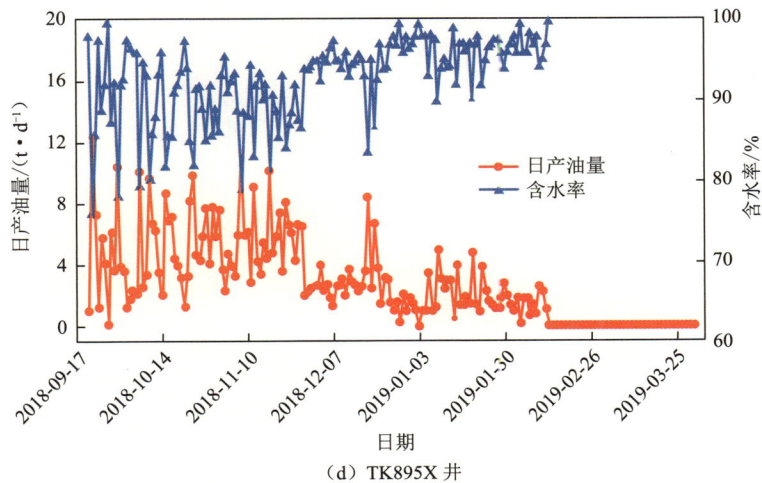

（d）TK895X 井

图 4-4-13（续）　生产井含水率与日产油量动态变化曲线

3）建立空间结构注采井网

TK722CH2 井微分散凝胶泡沫辅助氮气驱措施期间，邻井均有不同程度的产液、含水、增油等动态响应。TK890 井和 TK895X 井在前期 TK722CH2 井注水、注气期间均无明显响应，实施微分散凝胶泡沫辅助氮气驱后产液响应变化趋势一致（图 4-4-12），表明 TK722CH2 井微分散凝胶泡沫辅助氮气驱建立了与 TK890XCH 井和 TK895X 井的新连通受效关系。S86 井为前期气驱主要受效井，由于胶质/沥青质稠油堵塞井筒，上修处理，开井后无明显气驱受效响应，表明微分散凝胶泡沫段塞占据优势通道，后续氮气转向波及，但氮气注入量不足，导致未能启动新的缝洞体；此外，TK743 井、TK890XCH 井和 TK895X 井有明显的增油降水响应（图 4-4-13）。因此，TK722CH2 井微分散凝胶泡沫辅助氮气驱实施后，该井组由 1 注 1 采气窜转变为 1 注 4 采受效，扩大了波及范围，构建出空间结构注采井网。

第五章
缝洞型油藏注气油藏工程方法及注气政策

　　前期针对塔河油田缝洞型油藏开展了注氮气提高采收率技术研究,初步形成了注气选井原则和注气技术政策,矿场实施取得了一定的开发效果,但是注气效果差异大,存在注气方式针对性不强、注气技术政策不完善和注气效果评价方法单一等问题。针对上述问题,利用数值模拟方法、油藏工程方法和矿场统计方法,开展不同储集体类型、不同连通程度和不同剩余油类型条件下的注气方式和注气参数优化研究,分析注气开发特征,建立注气效果评价指标,形成注气效果评价方法,并对适应不同注入气体的储量进行分类评价,形成系统的缝洞型油藏注氮气技术政策和注气效果评价技术,为"十三五"期间塔河油田缝洞型油藏注气提高采收率提供理论依据。

　　通过研究与攻关,综合利用物理模拟、数值模拟手段和油藏工程方法,以提高气驱控制和动用为最终目标,考虑岩溶、剩余油、静动态连通和动用机理,形成了差异化气驱空间立体井网构建方法及气驱空间立体注采井网合理评价方法;采用数值模拟技术,建立了三大岩溶油藏差异化注气方式;形成了不同岩溶油藏不同阶段氮气驱注气技术政策;针对阶段评价目的,建立了注气效果评价动态指标体系,形成了评价方法及标准,明确了塔河油田缝洞型油藏不同密度原油适宜注气介质和储量规模。

第一节　氮气驱井网构建原则及方法

利用数值模拟方法和矿场统计方法,制定氮气驱井网构建原则:
(1) 高注低采、逐级动用,发挥氮气立体驱替作用;
(2) 一注多采、最大控制,扩大氮气驱的有效波及;
(3) 洞注洞(缝)采、快速动用,发挥氮气的重力驱作用。

一、井网构建模式

1. 风化壳岩溶油藏

风化壳岩溶油藏的特点为表层发育大规模岩溶带,垂向渗滤岩溶带厚度大,通过断层控制地下暗河的位置及规模。溶洞间发育呈现多向沟通的缝洞结构,井网为"似蜂巢"的不规则井网,具有多向对应、网状连接特征。

针对风化壳岩溶油藏储集体的发育特点,前期水驱开发过程中主要动用的是井间低部位储集体,而井间高部位储集体动用程度较低,因此风化壳岩溶油藏井网构建遵循高注低采、一注多采、井间潜力明确的构建原则,采用周期气驱的方式,目的是提高表层岩溶带中水驱未/低波及剩余油的动用。以 S48 单元为例,在高部位部署 T402 注气井,3 口邻井受效,实现了气驱井网的有效动用。

风化壳岩溶油藏气驱井网部署遵循以下原则:采用高注低采的注采对应关系,动用井间高部位剩余油,优选一注多采的注气井网,采用大规模的周期气驱。

2. 古暗河岩溶油藏

古暗河岩溶油藏发育表层岩溶带,同时垂向渗滤和径流岩溶带发育,通过断层、古地貌特征控制地下暗河的规模和走向,缝洞结构表现为空间两套系统,且局部裂缝纵向沟通,暗河局部充填分隔。因此,建立"分支注河道采,高注低采"的注气井网,能更好地动用井间储集体。古暗河岩溶油藏的井间连通性明确,前期水驱动用程度相对较低,沿水驱受效方向在主河道上部署井网,采用气水交替的注气方式,可以更好地提高对缝洞体的有效动用。

古暗河岩溶油藏气驱井网部署遵循以下原则:选择主-分支河道上静动态连通性明确、水驱动用程度低的注采井组;部署高注低采的注气井网,动用表层岩溶带-垂向渗滤带区域剩余油,优选气水交替的注气方式,最大限度地动用井间剩余油。

3. 断溶体岩溶油藏

断溶体岩溶油藏的缝洞沿着断裂走向分布,呈现平面分段、纵向局部分隔的特点,同时发育表层溶蚀带和中深层暗河平面,纵向连通表现出非均质性,一般建立"高注低采、边注核采"的气驱井网。

断溶体岩溶油藏气驱井网部署遵循以下原则:采用"高注低采、过渡带注核部采"的注采方式,选择多周期、小规模气驱的注气方式;由于断溶体岩溶油藏普遍裂缝发育,动静态连通性很好,为避免气窜,采取气水交替的注入方式,最大限度地动用井间储集体。

针对上述三类岩溶油藏,依据水驱后剩余油分布特征和储集体形态,提出了构建面积井网、网状井网、线状井网的差异化气驱注采井网(表 5-1-1)。

表 5-1-1　三大岩溶背景井网构建原则

目标油藏	风化壳岩溶油藏	古暗河岩溶油藏	断溶体岩溶油藏
储集体展布形态	连片分布	条带状展布	沿断裂发育
剩余油分布特征	水驱剩余油普遍分布,受局部残丘控制	水驱剩余油分布在主河道上,受河道岩溶发育程度控制	水驱剩余油分布在断裂核部,受断裂发育程度控制
注采关系	高注低采	分支注河道采	边注核采

目标油藏	风化壳岩溶油藏	古暗河岩溶油藏	断溶体岩溶油藏
注采井网	面积井网	网状井网	线状井网
典型示范单元	S48 单元、S65 单元	S67 单元、S80 单元	T705 单元、S76 单元

二、井网评价方法

1. 气驱控制程度

气驱控制程度定义为在现有注采井组条件下,气驱井组内最深生产井的最低生产层段(最深油气界面)和 T_7^4 界面之间的缝洞体视体积与原始油水界面和 T_7^4 界面之间的缝洞体视体积之比,其计算表达式为:

$$E_{vc} = \frac{V_{T_7^4\text{-ogd}}}{V_{T_7^4\text{-owi}}}$$

（5-1-1）

式中　E_{vc}——气驱控制程度;

$V_{T_7^4\text{-ogd}}$——气驱井组内最深生产井最低生产层段(ogd)与 T_7^4 界面之间的缝洞体视体积;

$V_{T_7^4\text{-owi}}$——原始油水界面(owi)与 T_7^4 界面之间的缝洞体视体积。

气驱井组气驱控制程度剖面示意图及地震能量属性体缝洞三维分布图如图 5-1-1 所示。

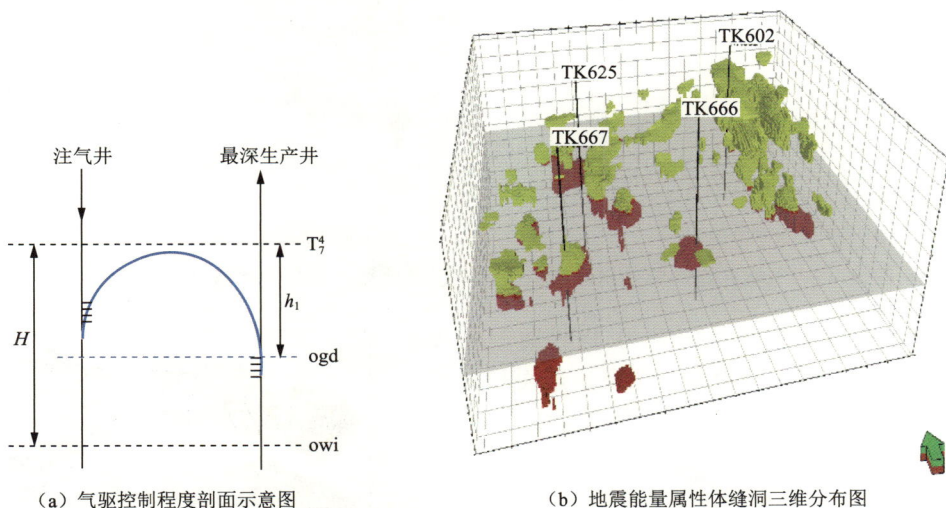

（a）气驱控制程度剖面示意图　　　　（b）地震能量属性体缝洞三维分布图

图 5-1-1　气驱井组气驱控制程度剖面示意图及地震能量属性体缝洞三维分布图

在气驱控制程度实际计算过程中,可以根据地震能量属性体截断获取溶洞的空间展布,从而获得两个缝洞体视体积的比值。虽然直接利用地震能量属性体很难准确判断实际缝洞体的大小,但在同属性下两者之间的比值能够准确地反映纵向上缝洞体的分布。气驱井组内最深生产井的最低生产层段和 T_7^4 界面之间的缝洞体视体积与原始油水界面和

T_7^4 界面之间的缝洞体视体积之比能够有效反映气驱控制程度。

动用程度的定义同样不能单纯基于厚度的概念，必须基于三维空间缝洞体的体积。动用程度为气驱动用部分与控制部分的比值。

气驱纵向动用程度定义为在现有注采井组条件下，气驱井组内最浅生产井的最低生产层段（最深油气界面 ogs）和 T_7^4 界面之间的缝洞体视体积与最深生产井的最低生产层段（最深油气界面 ogd）和 T_7^4 界面之间的缝洞体视体积之比，其计算表达式为：

$$E_{vp} = \frac{V_{T_7^4\text{-ogs}}}{V_{T_7^4\text{-ogd}}} \tag{5-1-2}$$

式中 E_{vp}——气驱纵向动用程度；

$V_{T_7^4\text{-ogs}}$——气驱井组内最浅生产井最低生产层段（ogs）与 T_7^4 界面之间的缝洞体视体积。

气驱井组纵向动用程度剖面示意图及地震能量属性体缝洞三维分布图如图 5-1-2 所示。

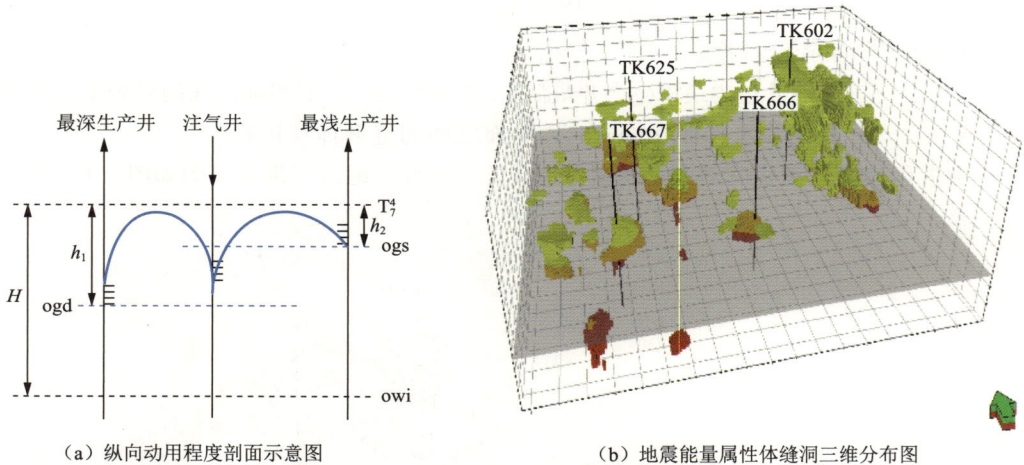

（a）纵向动用程度剖面示意图　　　　（b）地震能量属性体缝洞三维分布图

图 5-1-2　气驱井组纵向动用程度剖面示意图及地震能量属性体缝洞三维分布图

气驱平面动用程度的定义为 T_7^4 界面与最浅生产层段之上储集体平面叠合图中连通面积与总面积的比值（图 5-1-3），其计算表达式为：

$$E_{pp} = \frac{S_D}{S_T} \tag{5-1-3}$$

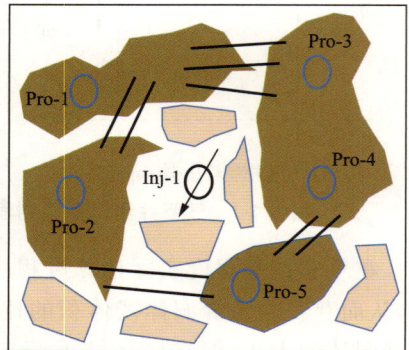

式中 E_{pp}——气驱平面动用程度；

S_D——气驱井组最浅生产层段之上储集体平面叠合图中的连通面积；

S_T——气驱井组最浅生产层段之上储集体平面叠合图中的总面积。

图 5-1-3　气驱注气井组的平面动用示意图

2. 气驱动用储量

1）气驱动用储量

井组内单井的动用储量采用生产数据分析（production data analysis，PDA）法进行计算。该方法是一种基于基本流动方程和物质守恒理论，将一系列单井产量及压力等动态数据，通过成熟的典型曲线图版的拟合，选择合适的理论模型来评价单井动用储量的方法。

圆形封闭地层拟稳态阶段的流动方程为：

$$\frac{\Delta p}{q} \cong 70.6 \frac{B\mu}{kh} \ln \frac{r_e^2}{r_w^2 s^{3/2}} + 0.233\,9 \frac{B}{\phi h c_t A} t \tag{5-1-4}$$

式中　Δp——生产井的压力降，MPa；

$\quad\quad q$——生产井的日产油量，m^3/d；

$\quad\quad B$——原油体积系数，m^3/m^3（标准状态）；

$\quad\quad \mu$——地层油黏度，$mPa \cdot s$；

$\quad\quad k$——渗透率，μm^2；

$\quad\quad h$——地层厚度，m；

$\quad\quad r_e$——供油半径，m；

$\quad\quad r_w$——井筒半径，m；

$\quad\quad s$——表皮系数；

$\quad\quad \phi$——孔隙度；

$\quad\quad c_t$——综合压缩系数，MPa^{-1}；

$\quad\quad A$——供油面积，m^2；

$\quad\quad t$——时间，d。

令

$$m = 0.233\,9 \frac{B}{\phi h c_t A} \tag{5-1-5}$$

$$b = 70.6 \frac{B\mu}{kh} \ln \frac{r_e^2}{r_w^2 s^{3/2}} \tag{5-1-6}$$

则有：

$$\frac{\Delta p(t)}{q(t)} = m t_{cr} + b \tag{5-1-7}$$

$$t_{cr} = \frac{1}{q(t)} \int_0^t q(\tau) \mathrm{d}\tau = \frac{Q(t)}{q(t)} \tag{5-1-8}$$

式中　t_{cr}——物质平衡时间；

$\quad\quad \dfrac{\Delta p(t)}{q(t)}$——流量重整压力；

$\quad\quad Q(t)$——累积产油量，m^3。

从式（5-1-8）中可以看出，当封闭油藏流体达到拟稳态流动阶段时，根据直线段斜率和截距就可以得到一系列油藏参数，包括动用储量、渗透率 k、泄油半径 r_e、表皮系数 s、窜流系数、储容比等。

井组总动用储量包括弹性驱、底水驱和注水驱等措施动用储量,其值为气驱井组内注气井、注气响应井和注气见效井的动用储量之和,其表达式为:

$$N_t = \sum_{j=1}^{n} N_j \tag{5-1-9}$$

式中 N_t——注气井组的总动用储量,10^4 t;

    N_j——井组中第 j 口生产井的动用储量,10^4 t。

2)井组动用储量

气驱井组动用储量定义为注气井及所有注气响应或见效井动用储量之和减去气驱井组内生产井注气前的累产量的值与控制程度、纵向动用程度及平面动用程度的乘积,其表达式为:

$$N_g = \left(\sum_{j=1}^{n} N_j - \sum_{j=1}^{n} N_{pj} \right) E_{vc} E_{vp} E_{pp} \tag{5-1-10}$$

式中 N_g——气驱井组动用储量,10^4 t;

    N_{pj}——井组中第 j 口井注气前的累产量,10^4 t;

    E_{vc}——气驱控制程度;

    E_{vp}——气驱纵向动用程度;

    E_{pp}——气驱平面动用程度。

3.评价方法应用

TK666 井于 2015 年 2 月 11 日开始注气,截至 2018 年 5 月,累积注气量达 1 239.9×10^4 m³,注气期间共有 3 口受效井,累计增油 5×10^4 t,其中 TK602 井于 2015 年 3 月 13 日受效,累计增油 2.3×10^4 t;TK625 井于 2015 年 6 月 10 日受效,累计增油 1.3×10^4 t;TK667 井于 2015 年 7 月 1 日受效,累计增油 1.4×10^4 t。

1)TK666 井组动用储量计算

利用 PDA 法,基于流量重整压力 $\dfrac{\Delta p(t)}{q(t)}$ 与物质平衡时间 t_{cr} 之间的双对数曲线进行拟合,分别计算 4 口井的动用储量,结果见表 5-1-2。

表 5-1-2   TK666 气驱井组内 4 口井的生产状况及动用储量计算结果

井 型	井 号	初产量/(t·d⁻¹)	累产油量/(10^4 t)	动用储量/(10^4 t)
注气井	TK666	105	5.4	30.5
采油井	TK602	416	38.6	106.6
	TK625	164	19.5	75.8
	TK667	128	14.7	60.6
合 计			78.2	273.5

2）TK666 井组气驱控制程度计算

根据 TK666 气驱井组周围地震能量体属性，截取溶洞的空间展布（图 5-1-4），并计算气驱井组内最深生产井的最低生产层段（最深油气界面 ogd）和 T_7^4 界面之间的缝洞体视体积与原始油水界面 owi 和 T_7^4 界面之间的缝洞体视体积的比值，即得到控制程度。通过计算得到最浅生产井的最深油气界面与 T_7^4 界面之间的缝洞体视体积为 $1\,744\times10^4$ m^3，原始油水界面 owi 与 T_7^4 界面之间的缝洞体视体积为 $1\,896\times10^4$ m^3，基于控制程度的计算公式（5-1-1），得到控制程度 $E_{vc}=0.92$。因此，TK666 气驱井组控制程度为 0.92。

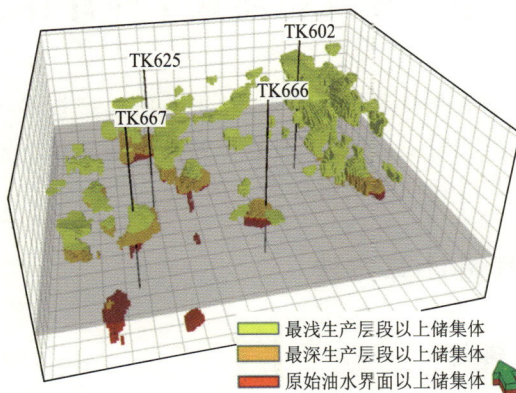

（a）地震能量属性体缝洞三维刻画

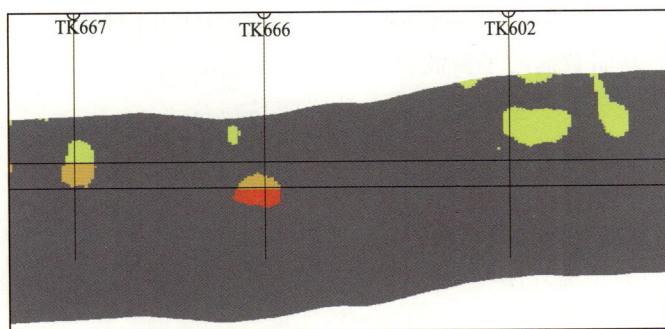

（b）能量体数据连井剖面图

图 5-1-4 TK666 气驱井组基于地震能量属性体数据的缝洞三维分布图

3）TK666 井组纵向动用程度计算

根据 TK666 气驱井组周围地震能量体属性，截取溶洞的空间展布，并计算气驱井组内最浅生产井的最低生产层段（最浅生产井的最深油气界面 ogs）和 T_7^4 界面之间的缝洞体视体积与原始油水界面 owi 和 T_7^4 界面之间的缝洞体视体积的比值，即得到纵向动用程度。通过计算得到最浅油气界面与 T_7^4 界面之间的缝洞体视体积为 $1\,418\times10^4$ m^3，最深油气界面和 T_7^4 界面之间的缝洞体视体积为 $1\,744\times10^4$ m^3，基于纵向动用程度计算公式（5-1-2），得到纵向动用程度 $E_{vp}=0.81$。因此，TK666 气驱井组纵向动用程度为 0.81。

4）TK666 井组平面动用程度计算

根据气驱平面动用程度的定义，T_7^4 界面与最浅生产层段之上储集体平面叠合图中连

通面积为 $1\,154\times10^4\ m^2$,不连通体面积为 $1\,228\times10^4\ m^2$,由式(5-1-3)得到平面动用程度 $E_{pp}=0.48$。因此,TK666 气驱井组平面动用程度为 0.48。

5）TK666 井组气驱动用储量计算

将 TK666 井组总动用储量、注气前累产量、气驱控制程度、纵向及平面动用程度代入气驱井组动用储量计算公式(5-1-9),得到该井组气驱动用储量为 $69.86\times10^4\ t$。

第二节　氮气驱油藏工程计算方法

基于缝洞型油藏气驱动用储量计算结果,利用数值模拟技术,论证不同储集体类型合理注气量与动用储量之间的关系,建立一种基于气驱动用储量、平面波及系数及纵向动用程度的缝洞型油藏注气井组合理注气量计算方法。

一、氮气驱注气量计算方法

1. 平面波及系数确定

1）古暗河及断溶体岩溶油藏线状井网平面波及系数计算

塔河油田缝洞型油藏古暗河井网(图 5-2-1a)和断溶体井网(图 5-2-1b)可以等效为线状井网(图 5-2-1c),其驱替剂的平面波及系数的计算公式为:

$$E_p=\frac{\dfrac{2\pi d}{a}-4\exp\left(-\dfrac{2\pi d}{a}\right)-2.776}{\dfrac{2\pi d}{a}\left[1+8\exp\left(-\dfrac{2\pi d}{a}\right)\right]}\sqrt{\frac{1+M}{2M}} \tag{5-2-1}$$

式中　E_p——驱替剂的平面波及系数;

d——井排间的距离,m;

a——井排上的距离,m;

M——驱替剂与油的流度比。

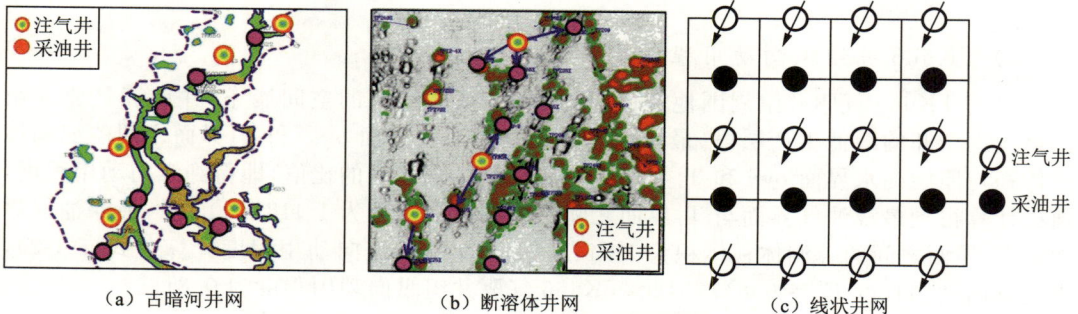

（a）古暗河井网　　（b）断溶体井网　　（c）线状井网

图 5-2-1　古暗河和断溶体岩溶油藏井网及其"线状井网"等效图

2）风化壳岩溶油藏类面积井网平面波及系数计算

（1）规则风化壳岩溶油藏一注多采井网平面波及系数的计算。

塔河油田风化壳岩溶油藏井网（图 5-2-2a）可以等效为类面积井网（图 5-2-2b）。类面积井网可以分为一注三采（或一注六采）、一注四采和一注八采 3 种情况。

一注三采（或一注六采）平面波及系数的计算公式为：

$$E_{\text{p-3/6}} = 0.743\sqrt[3]{\frac{1+M}{2M}} \tag{5-2-2}$$

式中　$E_{\text{p-3/6}}$——一注三采（或一注六采）井网平面波及系数。

一注四采平面波及系数的计算公式为：

$$E_{\text{p-4}} = 0.718\sqrt{\frac{1+M}{2M}} \tag{5-2-3}$$

式中　$E_{\text{p-4}}$——一注四采井网平面波及系数。

一注八采平面波及系数的计算公式为：

$$E_{\text{p-8}} = 0.525\sqrt{\frac{1+M}{2M}} \tag{5-2-4}$$

式中　$E_{\text{p-8}}$——一注八采井网平面波及系数。

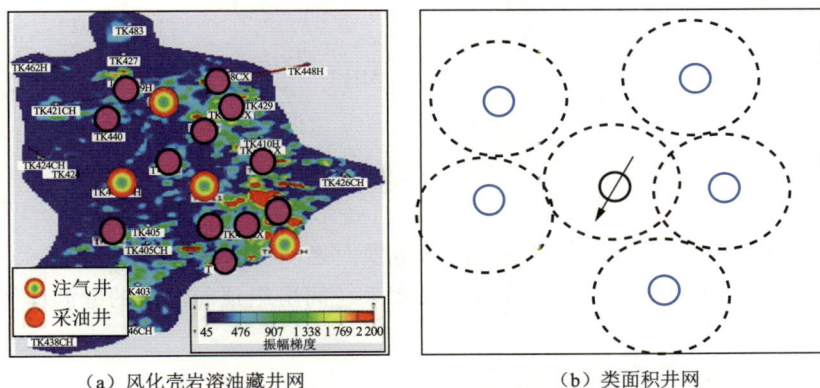

(a) 风化壳岩溶油藏井网　　　　　　　(b) 类面积井网

图 5-2-2　风化壳岩溶油藏井网及其类面积井网等效图

（2）不规则井网修正系数的确定。

油田现场的井网多数为不规则一注多采井网，而井网形状越不规则，平面波及系数就越小。因此，引入形状因子作为井网平面波及系数的修正系数。井网形状因子 F 为：

$$F = \frac{4\pi S}{L^2} \tag{5-2-5}$$

式中　S——规则井网多边形的面积，m^2；

　　　L——规则井网多边形的周长，m。

不规则井网平面波及系数的修正系数 F' 为规则井网形状因子与不规则井网形状因子之比：

$$F' = \frac{4\pi S/L^2}{4\pi S'/L'^2} \tag{5-2-6}$$

式中　S'——不规则井网多边形的面积，m^2；

　　　L'——不规则井网多边形的周长，m。

2. 合理注气量与动用储量关系

针对塔河油田实际典型断溶体岩溶油藏气驱见效井组，包括 well1（注气井）和 well2（生产井），选取实际缝洞储集体模型，通过对两口井的生产特征进行历史拟合，完善了模型，并在此基础上开展了气驱注气量的技术政策优化研究。

设定注气速度为 250 m^3/d，设计注气量分别为 0.25 PV（PV 表示储层孔隙体积），0.50 PV，0.75 PV，1.00 PV 和 1.25 PV，对比不同总注气量开发效果。分析认为，注气量越大，换油率越低。当注气量为 0.75 PV 时，具有较高的换油率，且提高采收率幅度最大，因此合理注气量应为剩余储量的 0.75 倍。

3. 注气量计算

基于实际典型断溶体油藏注气井组数值模拟，明确了合理注气量与储量之间存在定量关系，即合理注气量为剩余储量的 0.75 倍。因此，断溶体岩溶油藏注气量可以基于气驱动用储量确定，即注气量为气驱动用储量的 0.75 倍：

$$I_g = 0.75 \left(\sum_{j=1}^{n} N_j - \sum_{j=1}^{n} N_{pj} \right) \frac{\frac{2\pi d}{a} - 4\exp\left(-\frac{2\pi d}{a}\right) - 2.776}{\frac{2\pi d}{a}\left[1 + 8\exp\left(-\frac{2\pi d}{a}\right)\right]} \sqrt{\frac{1+M}{2M}} \frac{V_{oi}}{V_{os}} \times 300/\rho$$

$$(5\text{-}2\text{-}7)$$

式中　I_g——断溶体岩溶油藏注气井合理注气量，m^3；

　　　ρ——原油密度，g/cm^3；

　　　V_{oi}——原始油水界面与奥陶系一间房组顶面之间的缝洞体体积，m^3；

　　　V_{os}——气驱井组内最浅油气界面与奥陶系一间房组顶面之间的缝洞体体积，m^3。

二、氮气驱临界产量计算方法

1. 未充填溶洞型生产井临界产量

临界产量是缝洞型油藏实施氮气驱开发的重要指导参数。结合封闭定容未充填溶洞内气锥高度计算公式，当井筒位置处气锥高度为油柱厚度时，氮气锥进井底，生产井发生气窜，注气驱油效果变差甚至失效。

内边界条件为：

$$r = r_w \text{ 时}, f(r) = h_p - h_{og}$$

式中　$f(r)$——不同半径内边界条件函数；

　　　h_p——溢出点深度，m；

　　　h_{og}——原始油气界面深度，m；

　　　r_w——井径，m。

代入内边界条件,得到封闭定容未充填溶洞内气锥形成临界产量计算公式为:

$$Q_{oc} = \frac{\pi \Delta \rho_{og} g}{24 B_o \mu_o \ln \dfrac{r_c}{r_w}} (h_p^4 - h_{og}^4) \tag{5-2-8}$$

式中　Q_{oc}——临界产量,m^3/d;

$\Delta \rho_{og}$——油气密度差,kg/m^3;

B_o——原油体积系数;

μ_o——原油黏度,$mPa \cdot s$;

r_c——洞径,m。

依据式(5-2-8),绘制不同溢出点深度 h_p、不同原始油气界面深度 h_{og} 和不同洞径 r_c 下生产井临界产量关系图版(图 5-2-3~图 5-2-5),以指导生产井合理控制产量,有效预防气窜。

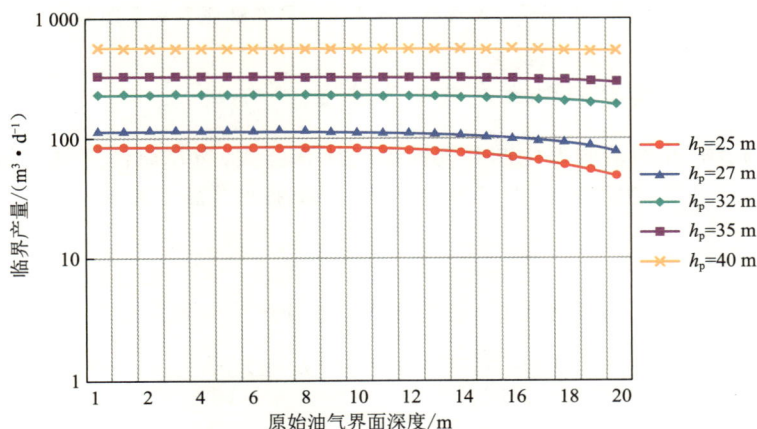

图 5-2-3　不同溢出点深度下临界产量-原始油气界面深度关系图版

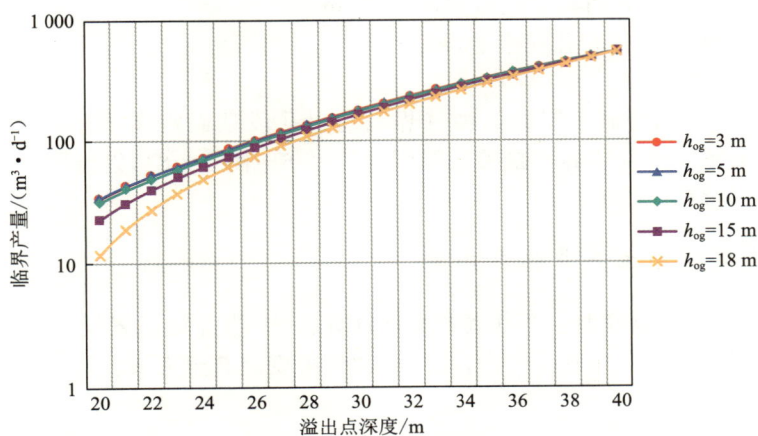

图 5-2-4　不同原始油气界面深度下临界产量-溢出点深度关系图版

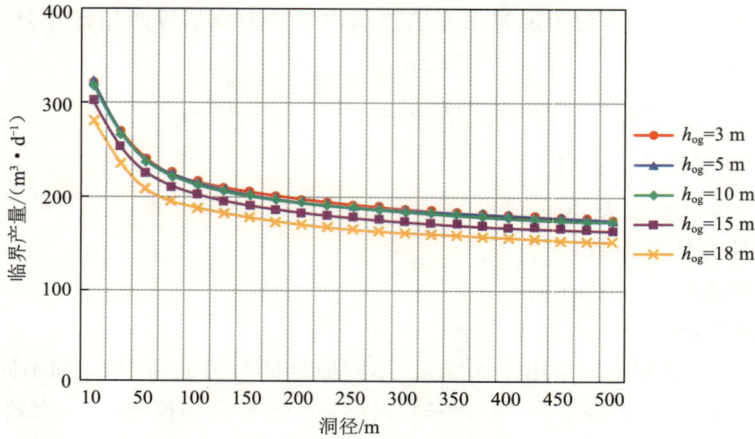

图 5-2-5　不同原始油气界面深度下临界产量-洞径关系图版

2. 溶蚀孔洞/充填溶洞型生产井临界产量

结合溶蚀孔洞/充填溶洞型生产井气锥高度计算公式,当井筒位置处气锥高度为射孔厚度时,氮气锥进井底,生产井发生气窜,注气驱油效果变差甚至失效。

内边界条件为:

$$r = r_w \text{ 时}, f(r) = D_t$$

代入内边界条件,得到溶蚀孔洞/充填溶洞型油井产生气锥的临界产量计算公式为:

$$Q_{oc} = \frac{\pi k \Delta \rho_{og} g}{B_o \mu_o \ln \frac{r_e}{r_w}} [h^2 - (h - D_t)^2] \tag{5-2-9}$$

式中　$\Delta \rho_{og}$——油气密度差,kg/m^3;

　　　h——储集体厚度,m;

　　　D_t——原始油气界面与射孔段顶面距离,m;

　　　r_e,r_w——供油半径和井筒半径,m;

　　　k——渗透率,μm^2。

依据公式(5-2-9),绘制不同原始油气界面与射孔段顶面距离 D_t、不同储集体厚度 h 和不同渗透率 k 下生产井临界产量关系图版(图 5-2-6～图 5-2-8),以指导生产井合理控制产量,有效预防气窜。

3. 大尺度裂缝型生产井临界产量

结合大尺度断裂、裂缝型生产井气锥高度计算公式,当井筒位置处气锥高度为射孔厚度时,氮气锥进井底,生产井发生气窜,注气驱油效果变差甚至失效。

内边界条件为:

$$x = 0 \text{ 时}, f(x) = h_p \sin \theta$$

代入内边界条件,得到大尺度断裂、裂缝型生产井产生气锥的临界产量计算公式为:

$$Q_{oc} = \frac{h_f \Delta \rho_{og} g}{12 \mu_o B_o L_f \sin^3 \theta} [w^4 - (w - h_p \sin \theta)^4] \tag{5-2-10}$$

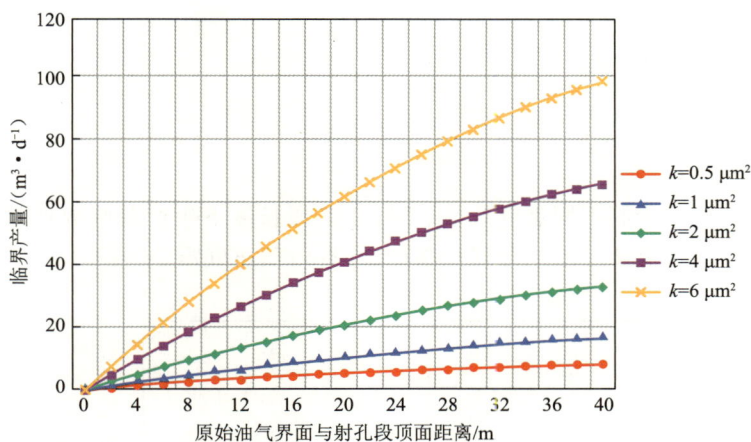

图 5-2-6　不同渗透率下临界产量-原始油气界面与射孔段顶面距离关系图版

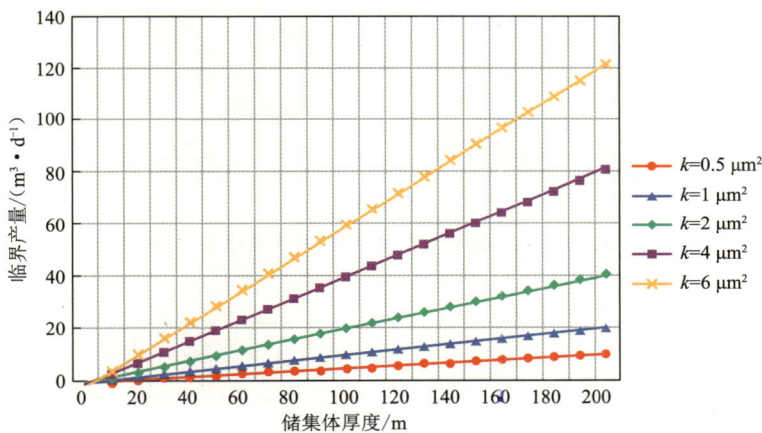

图 5-2-7　不同渗透率下临界产量-储集体厚度关系图版

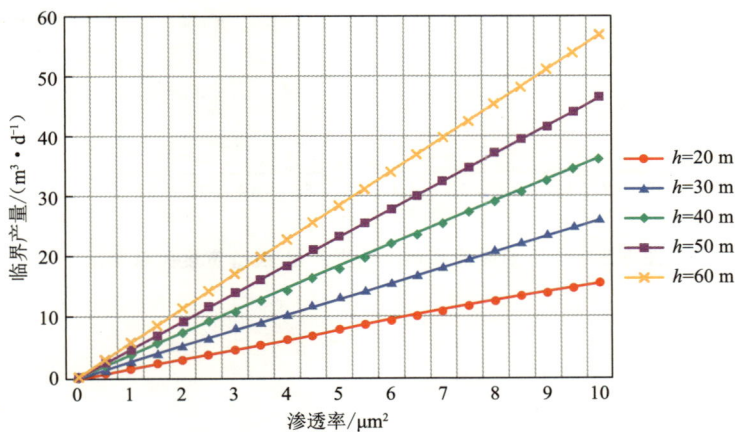

图 5-2-8　不同储集体厚度下临界产量-渗透率关系图版

式中 h_p——生产段长度,m;

             θ——裂缝倾角,(°);

             h_f——缝高,m;

             L_f——缝长,m;

             w——缝宽,m。

依据式(5-2-10),绘制不同裂缝属性、不同生产段长度下生产井临界产量关系图版(图 5-2-9～图 5-2-12),以指导生产井合理控制产量,有效预防气窜。

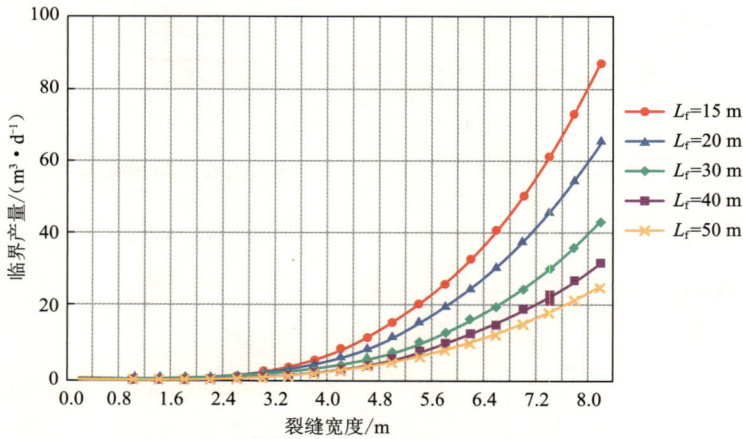

图 5-2-9   不同缝长下临界产量-裂缝宽度关系图版

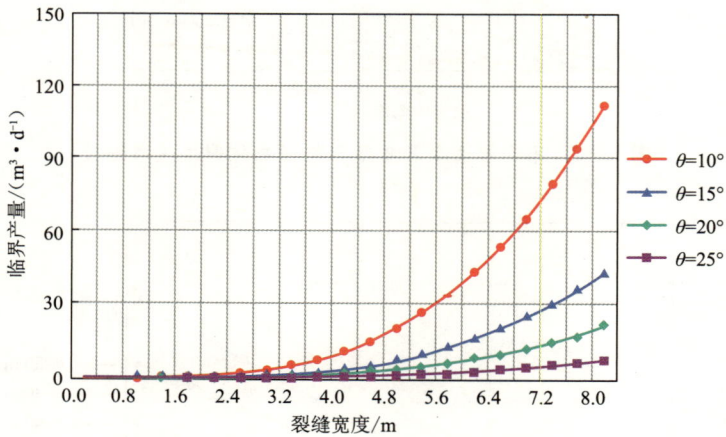

图 5-2-10   不同裂缝倾角下临界产量-裂缝宽度关系图版

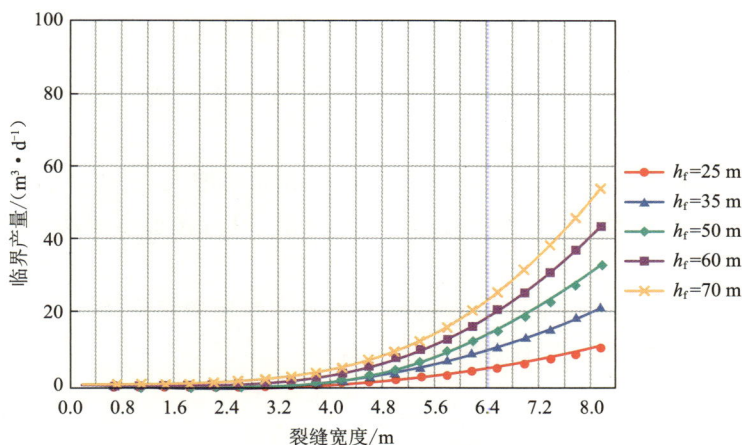

图 5-2-11　不同缝高下临界产量-裂缝宽度关系图版

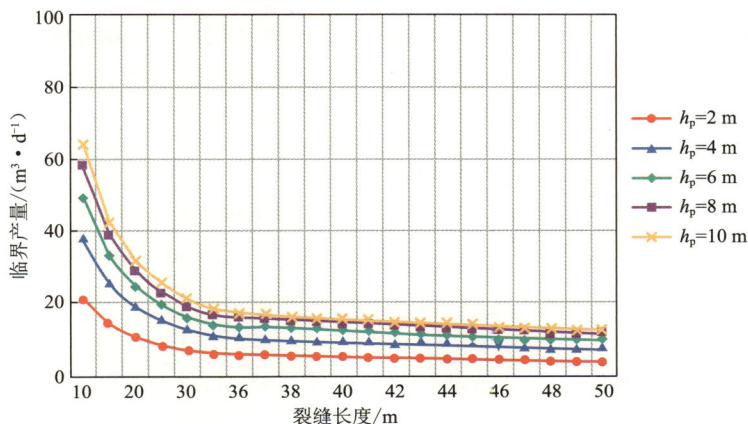

图 5-2-12　不同生产段长度下临界产量-裂缝长度关系图版

三、缝洞型油藏气窜预警方法

参考砂岩油藏气窜定义，当注入气驱油至生产井，气驱前缘突破，生产井见气时，即发生气窜。统计气窜井组的地质背景、储集体类型，结合气窜井组不同轮次气驱受效状况，将气驱井组的气窜类型划分为三大类：受效-气窜有效型、受效-气窜无效型和未受效-气窜型。

1. 不同类型气窜井组气窜特征

对比井组气窜动态指标和静态地质资料发现，不同类型气窜井组静动态特征存在明显差异。

1）受效-气窜有效型

该类型井组动态分为以下 3 个阶段：

① 气驱受效阶段，套压缓慢增加，产液量上升，无水生产或含水率下降，气油比平稳波动；

② 气窜阶段，套压急剧增大，产液量明显增加，含水率增大，产油量下降，气油比增大；

③ 气窜-受效阶段，套压增加后平稳波动，产液量平稳，含水率波动下降或无水生产，气油比下降。

研究表明，该类型井组发育两条气驱路径，且井间残丘型储集体发育，气驱受效；当其中一条气驱路径突破后，另一路径仍可有效驱油。

2）受效-气窜无效型

该类型井组动态也可分为 3 个阶段：

① 气驱受效阶段，套压平稳波动，产液量上升，无水生产或含水率下降，气油比平稳波动；

② 气窜阶段，套压急剧增大，产液量明显增加，含水率增大，产油量下降，气油比增大；

③ 气窜-失效阶段，套压平稳，产液量高，含水率在 90% 以上，气油比极大。

3）未受效-气窜型

该类型井组动态可分为以下 2 个阶段：

① 气驱未受效阶段，产液量稳定，产油量极低，含水率极高；

② 气窜阶段，套压急剧增大，产液量高，产油量极低，含水率极高，气油比增大。

2. 气窜指标构建

通过不同类型气窜井组特征分析，明确"套压缓慢增加，气油比波动"时井组气窜预警特征（表 5-2-1）。

表 5-2-1 不同类型气窜井组预警特征对比表

气窜类型	预警特征	典型动态曲线	预警模式图
受效-气窜有效型	◆ 套压缓慢增加 ◆ 气油比稳定 ◆ 气窜前暴性水淹		

气窜类型	预警特征	典型动态曲线	预警模式图
受效-气窜无效型	◆ 套压缓慢增加 ◆ 气油比稳定 ◆ 含水短期内快速上升		
未受效-气窜型	◆ 套压缓慢增加 ◆ 气油比波动 ◆ 持续高含水		

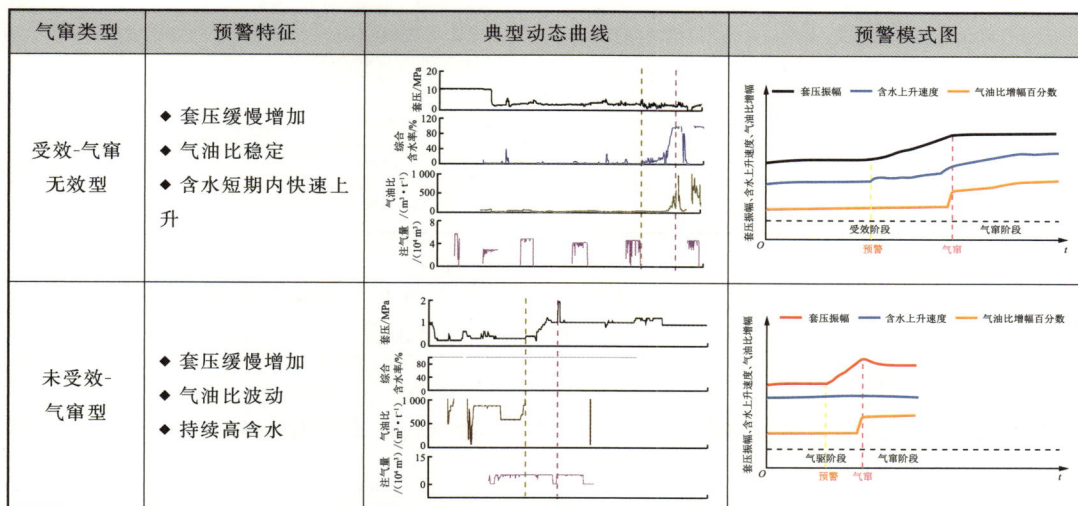

为了更好地量化表征气窜预警特征,筛选套压振幅和气油比增幅作为气窜预警指标,见表 5-2-2。

表 5-2-2　气窜预警指标统计表

定量判别指标	计算方法		物理意义
套压振幅 s	$s=\sqrt{\dfrac{\sum_{i=1}^{n}(p_i-\overline{p})^2}{n}}$	套压方差	气窜井套压波动幅度
气油比增幅 λ	$\lambda=\dfrac{\overline{R}_{og(t+1)}-\overline{R}_{og(t)}}{\overline{R}_{og(t)}}\times100\%$	气油比增幅 $\overline{R}_{og(t+1)}-\overline{R}_{og(t)}$ 与前一时刻气油比 $\overline{R}_{og(t)}$ 的比值	气窜井气油比上升幅度

注:p_i—第 i 次监测套压值;$\overline{p}$—稳定生产平均套压值;$\overline{R}_{og(t)}$,$\overline{R}_{og(t+1)}$—t 和 $t+1$ 时刻气油比。

3. 气窜预警模式

井组气驱过程中,气驱前缘未波及受效井井底,生产井气驱受效。随着气驱前缘的推进,先后经历气驱受效期和气锥成锥期;当气驱前缘突破至生产井井底时,生产井发生气窜。据此,结合动态分析和油藏工程,建立一套基于套压振幅和气油比增幅的两参数联动气窜预警图版,可针对不同地质背景井组进行气窜预警。

1）风化壳岩溶油藏

统计 5 个风化壳岩溶油藏气窜井组的持续时间、套压振幅和气油比增幅,见表 5-2-3。

表 5-2-3　风化壳岩溶油藏气窜井组预警指标统计表

风化壳型井组	持续时间/d	套压振幅/MPa	气油比增幅/%
TK411—T401	105	1.91	0.09

风化壳型井组	持续时间/d	套压振幅/MPa	气油比增幅/%
TK439—TK466	149	0.38	0.16
TK439—TK474	53	0.35	2.24
TK440—TK421CH	34	0.174	0.14
TK440—TK424CH	12	0.29	8.68

据此,建立风化壳岩溶油藏氮气驱井组气窜预警标准:当套压振幅持续 12 d 大于 0.174 MPa 且气油比增幅大于 0.09% 时,井组实施气窜预警。

2) 古暗河岩溶油藏

统计 2 个古暗河岩溶油藏氮气驱气窜井组的持续时间、套压振幅和气油比增幅,见表 5-2-4。

表 5-2-4　古暗河岩溶油藏气窜井组预警指标统计表

古暗河型井组	持续时间/d	套压振幅/MPa	气油比增幅/%
TK7-451—TK461	18	1.476	0.72
TK7-451—TK447	22	0.3	0.11

据此,建立古暗河岩溶油藏氮气驱井组气窜预警标准:当套压振幅持续 18 d 大于 0.3 MPa 且气油比增幅大于 0.11% 时,井组实施气窜预警。

3) 断溶体岩溶油藏

统计 7 个断溶体岩溶油藏氮气驱气窜井组的持续时间、套压振幅和气油比增幅,见表 5-2-5。

表 5-2-5　断溶体岩溶油藏气窜井组预警指标统计表

断溶体井组	持续时间/d	套压振幅/MPa	气油比增幅/%
TH12137—TH121111	12	0.23	0.50
TH12137—TH12104	5	0.26	2.00
TK742—TK874CH	29	0.12	0.05
TP218X—TP205X	12	1.33	5.88
TK852CX—TK725	8	0.13	0.40
S91—TK832CH	15	1.28	0.53
TK852C—S91	15	0.12	0.27

据此,建立断溶体岩溶油藏氮气驱井组气窜预警标准:当套压振幅持续 5 d 大于 0.12 MPa 且气油比增幅大于 0.05% 时,井组实施气窜预警。

4. 气窜风险评估方法

基于气窜特征和影响因素分析,综合筛选风险评估参数。评估参数体系(图 5-2-13)包括数值型参数和分类型参数,且以分类型参数为主,增加评估计算难度。

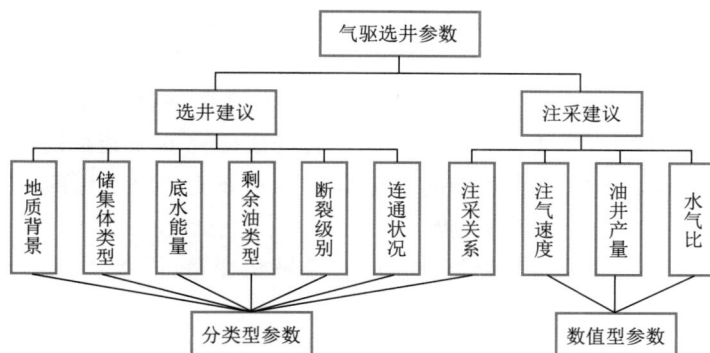

图 5-2-13 风险评估参数体系图

依据评估参数与气窜风险间的逻辑关系,确定变量秩序,进而转换为参数量化数值(表 5-2-6)。

表 5-2-6 分类型参数量化统计表

参数类别	评估参数	量化结果
地质背景	古暗河型	3
	风化壳型	2
	断溶体型	1
储集体类型	溶洞型	3
	孔洞型	2
	裂缝型	1
底水能量	强底水	2
	弱底水	1
剩余油类型	"阁楼油"发育区	2
	优势通道屏蔽区	1
断裂级别	主干断裂发育带	1
	次级断裂发育带	2
连通关系	气驱动态连通	1
	动态+示踪剂连通	2
注采关系	上注下采	3
	下注上采	2
	顶面注采	1

1）基本原理

这里主要利用主成分分析方法来计算评估气窜井组的风险得分。

主成分分析（principal component analysis，PCA）是多变量分析中最著名的方法，其核心是降维。主成分分析法的原理是以较少数的综合变量取代原有的多维变量，使数据结构简化，将原来的指标综合成较少几个主成分，再以这几个主成分的贡献率为权数进行加权平均，构造出一个综合评价函数。

假设要研究的问题中有 p 个指标，将其作为 p 个随机变量，记为 $X_1，X_2，\cdots，X_p$。按主成分分析法的思想就是将这 p 个指标的问题转变成研究 p 个指标的线性组合的问题，得到新的指标 $F_1，F_2，\cdots，F_p$。这些新的指标应能够充分反映原指标的主要信息，并且这些新变量要相互独立。线性方程表达如下：

设 $X_1，X_2，\cdots，X_p$ 为某实际问题所涉及的 p 个随机变量，记 $\boldsymbol{X}=(X_1，X_2，\cdots，X_p)^{\mathrm{T}}$，其协方差矩阵 $\boldsymbol{\Sigma}$ 为：

$$\boldsymbol{\Sigma}=(\sigma_{ij})_{p\times p}=E[\boldsymbol{X}-E(\boldsymbol{X})][\boldsymbol{X}-E(\boldsymbol{X})]^{\mathrm{T}} \tag{5-2-11}$$

它是一个 p 阶非负定矩阵。设

$$\begin{cases} Y_1=\boldsymbol{l}_1^{\mathrm{T}}\boldsymbol{X}=l_{11}X_1+l_{12}X_2+\cdots+l_{1p}X_p \\ Y_2=\boldsymbol{l}_2^{\mathrm{T}}\boldsymbol{X}=l_{21}X_1+l_{22}X_2+\cdots+l_{2p}X_p \\ \qquad\vdots \\ Y_p=\boldsymbol{l}_p^{\mathrm{T}}\boldsymbol{X}=l_{p1}X_1+l_{p2}X_2+\cdots+l_{pp}X_p \end{cases} \tag{5-2-12}$$

则有：

$$\begin{cases} \mathrm{var}(Y_i)=\mathrm{var}(\boldsymbol{l}_i^{\mathrm{T}}\boldsymbol{X})=\boldsymbol{l}_i^{\mathrm{T}}\sum\boldsymbol{l}_i \quad (i=1,2,\cdots,p) \\ \mathrm{cov}(Y_i,Y_j)=\mathrm{cov}(\boldsymbol{l}_i^{\mathrm{T}}\boldsymbol{X},\boldsymbol{l}_j^{\mathrm{T}}\boldsymbol{X})=\boldsymbol{l}_i^{\mathrm{T}}\sum\boldsymbol{l}_j \quad (j=1,2,\cdots,p) \end{cases} \tag{5-2-13}$$

式中 Y_i——第 i 个主成分；

$\quad l_i$——特征向量。

对于第 i 个主成分，一般地，约束条件为：

$$\boldsymbol{l}_i^{\mathrm{T}}\boldsymbol{l}_i=1 \tag{5-2-14}$$

主成分即新生成的变量之间要相互独立，即没有重叠的信息：

$$\mathrm{cov}(Y_i,Y_k)=\boldsymbol{l}_i^{\mathrm{T}}\sum\boldsymbol{l}_k=0 \quad (k=1,2,\cdots,i-1) \tag{5-2-15}$$

求 $\boldsymbol{l}_i$ 使 $\mathrm{var}(Y_i)$ 达到最大，则由此 $\boldsymbol{l}_i$ 所确定的：

$$Y_i=\boldsymbol{l}_i^{\mathrm{T}}\boldsymbol{X} \tag{5-2-16}$$

称为 $X_1，X_2，\cdots，X_p$ 的第 i 个主成分。

在应用主成分分析法时，应首先尽量使指标的选择具有代表性、客观性、独立性、全面性、宏观性等特点。指标数据间的相关程度有 3 种：第一，N 个指标完全相关，此时剔除 $N-1$ 个指标而只留一个；第二，N 个指标完全不相关，此时不可能将它们压缩为较少的指标，因为指标之间完全不相关，其数据矩阵为满秩对角矩阵；第三种情况介于第一和第二种情况之间，即 N 个指标之间有一定的相关关系。只有在第三种情况下才可能应用主成分分析方法。因此，主成分分析的前提是原始数据各个变量之间有较强的线性相关关系。

2) 算法流程

第一步　数据标准化。

不同的变量有不同的量纲,由于不同的量纲会导致各变量值的分散程度差异较大,所以总体方差主要受方差较大的变量控制。为了消除由量纲不同可能带来的影响,常采用变量标准化的方法,即

$$X_i^* = \frac{X_i - \mu_i}{\sqrt{\sigma_{ii}}} \quad (i = 1, 2, \cdots, p) \tag{5-2-17}$$

其中,X_i 的期望值 $\mu_i = E(X_i)$,X_i 的方差 $\sigma_{ii} = \text{var}(X_i)$,$\boldsymbol{X}^* = (X_1^*, X_2^*, \cdots, X_p^*)^{\mathrm{T}}$。

第二步　协方差矩阵计算。

$$\boldsymbol{\Sigma} = (\sigma_{ij})_{p \times p} = \boldsymbol{E}[\boldsymbol{X} - \boldsymbol{E}(\boldsymbol{X})][\boldsymbol{X} - \boldsymbol{E}(\boldsymbol{X})]^{\mathrm{T}} \tag{5-2-18}$$

$$\begin{cases} \text{var}(Y_i) = \text{var}(\boldsymbol{l}_i^{\mathrm{T}}\boldsymbol{X}) = \boldsymbol{l}_i^{\mathrm{T}}\sum \boldsymbol{l}_i & (i = 1, 2, \cdots, p) \\ \text{cov}(Y_i, Y_j) = \text{cov}(\boldsymbol{l}_i^{\mathrm{T}}\boldsymbol{X}, \boldsymbol{l}_j^{\mathrm{T}}\boldsymbol{X}) = \boldsymbol{l}_i^{\mathrm{T}}\sum \boldsymbol{l}_j & (j = 1, 2, \cdots, p) \end{cases} \tag{5-2-19}$$

第三步　贡献率计算。

利用 MATLAB 软件求解协方差矩阵的特征值 λ_k 和特征向量。主成分贡献率计算方法中,第 i 个主成分的贡献率为:

$$\frac{\lambda_i}{\sum\limits_{i=1}^{p} \lambda_i} \tag{5-2-20}$$

前 m 个主成分的累积贡献率为:

$$\frac{\sum\limits_{i=1}^{m} \lambda_i}{\sum\limits_{i=1}^{p} \lambda_i} \tag{5-2-21}$$

式(5-2-21)表明,前 m 个主成分 $Y_1, Y_2, \cdots, Y_m$ 具有综合提供 $X_1, X_2, \cdots, X_p$ 中信息的能力。

第四步　相关系数计算。

记 $\boldsymbol{Y} = (Y_1, Y_2, \cdots, Y_p)^{\mathrm{T}}$ 为主成分向量,则 $\boldsymbol{Y} = \boldsymbol{P}^{\mathrm{T}}\boldsymbol{X}$,其中 $\boldsymbol{P}$ 为特征值所对应的特征向量,$\boldsymbol{P} = (e_1, e_2, \cdots, e_p)$。

由于 $\boldsymbol{Y} = \boldsymbol{P}^{\mathrm{T}}\boldsymbol{X}$,故 $\boldsymbol{X} = \boldsymbol{PY}$,从而有:

$$X_j = e_{1j}Y_1 + e_{2j}Y_2 + \cdots + e_{pj}Y_p$$
$$\text{cov}(Y_i, X_j) = \lambda_i e_{ij} \tag{5-2-22}$$

由此可得 Y_i 与 X_j 的相关系数 ρ_{Y_i, X_j} 为:

$$\rho_{Y_i, X_j} = \frac{\text{cov}(Y_i, X_j)}{\sqrt{\text{var}(Y_i)} \sqrt{\text{var}(X_j)}} = \frac{\lambda_i e_{ij}}{\sqrt{\lambda_i} \sqrt{\sigma_{jj}}} = \frac{\sqrt{\lambda_i}}{\sqrt{\sigma_{jj}}} e_{ij} \tag{5-2-23}$$

3) 风险评估计算

根据风险评估方法计算步骤,绘制算法流程图,如图 5-2-14 所示。

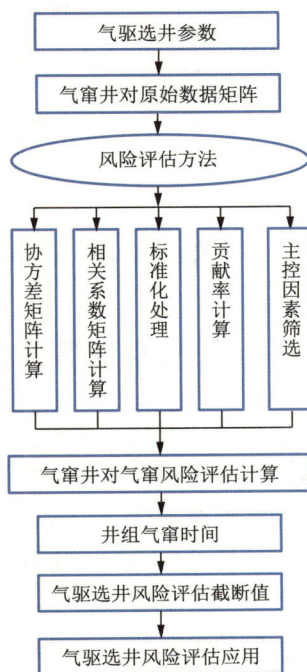

图 5-2-14　风险评估算法流程图

以实际气窜井对为研究对象,结合气窜风险评估参数,构建原始数据矩阵。计算前对原始数据进行标准化处理,依次计算协方差矩阵、相关系数矩阵等,由此确定气驱井组气窜风险评估得分。此外,统计实际气窜井组气窜时间,见表5-2-7。

表 5-2-7　典型气窜井组气窜风险评估标准化数据表

注气井	受效井	气窜风险评估值	气窜时间/d
TK439	TK466	16.030	149
	TK474	41.858	53
TK440	TK421CH	86.342	35
	TK424CH	82.850	12
TK7-451	TK461	45.613	18
	TK447	36.321	22
TK411	T401	43.960	105
TH12137	TH121111	69.085	12
TK742	TK874CH	54.906	29

由此建立气窜风险评估判别标准,见表5-2-8。

表 5-2-8　气窜风险评估判别标准

风险等级	气窜风险评估值	气窜时间/d
高风险	>60	<20
中风险	30～60	20～60
低风险	<30	>60

第三节　不同类型油藏注气参数及政策界限

一、氮气驱注气方式

塔河油田缝洞型碳酸盐岩油藏根据岩溶背景可分为古暗河、风化壳、断溶体三类岩溶油藏。下面主要通过统计分析不同岩溶背景井组的注入周期、周期注入量、注入方式等,在前期注气验证注采受效井组且有明显增油的基础上,控制注气速度和注气量以保持受效井增油的持续性和稳定性,从而提高驱油效率。

古暗河岩溶油藏的特点是表层岩溶带、垂向渗滤、径流岩溶带发育,断层、古地貌控制暗河规模和走向;缝洞结构呈现空间两套系统组合,局部裂缝纵向沟通,暗河局部充填分隔。由于储层大裂缝发育,所以古暗河岩溶背景注气井组前期采用周期注气,注气周期短,周期注气量小,周期间隔时间长,建立井间连通的同时防止气窜;中后期采用气水交替注入,注入水既可延缓气窜,又能扩大注入气在微裂缝中的运移范围。

对风化壳岩溶油藏 9 个气驱井组的分析发现,初期普遍采用长周期注入,因为储层微裂缝发育,注气量大,波及面积大;中后期采用短周期注入,周期注气量变小,周期间隔增大,其主要目的是在扩大波及的同时延缓气窜。

断溶体岩溶油藏的特点是岩溶缝洞呈板状分布,平面分段、纵向局部分隔;缝洞结构特点为空间一套或两套暗河系统,暗河局部充填、平面分隔。由于储层断裂发育,存在优势通道,所以断溶体岩溶背景注气井组采用周期注气,注入量小、周期间隔短的气水交替注气方式。小注入量、快频次的气水交替注入方式可充分利用气水协同作用,达到扩大气体波及体积、延缓气窜的作用。

二、氮气驱关键参数及政策界限

塔河油田三类典型岩溶油藏具有多井单元,结合储量丰度与注采关系,针对三大岩溶背景井组的剩余油分布特点,建立适应油藏特点的注采井网,开展不同阶段井组氮气驱注气技术政策研究,优化注采参数,指导现场生产。

1. 古暗河岩溶油藏

1) 注采井网

S67 单元经过了试采期、上产期、递减期、注水期、注气期 5 个开发阶段,注水开发后剩余油分布呈现纵向上主要分布于油藏中高部位、平面上主要分布于井间以及未布井部位的特征。

结合目前剩余油分布情况以及储量丰度(图 5-3-1)与注采关系,考虑利用连续注气驱油,建立两套注气井网设计方案:河道注分支采和分支注河道采(图 5-3-2)。

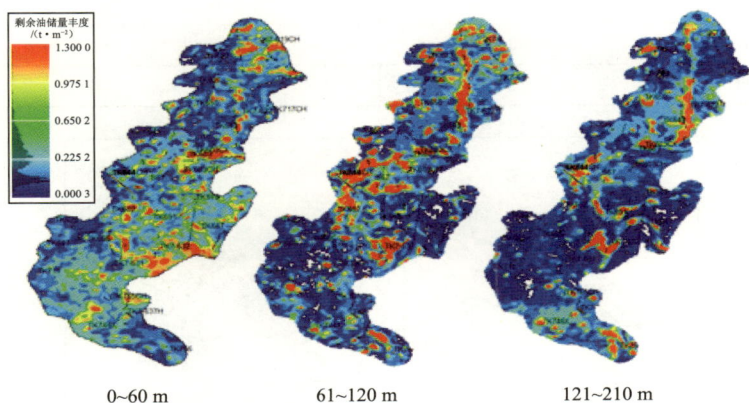

0~60 m　　　　61~120 m　　　　121~210 m

图 5-3-1　S67 单元注水后各层位剩余储量丰度图

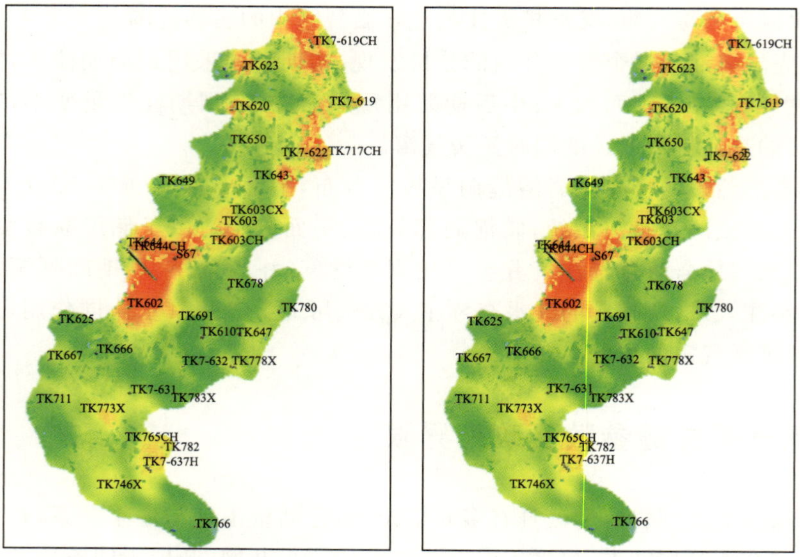

（a）分支注河道采布井方案　　　　　（b）河道注分支采布井方案

图 5-3-2　注采井网方案设计图

S67 单元注采关联井组见表 5-3-1，受效关系如图 5-3-3 所示。

表 5-3-1　注采关联井组表

河道注分支采		分支注河道采	
注入井	受效井数/口	注入井	受效井数/口
TK7-619CH	3	TK625	2
TK643	5	TK644	1
TK644CH	2	TK647	4
TK691	6	TK649	5
TK7-631	5	TK7-622	3
TK765CH	3	TK711	3

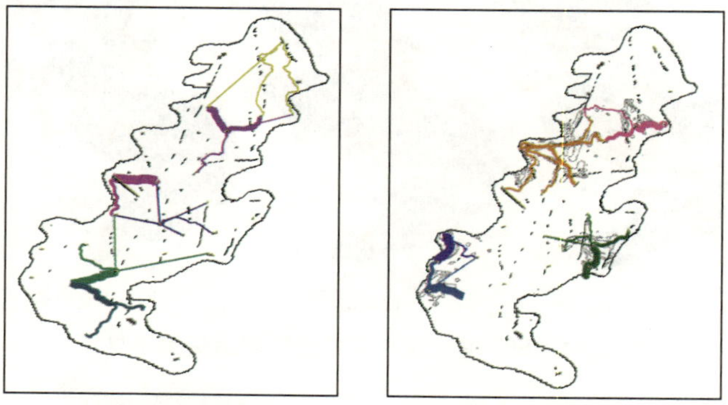

（a）分支注河道采布井方案　　　　　（b）河道注分支采布井方案

图 5-3-3　S67 单元注采井受效关系图

从增油效果(图 5-3-4)角度分析,分支注河道采方案较河道注分支采方案日产油量高,注气后生产初期日产油量可达 601.14 m³/d,而同期河道注分支采方案日产油量仅490.25 m³/d;一个周期内,分支注河道采方案较河道注分支采方案累计多产油 1.62%。

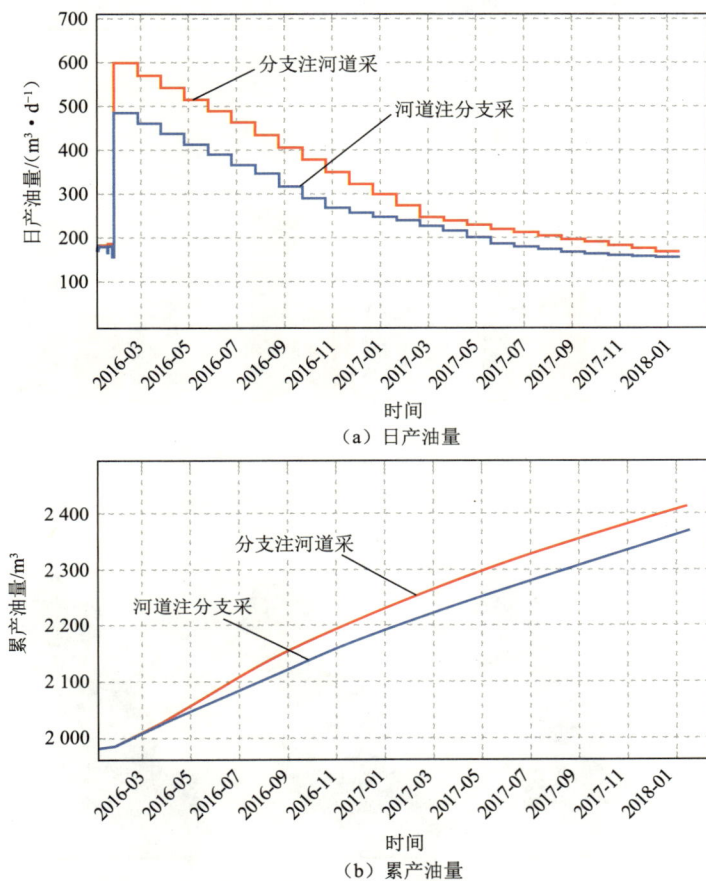

（a）日产油量

（b）累产油量

图 5-3-4　不同注采井网下生产对比曲线

S67 单元数值模拟结果(图 5-3-4)显示,分支注河道采日增油和累增油均明显高于河道注分支采。这主要是因为河道溶蚀孔洞发育,剩余油丰度高,其对应受效井累产油量多。

由于上述两种方案的设计注气量相同,注气成本一致,因此 S67 单元宜采用分支注河道采方案,以获得更大的经济效益。

2) 注入方式

针对注气的初期、中期、末期分别设计了周期注气、气水混注以及气水交替 3 种注入方式(表 5-3-2)。数值模拟结果(图 5-3-5 和图 5-3-6)表明,注气初期宜采用周期注气方式,注入气体运移速度快,沿优势通道建立井间连通;注入中末期宜采用气水交替注入方式,注入水减缓气体运移速度,扩大气体波及范围,部分注入水还起到驱油作用,增加低部位驱油效果。

表 5-3-2　古暗河岩溶油藏不同阶段注入方式设计方案

注气初期			注气中期			注气末期		
方案 1	方案 2	方案 3	方案 1	方案 2	方案 3	方案 1	方案 2	方案 3
周期注气	气水混注	气水交替	周期注气	气水混注	气水交替	周期注气	气水混注	气水交替

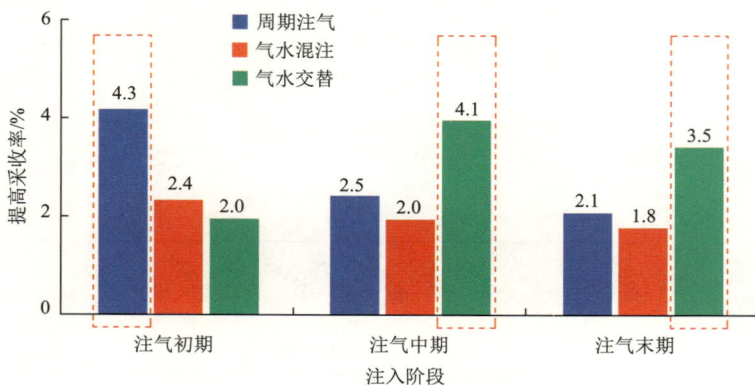

图 5-3-5　古暗河岩溶背景井组不同阶段注入方式优化结果

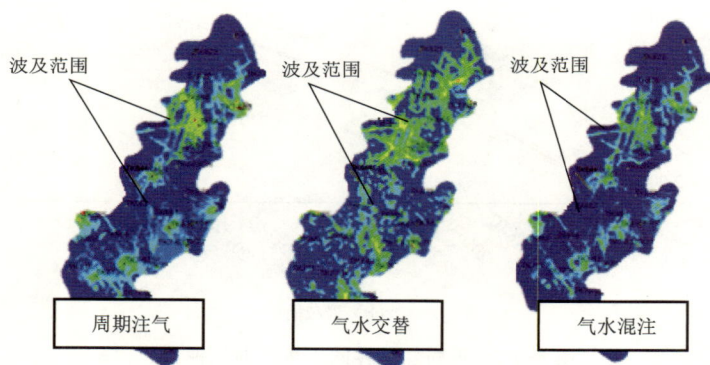

图 5-3-6　不同注入方式氮气波及范围

3）注气速度

针对注气的初期、中期、末期分别设计了 4 种注气速度,分别为 3×10^4 m³/d,5×10^4 m³/d,8×10^4 m³/d 和 10×10^4 m³/d。数值模拟结果(图 5-3-7 和图 5-3-8)表明,注气初期最佳注气速度为$(5\sim8) \times 10^4$ m³/d,注气中末期最佳注气速度为$(3\sim5) \times 10^4$ m³/d,当注气速度达到 8×10^4 m³/d 时,受效井数和提高采收率不再增加。主要原因是前期注气速度高,快速建立井间连通,中末期低速注入,扩大波及,延缓气窜。

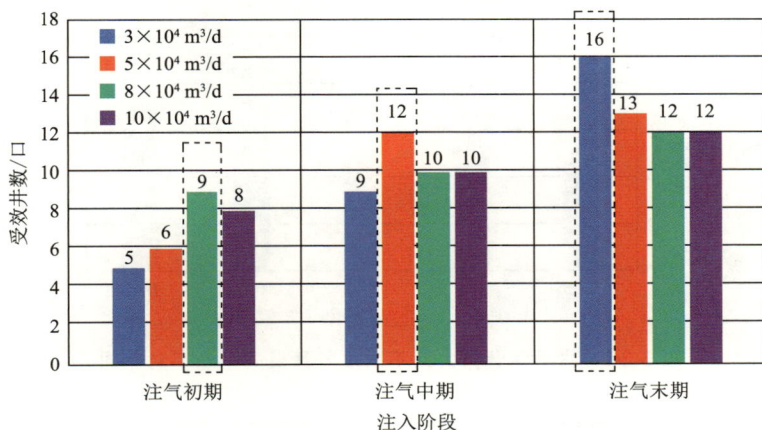

图 5-3-7 古暗河岩溶背景井组不同阶段注气速度受效井对比图

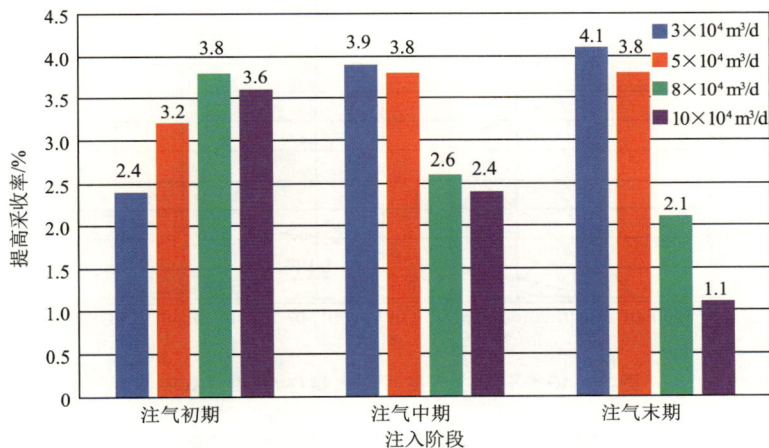

图 5-3-8 古暗河岩溶背景井组不同阶段注气速度优化结果

4）注气总量

利用数值模拟技术优化古暗河岩溶油藏气驱注气量,最优注气量为 0.2 PV,如图 5-3-9 和图 5-3-10 所示。注气量在 0.2 PV 以下时,随注气量增大,波及范围增大,驱替效果增强;注气量大于 0.2 PV 后,随注入量的增大,波及范围基本不变,注入氮气沿裂缝突破速度加快。限制氮气波及范围的核心因素是储集体的发育特点。

5）周期注气量

根据现场注入井的注入能力和受效井的产出状况,古暗河岩溶背景注气井组平均周期注气量为 $174 \times 10^4 \ m^3$。针对 S67 单元不同注气阶段,分别设计了不同的周期注气量方案,见表 5-3-3。

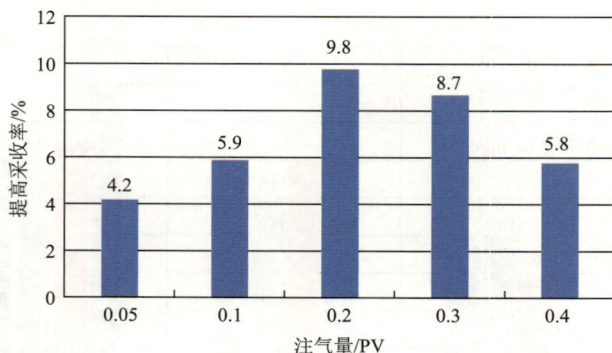

图 5-3-9 古暗河背景井组不同注气量提高采收率对比图

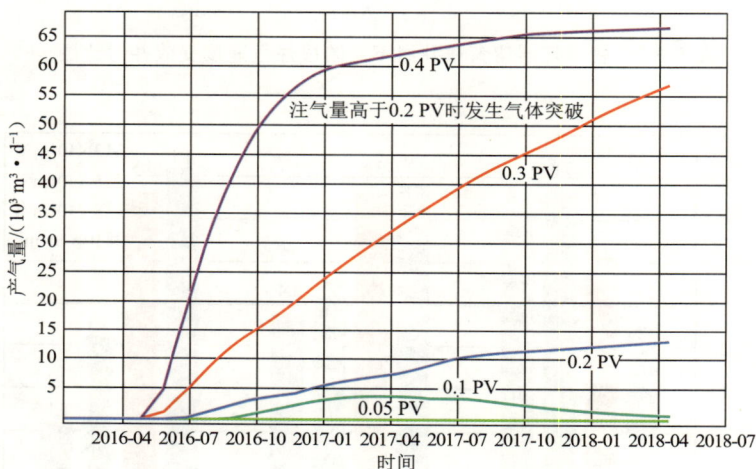

图 5-3-10 不同注气量时产气量(生产井 TK691)

表 5-3-3 不同注气阶段周期注气量优化

方案序号	注气初期				注气中期				注气末期			
	方案1	方案2	方案3	方案4	方案1	方案2	方案3	方案4	方案1	方案2	方案3	方案4
周期注气量 /(10^4 m³)	100	150	200	300	100	150	200	300	100	150	200	300

数值模拟结果(图 5-3-11)表明,注气初期最佳周期注气量为$(200 \sim 300) \times 10^4$ m³,中期最佳注气量为200×10^4 m³左右,末期最佳注气量低于100×10^4 m³。

6)注气周期

根据现场试验统计结果,古暗河岩溶背景注气井组平均注气时间为 45 d 左右。分别设计了 4 种注停周期,并设计了不同注气阶段的正交方案(表 5-3-4)。

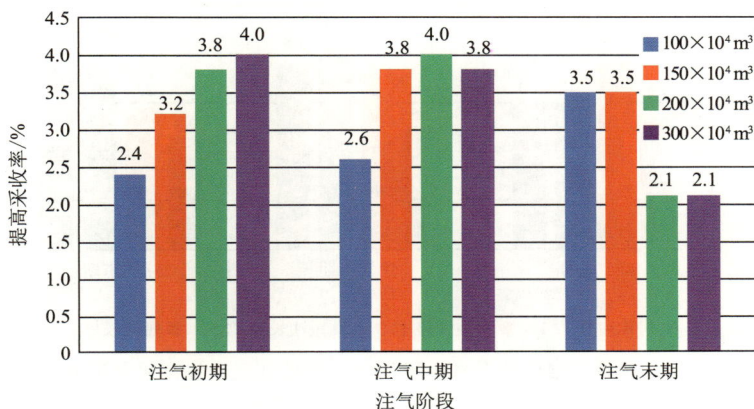

图 5-3-11　古暗河背景井组不同阶段周期注气量提高采收率对比图

表 5-3-4　不同注气阶段注停时间比优化

注气阶段	注停时间比			
	方案 1	方案 2	方案 3	方案 4
注气初期	对称注气 1:1	短注长停 1:3	短注长停 1:5	短注长停 1:8
注气中期	对称注气 1:1	短注长停 1:3	短注长停 1:5	短注长停 1:8
注气末期	对称注气 1:1	短注长停 1:3	短注长停 1:5	短注长停 1:8

注:对称注气 1:1 的方案是指注 45 d 停 45 d 为一个注气周期。

数值模拟结果(图 5-3-12 和图 5-3-13)表明:

(1)相同注气量和停注时间下,最佳注入时间为 40～50 d。

(2)短注长停注气周期优于对称注气效果。初期最佳注停时间比为 1:3,中后期最佳注停时间比为 1:8～1:5。

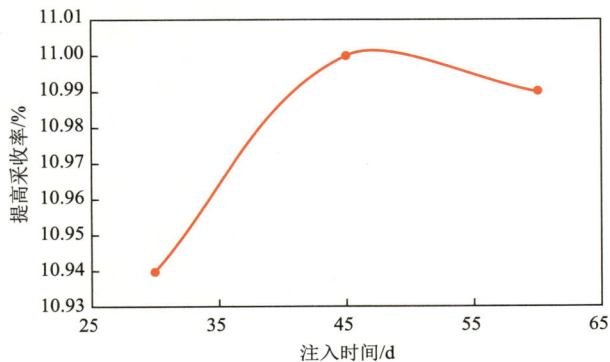

图 5-3-12　不同注入时间提高采收率对比图

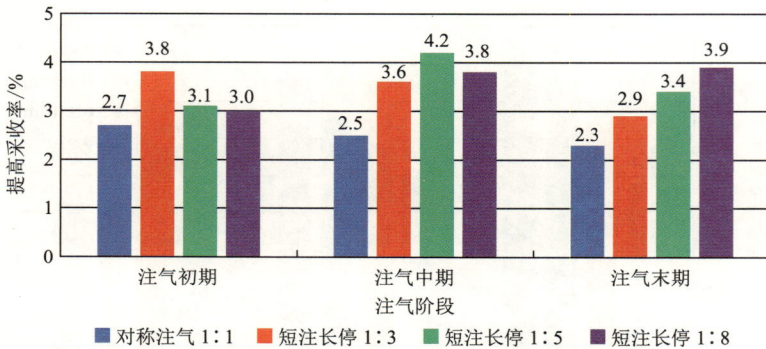

图 5-3-13　古暗河岩溶背景井组不同阶段周期注气量提高采收率对比图

2.风化壳岩溶油藏

1）注采井网

风化壳岩溶油藏地质特征表现为储集体连片分布、规模大,沿构造高部位或水驱受效方向构建面积井网,实现平面多向驱替,纵向上有效驱替。注入井优选注水失效井,且能够实现一注多采。

为了优化单元注气注采井网,选择位于单元不同部位的注气井,如位于单元高部位的T401,T402和TK4-J1X 三口井,位于单元低部位的 TK425CH,TK411 和 TK412 三口井。从目前生产层段来看,这些井的生产层段与构造高低相匹配,因此优选作为方案的注气井(表 5-3-5)。

表 5-3-5　典型单元注采井基础数据表

井　号	完钻井深/m	T$_2^4$深度/m	放空漏失层段/m	目前生产层段/m	目前生产层段距T$_2^4$距离/m
S48	5 370.00	5 363.50	5 362.30~5 370.00(0~6.50)	5 363.00~5 370.00	0~6.50
T401	5 580.00	5 367.50		5 367.50~5 580.00	0~212.50
T402	5 602.00	5 358.50	5 372.00~5 377.00(13.50~18.50) 5 565.00~5 569.00(207.40~210.50)	5 358.50~5 586.80	0~228.30
TK4-J1X	5 400.21	5 351.00	5 423.95~5 462.85(10.10~49.20)	5 351.00~5 400.21	0~49.21
TK408	5 600.00	5 410.00		5 410.00~5 447.79	0~37.79
TK410	5 520.00	5 400.00		5 400.00~5 464.13	0~64.13
TK411	5 622.00	5 432.50		5 432.50~5 621.80	0~189.30
TK412	5 460.47	5 381.00	5 460.47(79)	5 381.00~5 383.74	0~2.74
TK421CH	5 489.02	5 437.50		5 437.50~5 510.95	0~73.45

续表 5-3-5

井　号	完钻井深 /m	T_7^4 深度 /m	放空漏失层段 /m	目前生产层段 /m	目前生产层段距 T_7^4 距离 /m
TK424CH	5 487.14	5 453.50	5 512.90~5 503.60(72.90~63.60)	5 453.50~5 537.71	0~84.21
TK425CH	5 426.58	5 436.00		5 435.00~5 504.03	0~34.56
TK426CH	5 481.25	5 488.20		5 480.85~5 488.20	0~7.34
TK429CX	5 577.47	5 418.50		5 424.00~5 428.00	0~4.00
TK440	5 596.85	5 378.00		5 378.00~5 593.70	0~215.75
TK448CX	5 539.39	5 395.00		5 395.00~5 473.00	0~78.00
TK449	5 431.50	5 412.00	5 429.50~5 430.70	5 412.00~5 431.50	0~19.00
TK486	5 620.00	5 395.50	5 581.00(185.50)	5 395.50~5 446.09	0~50.59
TK464	5 661.90	5 468.50		5 464.39~5 515.80	0~47.30
TK467	5 480.00	5 393.00		5 383.41~5 410.00	0~26.59

　　根据注采井所处的构造相对位置设计了 3 种不同的注气方案(表 5-3-6)：

　　方案 1 为高部位注气方案,3 口注气井 T401,T402 和 TK4-J1X 位于 S48 单元构造位置的高部位,TK449H,TK421CH,TK448CX,TK429CX 和 TK412 等 12 口生产井均位于构造相对较低位置,注采井数比为 1:4。

　　方案 2 为低部位注气方案,3 口注气井 TK425CH,TK411 和 TK412 均位于 S48 单元的构造低部位,TK429CX,TK440 和 TK408 等 12 口生产井均位于构造相对较高位置,注采井数比为 1:4。

　　方案 3 为高低部位结合注气方案,3 口注气井 T402,TK411 和 TK425CH 井分别位于单元的不同高低部位,其中 TK412 井位于 S48 单元的高部位,TK411 和 TK425CH 井位于 S48 单元的低部位,TK449H,TK421CH 和 TK412 等 12 口生产井在构造高低位置均有分布,注采井数比为 1:4。

表 5-3-6　注采井网优化对比方案

	方案描述	注气井	采油井
1	高部位注气	T401,T402, TK4-J1X	TK449H,TK421CH,TK448CX,TK429CX,TK440, TK412,TK430CX,TK408,S48,TK425CH,TK467,TK411
2	低部位注气	TK425CH, TK411,TK412	TK430CX,TK429CX,TK440,TK408,T401,T402, TK4-J1X,TK467,TK428CH,TK464,TK410,S48
3	高低部位 结合注气	T402,TK411, TK425CH	TK449H,TK421CH,TK448CX,TK429CX,TK440, TK412,TK4-J1X,TK408,T401,TK467,TK428CH,S48

　　在单元注水历史拟合的基础上,对单元注水效果进行了模拟预测,并对 3 个注气方案

进行了模拟对比。各注气方案均采用连续注气方式,根据前期注水开发中的注入量和注采比设计注气参数,日注气的地下体积与日注水的体积相等,日注水量为 400 m³/d,预测时间为 8 年。

数值模拟预测结果显示,在定产液量的生产方式下,方案 3 的累产油量最高,而方案 2 的累产油量最小。3 种方案累产油量对比图(图 5-3-14)表明,方案 2 在生产第 2 年时累产油量突增,生产 4 年后累产油量增长速度迅速下降。这是因为注入气体首先驱替井间剩余油运移到高部位井,从而提高了井间剩余油的动用程度,在生产了 4 年(受效期 2 年)之后受效井气体突破,导致产油量迅速下降。

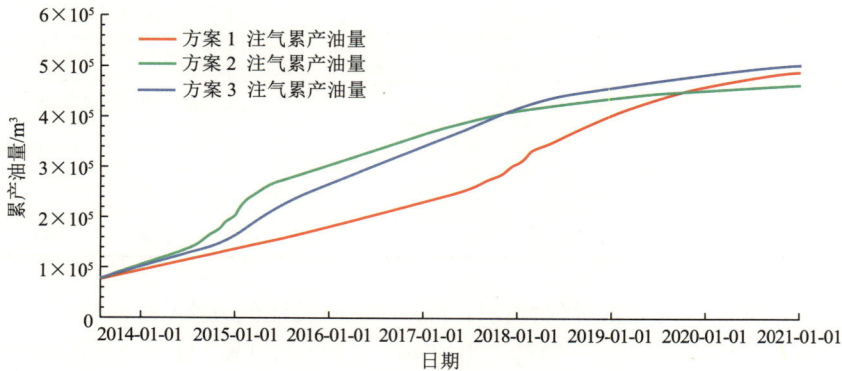

图 5-3-14 3 种方案预测累产油量对比图

2)注入方式

在确定了注气时机的基础上,对风化壳岩溶背景注气井组不同注入方式进行论证,包括周期注气、气水混注和气水交替 3 种方式。方案中注入体积相同,均为地层体积(73×10⁴ m³),预测时间为 5 年,生产井生产方式相同,定液(50 m³/d)生产,预测结果如图 5-3-15～图 5-3-17 所示。可以看出,S48 缝洞单元的剩余油主要分布在单元的顶部,所以更适合采用周期注气方式。

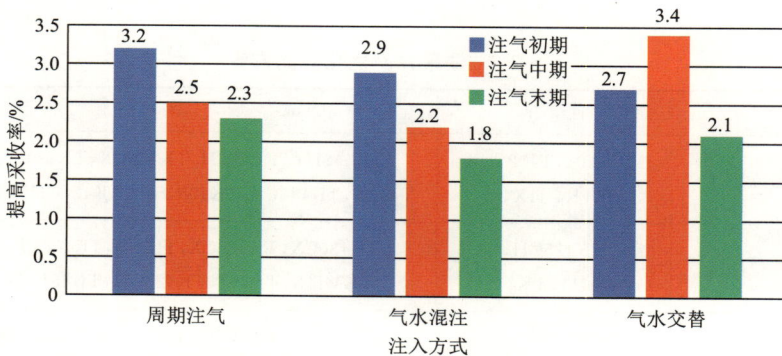

图 5-3-15 风化壳岩溶背景井组不同阶段注入方式优化结果对比图

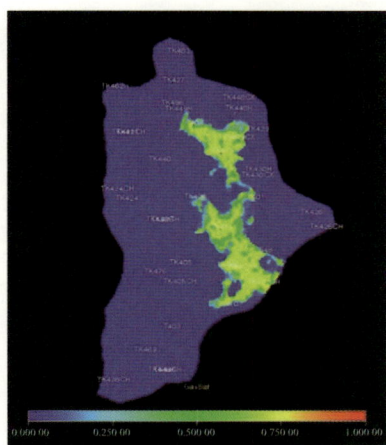

图 5-3-16　周期注气含气饱和度分布图

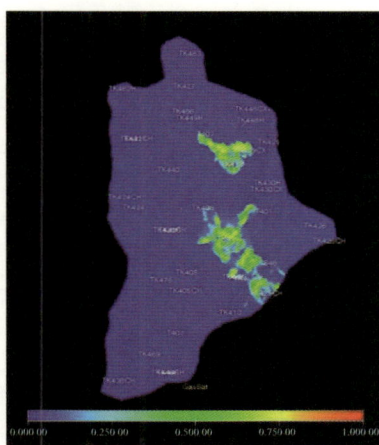

图 5-3-17　气水交替注入含气饱和度分布图

3）注气速度

合理注气速度可以延缓气窜，提高波及范围。分别考察 3×10^4 m³/d，5×10^4 m³/d，8×10^4 m³/d，10×10^4 m³/d 等不同注气速度对驱油效果的影响。

数值模拟结果（图 5-3-18）显示，注气速度控制在 $(5\sim8)\times10^4$ m³/d 时效果最优。

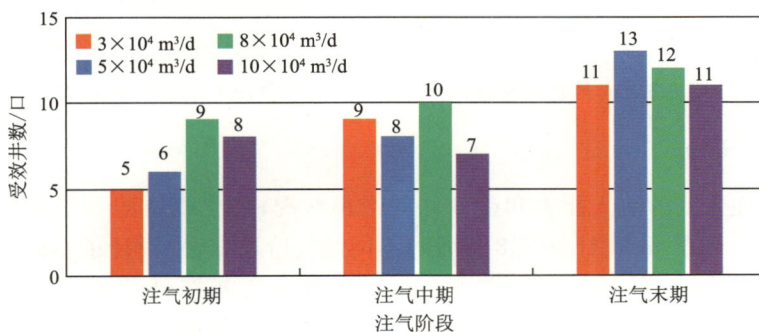

图 5-3-18　风化壳岩溶背景井组不同注气速度受效井对比图

4）注气总量

利用数值模拟技术研究风化壳岩溶油藏气驱不同注气总量时的注气效果。注气井与一线受效井之间的剩余油体积（HCPV）约为 660×10^4 m³，分别模拟 0.1 HCPV，0.2 HCPV，0.3 HCPV，0.4 HCPV，0.5 HCPV，0.6 HCPV，0.7 HCPV 时的注气效果，预测时长为 5 年。

数值模拟结果（图 5-3-19 和图 5-3-20）表明，前期注气量为 0.2 HCPV 时增油量最大；当注气量大于 0.2 HCPV 时，单元增油量下降，这是因为当注气 0.3 HCPV 时，注气结束时一线受效井发生气窜；随着注气量的继续增加，位于低部位的二线井开始受效，增油量逐渐增加，当注气量达到 0.5 HCPV 时，累产油量达到最大。

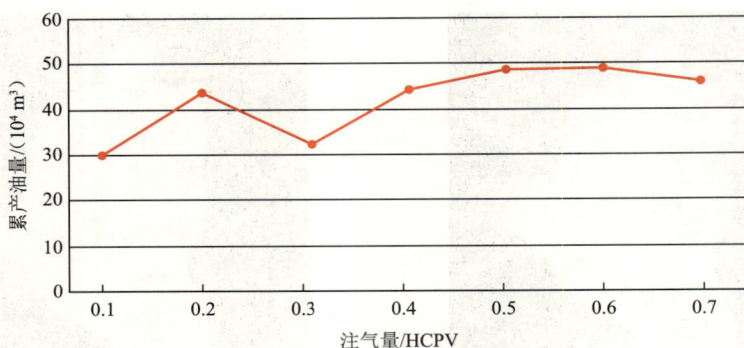

图 5-3-19 不同注气量增油效果图

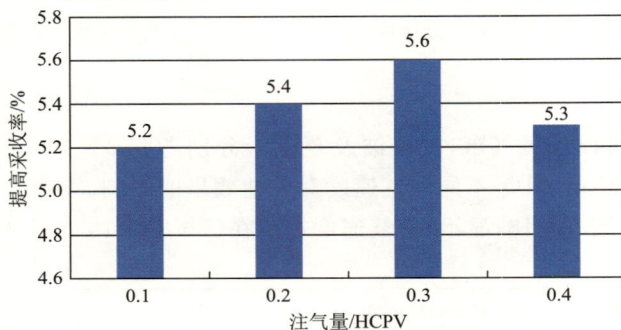

图 5-3-20 风化壳岩溶背景井组不同注气量提高采收率对比图

5）周期注气量

根据现场注入井的注入能力和受效井的产出状况，风化壳岩溶背景注气井组平均周期注气量为 486×10^4 m³。针对 S48 单元的不同注气阶段，分别设计了不同的周气注气量注入方案，见表 5-3-7。计算结果（图 5-2-21）表明，注气初期最佳周期注气量为 500×10^4 m³，中期最佳注气量为 300×10^4 m³ 左右，末期最佳注气量低于 100×10^4 m³。

表 5-3-7 不同注气阶段周期注气量优化

方案序号	注气初期				注气中期				注气末期			
	方案1	方案2	方案3	方案4	方案1	方案2	方案3	方案4	方案1	方案2	方案3	方案4
周期注气量 /(10⁴ m³)	100	150	300	500	100	150	300	500	100	150	300	500

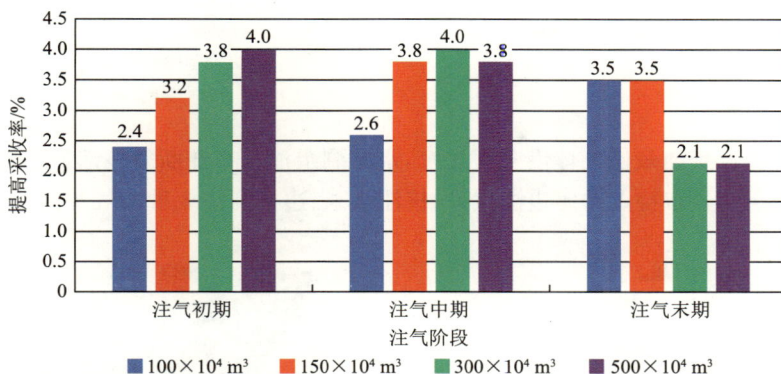

图 5-2-21　风化壳岩溶背景井组不同阶段周期注气量提高采收率对比图

6）注气周期

根据现场试验统计结果，风化壳岩溶背景井组平均注气时间为 45 d 左右。分别设计 4 种注停周期，并设计注气不同阶段的正交方案（表 5-3-8）。

表 5-3-8　不同注气阶段注停时间比优化

注气阶段	注停时间比			
	方案 1	方案 2	方案 3	方案 4
注气初期	对称注气 1∶1	短注长停 1∶2	短注长停 1∶3	短注长停 1∶5
注气中期	对称注气 1∶1	短注长停 1∶2	短注长停 1∶3	短注长停 1∶5
注气末期	对称注气 1∶1	短注长停 1∶2	短注长停 1∶3	短注长停 1∶5

注：对称注气 1∶1 的方案是指注 45 d 停 45 d 为一个注气周期。

数值模拟结果（图 5-3-22）表明：

（1）注入量和停注时间相同时，最佳注入时间为 40～50 d。

（2）短注长停注气周期优于对称注气效果。初期最佳注停时间比为 1∶2，中后期最佳注停时间比在 1∶5～1∶3 之间。

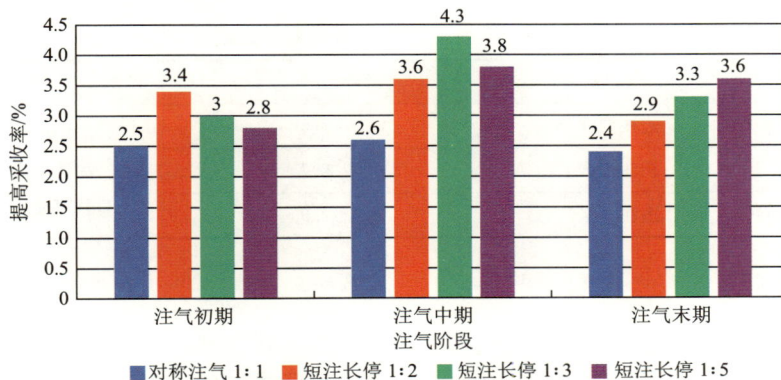

图 5-3-22　风化壳岩溶背景井组不同阶段周期注气量提高采收率对比图

3. 断溶体岩溶油藏

1) 注采井网

断溶体岩溶背景油藏储集体沿断裂发育,水驱剩余油分布在断裂核部,受断裂发育程度控制。针对剩余油分布特点构建边注核采、核注边采、边核同注3种注气井网(图5-3-23)。

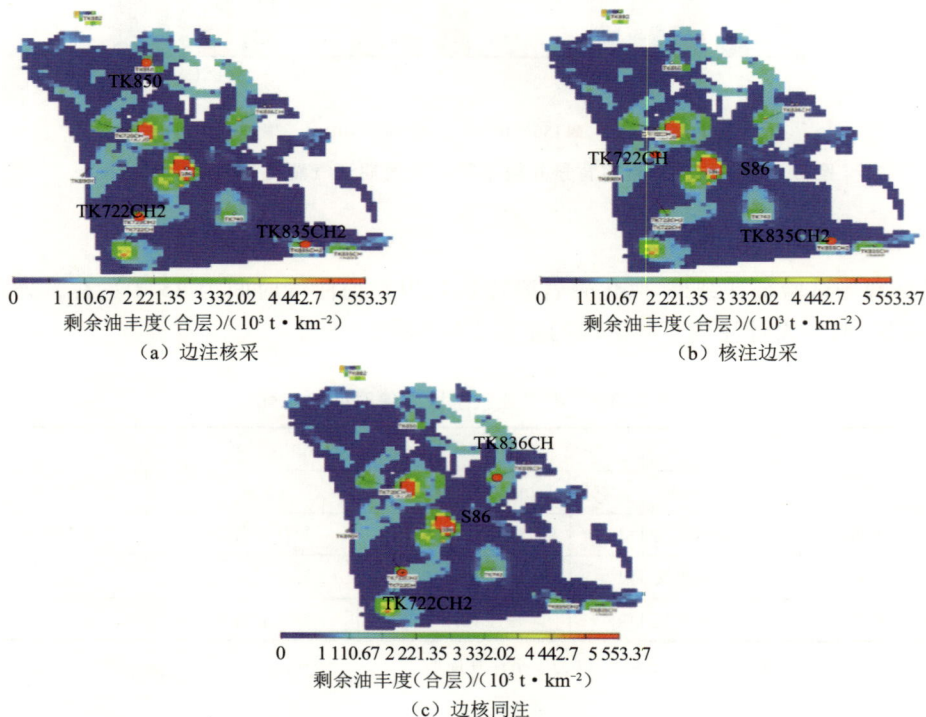

图 5-3-23 断溶体岩溶背景井网分布

从增油效果(表5-3-9)角度来看,边核同注井网的增油量高,效果最好,这主要因为边核同注井网方式能够整体控制压力平衡,提高气驱波及效果好,气驱效率高。

表 5-3-9 不同注气井网增油量对比统计

方案序号	井　网	增油量/(10⁴ t)	备　注
方案 1	边核同注	3.5	采用周期注气方式,注气量为 0.2 PV,日注气量 5×10⁴ m³/d
方案 2	核注边采	2.7	
方案 3	边注核采	2.9	

2) 注入方式

设计的注入方式包括周期注气、气水混注和气水交替3种。

数值模拟结果(图5-3-24)表明,对于断溶体岩溶背景井组,气水交替注气方式累增油效果好。

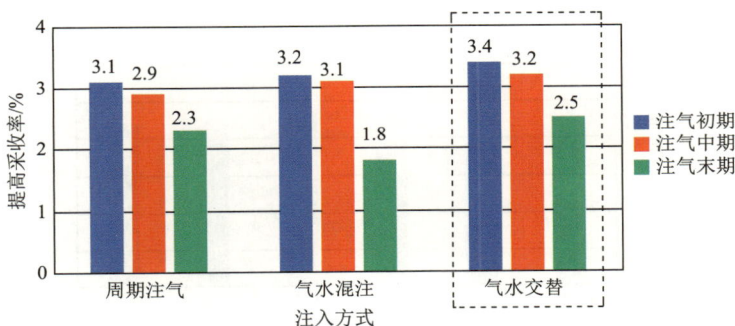

图 5-3-24　断溶体岩溶背景油藏不同注入方式增油图

3）注气速度

合理注气速度可以延缓气窜、增大波及体积。分别考察 3×10^4 m³/d，5×10^4 m³/d，8×10^4 m³/d，10×10^4 m³/d 不同注气速度对断溶体岩溶背景气驱井组驱油效果的影响。

数值模拟结果（图 5-3-25）表明，断溶体岩溶背景井组 3 个注气阶段的合理注气速度分别为 5×10^4 m³/d，3×10^4 m³/d 和 3×10^4 m³/d。这主要是因为断溶体岩溶背景油藏井间裂缝发育，这些裂缝是主要的原油储存运移通道，所以注入气体在断溶体背景油藏中更易沿中、大尺度裂缝形成优势通道。为了延缓气窜，断溶体岩溶油藏应比风化壳岩溶油藏注气速度慢。

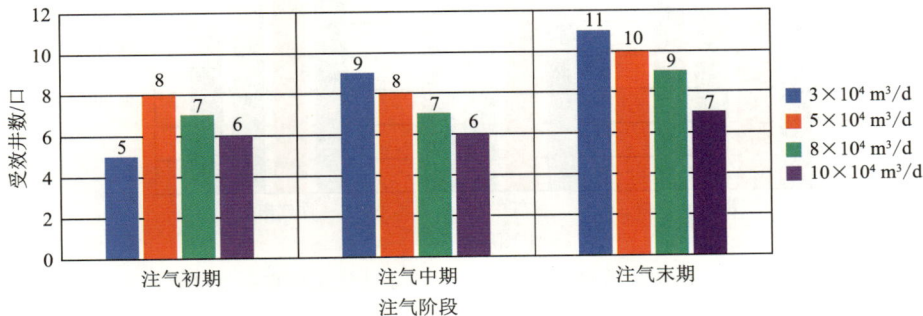

图 5-3-25　断溶体岩溶背景油藏不同注气速度下受效井数统计图

4）注气总量

利用数值模拟技术研究了断溶体岩溶背景气驱井组不同注气总量时的注气效果。分别模拟 0.05 HCPV，0.1 HCPV，0.15 HCPV，0.2 HCPV，0.3 HCPV，0.4 HCPV 时的注气效果，预测时长为 5 年。

利用数值模拟技术优化断溶体背景井组气驱最佳注气量为剩余油体积的 0.15 倍（图 5-3-26）。当注气量在 0.15 HCPV 以下时，随注气量增大，波及范围增大，驱替效果增强；当注气量大于 0.15 HCPV 时，随注气量增大，波及范围基本不变，注入氮气沿裂缝突破速度加快。

不同注气量的增油结果表明，当超过一定注气总量时，随着注气量增加，增油量逐渐减少,主要原因是注气量过大,加速了受效井气窜。

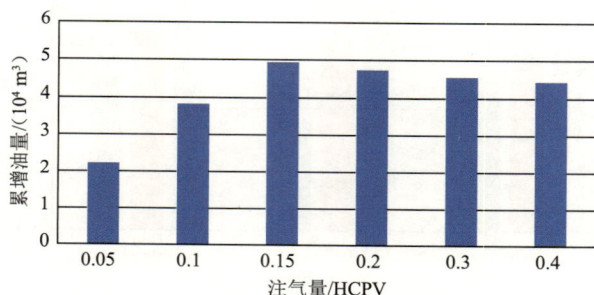

图 5-3-26　断溶体岩溶油藏不同注气量增油图

5)周期注气量

根据现场注入井的注入能力和受效井的产出状况,断溶体岩溶背景注气井组平均周期注气量为 $146×10^4$ m³。针对 S86 单元的不同注气阶段,分别设计了不同的周期注气量方案。数值模拟结果(图 5-3-27)表明,注气初期最佳周期注气量为 $(100\sim200)×10^4$ m³,中期最佳注气量约为 $100×10^4$ m³,末期最佳注气量约为 $50×10^4$ m³。

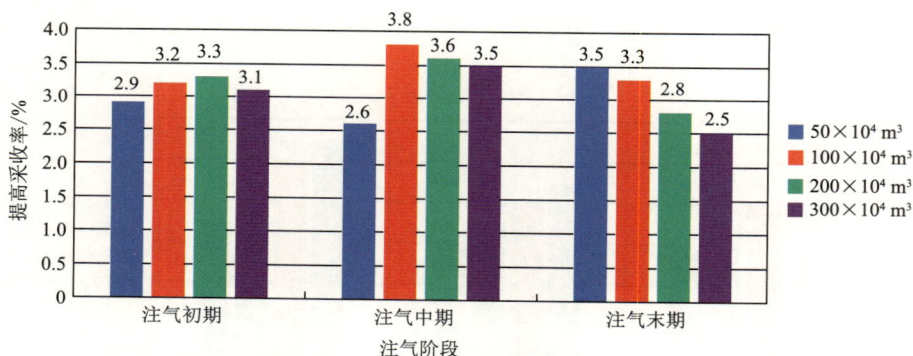

图 5-3-27　断溶体背景井组不同阶段周期注气量提高采收率对比图

6)注气周期

为论证相同注气量下不同注气周期对注气驱油效果的影响,分别设计了注气周期与关井时间的比例为注 1 个月停 1 个月、注 1 个月停 2 个月、注 1 个月停 3 个月、注 1 个月停 5 个月 4 种方案(表 5-3-10)。

表 5-3-10　断溶体岩溶背景井组不同阶段注停时间比优化方案

注气阶段	注停时间比			
	方案 1	方案 2	方案 3	方案 4
注气初期	对称注气 1:1	短注长停 1:2	短注长停 1:3	短注长停 1:5

注气阶段	注停时间比			
	方案 1	方案 2	方案 3	方案 4
注气中期	对称注气 1:1	短注长停 1:2	短注长停 1:3	短注长停 1:5
注气末期	对称注气 1:1	短注长停 1:2	短注长停 1:3	短注长停 1:5

注:对称注气 1:1 的方案为注 1 个月停 1 个月为一个注气周期。

数值模拟结果(图 5-3-28 和图 5-3-29)表明,断溶体岩溶油藏注入周期为注气 1 个月停 3 个月驱油效果最佳。

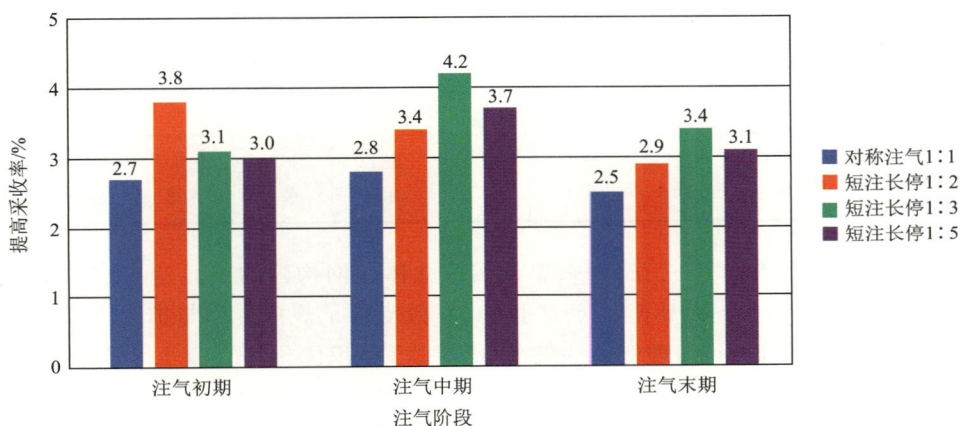

图 5-3-28　不同阶段周期注气量提高采收率对比图

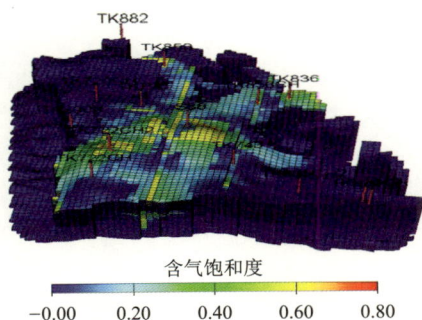

图 5-3-29　注气 1 注水 3 周期含气饱和度分布图

综上所述,不同岩溶背景井组注气周期不一致的原因主要是注气周期与井组储集体发育程度、连通关系紧密。储层发育、连通性好,则气驱扩散能力强;储层发育差、连通性差,则气驱扩散能力弱,注气周期时限长。

通过典型井组氮气驱数值模拟研究,并结合矿场统计结果,初步形成了不同岩溶背景井组不同阶段氮气驱技术政策(表 5-3-11)。

表 5-3-11 缝洞型油藏氮气驱技术政策

气驱参数	风化壳岩溶油藏			古暗河岩溶油藏			断溶体岩溶油藏		
注采井网	面状井网			网状井网			线状井网		
注采关系	高低部位结合注气			分支注河道采			边核同注		
注气阶段	初期	中期	末期	初期	中期	末期	初期	中期	末期
注气方式	周期注气	周期注气	周期注气	周期注气	气水交替	气水交替	气水交替	气水交替	气水交替
累积注气量/HCPV	0.3			0.2			0.15		
周期注气量 /(10^4 m^3)	500	300	<100	300	200	150	100~200	100	50
注气速度 /(10^4 $m^3 \cdot d^{-1}$)	8	8	5	8	5	3	5	3	3
注停时间比	注1:停1	注1:停3	注1:停3	注1:停3	注1:水5	注1:水8	注1:水2	注1:水3	注1:水3

　　基于上述研究成果,"十三五"以来累计实施立体井网构建的单元达 31 个,单元气驱平均增油量从 0.8×10^4 t 提高至 1.67×10^4 t,有效支撑了规模推广与扩大。对 620 口注气井进行了分类评价,每年治理低效注气井 35 井次,累积优化注气量 1.2×10^8 m^3,支撑注气换油率稳定在 0.8 t/m^3。研究成果的应用在丰富缝洞型油藏注气提高采收率技术的同时,对注气降递减率和塔河油田的稳产起到了重要作用。

第六章
缝洞型油藏注氮气效果评价技术

第一节　单井注氮气开发特征

一、注气轮次大于 5 轮的注气开发特征

1. 产量特征

针对注气效果好、注气轮次超过 5 轮的 42 口井进行研究分析,按照注气后有无稳产期及稳产期长短,将 42 口井分为 2 个大类 5 个亚类。统计结果表明,能够稳定生产的油井普遍钻遇水体能量不强、储量大的自然溶洞,而无稳产期的油井则钻遇水体能量强、储量小的溶洞或裂缝性储层。

将生产曲线为凸型、一字型和复合型的井归为有稳产期的井,将生产曲线为尖峰型和斜坡型的井归为无稳产期的井。其中,生产曲线为凸型的井的稳产期为 20~90 d,连续生产时间相对较长;生产曲线为一字型的井的稳产时间最长,稳产期大于 90 d;生产曲线为复合型的井有稳产期,但时间相对较短,产量快速递减;生产曲线为尖峰型的井没有稳产期,产量呈现出突然升高、突然下降的特点;生产曲线为斜坡型的井也没有稳产期,生产过程中产量突然上升,随后缓慢下降。

针对注气轮次大于 5 轮的注气井进行动静态特征统计,并分析储集体类型、水体能量和储量,发现钻遇水体能量不强、储量大的自然溶洞的井有稳产期,而钻遇水体能量很强且储量小的溶洞或裂缝性储层的井没有稳产期,产量递减较快(表 6-1-1)。

表 6-1-1　产量特征统计表　　　　　　　　　　　单位:口

特　　征		有稳产期			无稳产期	
		凸　型	一字型	复合型	尖峰型	斜坡型
储集体类型	自然溶洞	10	7	4	1	2
	酸压溶洞	3	2	2		

特 征		有稳产期			无稳产期	
		凸 型	一字型	复合型	尖峰型	斜坡型
储集体类型	酸压裂缝孔洞	4	3			1
	裂 缝	1	2			
水体能量	强	9	4	3		2
	弱	9	10	3	1	1
储量规模	大	10	8	6		
	小	8	6	2	1	1

2. 递减特征

单井在进行多周期注气以后,大部分注气井产量呈现出递减的趋势。针对注气轮次大于 5 轮的单井,进行周期间的递减情况对比。将月递减率在 1%～10% 之间的定为缓慢递减,月递减率大于 10% 的定为快速递减。

统计 42 口注气轮次超过 5 轮的单井周期增油量发现,具有产量缓慢递减特征的油井有 31 口,具有快速递减特征的油井有 11 口。将产量缓慢递减的 31 口井进行平均周期增油量计算,拟合得到递减率为 10.4%;将 11 口产量快速递减的井进行平均周期增油量计算,拟合得到递减率为 4.9%。对 42 口注气井进行静动态资料分析,发现注气后产量缓慢递减以水体能量不强、储量大的单井为主,快速递减以水体能量强、储量小的单井为主。

3. 生产特征

对注气后生产特征进行分析研究,按照注气后生产是否连续将 42 口井分为连续生产型和间歇生产型。根据这些井的静动态资料分析得出,注气后连续生产型以水体能量不强、储量大的单井为主,间歇生产型以水体能量强、储量小的单井为主。间歇生产型油井以钻遇裂缝性储层为主,由于井周裂缝发育,优势水体沿裂缝窜进,导致注气效果差。

4. 含水特征

按照含水变化的快慢和形态,将含水特征分为波动上升、跳跃上升、缓慢上升和快速上升 4 种。注气后含水表现出波动上升的油井以水体能量不强、储量大的单井为主,跳跃上升的油井以水体能量强的井为主,缓慢上升的油井以水体能量不强的井为主,快速上升的油井能量强。

5. 综合开发特征

按照生产井钻遇的储集体类型划分井储关系,将直接钻遇溶洞、酸压溶洞、酸压裂缝-孔洞或者直接钻遇裂缝划分为 3 类井储关系,即井-洞、井-缝-洞、井-缝;按照水体能量的强弱和储量规模的大小,将 42 口井划分为 2 个大类 10 个小类。统计发现,不同因素会导致不同的生产特征,但针对注气轮次大于 5 轮的注气井,在相同影响因素条件下,单井注气开发特征相对统一,区别在于增油量大小不同(表 6-1-2)。

表 6-1-2　注气轮次大于 5 轮注气井不同地质条件下的生产曲线特征

地质条件			生产曲线特征			生产状况			
井储关系	水体能量	储量规模	产量特征	递减特征	含水特征	日增油量 /(t·d⁻¹)	累增油 /t	累注气 /(10⁴ m³)	换油率 /(t·m⁻³)
井-洞	强	大	凸　型	缓慢递减	快速上升	9.8	24 221	687	1.07
		小	一字型	缓慢递减	缓慢上升	7.8	15 905	500	0.97
	弱	大	复合型	缓慢递减	缓慢上升	7.6	17 848	610	0.89
		小	凸型、一字型	缓慢递减	波动上升	4.2	20 822	916	0.69
井-缝-洞	强	大	凸　型	缓慢递减	跳跃上升	4.2	8 178	450	0.55
		小	凸　型	快速递减	跳跃上升	5.2	20 096	881	0.69
	弱	大	一字型	缓慢递减	波动上升	7.4	16 979	355	1.45
		小	复合型	缓慢递减	波动上升	3.9	6 779	402	0.51
井-缝	弱	大	一字型	缓慢递减	波动上升	5.1	10 624	358	0.90
		小	一字型	快速递减	波动上升	2.8	6 186	232	0.81

　　1)井-洞型单井注氮气开发特征

　　将井-洞型井储关系的油井按照水体能量强弱、储量规模大小分为 4 个小类,由注气以后的生产曲线可知,注气后产量递减均比较缓慢,但产量特征形态各异。通过对比剩余储量大小造成的开发特征差异发现,剩余储量大,日增油量高,周期稳产时间长,累增油量大。在同一储量基数下进行能量强弱对比发现,能量强的井周期稳产时间长,累增油量大;单看能量强的注气井,一般在第 3 周期含水率低,产油量高,说明前两个周期注气量不够。另外,可根据注气以后生产特征表现出的差异性,如注气后含水上升的速度,预测下一周期的注气量,为注气政策的优化提供依据。

　　2)井-缝-洞型单井注氮气开发特征

　　将井-缝-洞型井储关系的油井按照水体能量强弱、储量规模大小分为 4 类。对比发现,剩余储量规模大的油井,周期稳产时间长,生产曲线呈现缓慢递减特征;水体能量强但储量规模小的井-洞-缝关系呈现出凸型、快速递减的开发特征,由于水体能量太强,产量呈现快速递减的趋势,同时由于储量规模小,剩余储量规模亦小,注气效果逐轮变差。对于水体能量强、储量规模大的油井,应加大注气量。以 TK210 井为例,前两轮注气 50×10^4 m³,第 3 轮开始将注气量提高到 70×10^4 m³,同时拌水量由 1 800 m³/周期下降至 1 500 m³/周期左右,注气增油量由 800 t 上涨至 3 900 t。因此,对水体能量强的油井,应适当加大注气量,降低拌水量,以便更好地发挥注气效果。

　　3)井-缝型单井注氮气开发特征

　　井-缝型井储关系的油井由于直接钻遇裂缝,表现出水体能量较弱的特点,根据储量规模大小分为两类。从增油量来看,井-缝型比井-洞型、井-缝-洞型注气效果差,有效生产周期短。同时,剩余储量大的井-缝型油井,由于裂缝相对比较发育,沟通了有效储集体,因此表现为周期稳产时间长、递减缓慢,注气效果相对较好。

6. 下步对策

针对不同的岩溶类型,采取不同的开发模式与开发对策,寻求油藏开发的高水平与高效益。按照水体能量和储量规模划分为 4 类(表 6-1-3),水体能量强的油井需要更大的注气量才能抑制底水上升,同时储量规模大的油井注气后建议采用大排量生产制度,以形成有效连续驱替,更好地驱替井周剩余油;而水体能量弱的油井需要合理地分配注气量,依据剩余储量规模计算注气量,同时储量规模小的油井要参考注气前的生产制度,避免含水快速上升而导致注气效果变差。

表 6-1-3   不同开发特征生产措施建议表

水体能量	储量规模	生产措施
强	大	注气量大,大排量制度生产
	小	注气量大,参照注气前生产制度
弱	大	注气量与剩余储量相匹配,大排量制度生产
	小	注气量与剩余储量相匹配,参照注气前生产制度

二、注气轮次小于 5 轮的注气开发特征

1. 综合开发特征

对于注气轮次小于 5 轮的单井注气井进行开发特征研究,按照井储关系、能量强弱和储量规模大小进行开发特征对比。不同影响因素表现出的注气开发特征相对统一,即无论井储关系、水体能量、储量规模有何区别,开发特征均表现为斜坡型、快速递减和跳跃上升。

注气轮次小于 5 轮的注气井的注气效果较差,普遍原因为剩余储量规模较小,经过多周期注气,注气量达到一定规模,但注气效果并没有好转。

井-洞型井储关系失效原因可能是溢出点高,导致剩余油少,注气效果差。井-缝型井储关系的油井由于直接钻遇裂缝储集体,而储集体发育规模小,剩余油潜力小,因此注气效果差。井-缝-洞井储关系的油井井周溶洞发育,与水体沟通能力强,发育多条裂缝,含水上升速度快,由于注气量不够,所以难以抑制底水上升,导致注气效果差。

2. 下步对策

综合前期油藏认识和注气动态响应特征,分析失效井的原因与潜力,并提出下步治理对策。将单井注气失效原因归为 6 类,针对不同失效原因提出相应的治理对策(表 6-1-4)。目前改善注气效果的主要手段是对注气量进行优化、转单元注气或采用其他措施继续挖

潜剩余油。注气对于补充地层能量、驱替井周剩余油效果明显,配合其他措施可以更加有效地将这部分剩余油采出,同样达到提高油田采收率的目的。

表 6-1-4　失效井下步对策建议表

序号	失效原因	典型井	治理思路	治理手段
1	注气量小,水体相对活跃和前期采出量小	TP322,TK315,TH10130	完善开发技术政策,提高注气利用率	加大注气量
2	单井井控范围内储集体已被注入气有效动用,井间剩余油大量富集	TK222CH2,TH10249	深化剩余油认识,纵向提高储层动用,横向提高平面波及	转单元注气
3	自然水体相对活跃,单一的注气无法起到扩大井间波及体积的效果	TK224		转单元注水
4	高角度裂缝直接沟通水体,纵向上形成优势较强的水驱通道而封存剩余油	TH12503		新工艺、新方法(堵水、复合注气等)
5	纵向上层间非均质性强,注气动用不均衡;单井井控范围内注气无法实现横向波及	TK264X		堵水上返、侧钻
6	裂缝型储层,剩余油潜力小	TK309	充分挖掘剩余油	间　　开

第二节　单元氮气驱开发特征

一、见效特征

筛选了 77 个具有评价意义的注采井对单元氮气驱见效特征进行研究,将见效特征分为 3 类,分别为受效波动上升、受效缓慢上升、受效快速上升。

研究表明,风化壳油藏见效时间长,平均见效天数为 267 d,受效产量以缓慢上升为主;古暗河油藏见效时间较短,平均见效天数为 60 d,受效产量以快速上升为主;断溶体油藏见效时间较短,平均见效天数为 58 d,受效产量各种特征均有分布。

二、产量特征

对样本井组产量特征进行归纳总结,除去低/无效井组,对 53 个有效井组进行氮气驱产量特征划分,可划分为稳定受效型、效果持续上升型、效果持续下降型、效果波动型 4 种类型。其中,稳定受效型井组有 16 个,见效天数为 95 d,产量月递减率为 3.9%;效果持续上升型井组有 7 个,见效天数为 157 d,产量月递减率为 0.2%;效果持续下降型井组有 26 个,见效天数为 54 d,产量月递减率为 11.3%;效果波动型井组有 4 个,见效天数为 184 d,产量月递减率为 18.1%。可见,见效类型以效果持续下降型为主,占总井组的 49%。

(1) 稳定受效型:井间高部位残丘是气驱挖潜的有利部位,剩余油潜力明确;井间溶洞储集体发育具有一定规模,且溶洞未充填或充填程度低,氮气注入后不易沿连通通道快速气窜,能够持续稳定地置换驱替。

(2) 效果持续上升型:通常具有良好的单向Ⅰ级连通通道;井间高部位溶洞是气驱挖潜的有利部位,剩余油潜力明确;井间溶洞储集体发育具有一定规模,且溶洞未充填或充填程度低;在气驱过程中启动多套前期未动用储集体,提高气驱效果。

(3) 效果持续下降型:气驱路径上发育规模性溶洞储集体,是重要的潜力方向;井间具备良好的连通性,属于Ⅰ类连通级别。

(4) 效果波动型:具有不同的驱替路径和驱替模式。其中,通道单一的注采井组受效稳定,而具有多条连通路径的井组气驱过程中氮气沿不同裂缝-岩溶管道向受效井驱替,表现出波动受效气驱特征。

三、含水特征

根据对样本井组的归纳总结,井组氮气驱含水特征可划分为稳定型、上升型、波动型 3 种类型(图 6-2-1)。

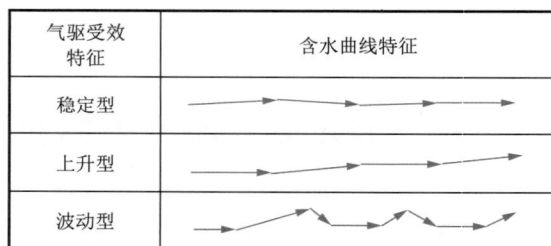

气驱受效特征	含水曲线特征
稳定型	
上升型	
波动型	

图 6-2-1 井组氮气驱含水特征曲线

其中,稳定型井组有 15 个,见效天数为 149 d,产量月递减率为 5.20%;上升型井组有 21 个,见效天数为 36 d,月递减率为 10.63%;波动型井组有 17 个,见效天数为 84 d,月递减率为 5.80%(表 6-2-1)。

表 6-2-1 氮气驱井组含水曲线特征分类

气驱受效含水曲线特征	井组数量/个	见效天数/d	月递减率/%
稳定型	15	149	5.20
上升型	21	36	10.63
波动型	17	84	5.80

井组氮气驱含水特征的影响因素有井区剩余储量丰度、底水能量强弱、储集体内油水接触关系和复合驱过程中的水驱强度。

第三节　注氮气效果评价

一、评价方法

目前效果评价测试的相关研究方向主要在以下两个方面进行：

（1）单因素评价模式。通过对评价对象（单井、井组或者单元）的某个具体评价指标进行研究，分析该指标的变化过程或者目前的状态，进而评价该评价对象目前的生产状态。在气驱开发效果评价中，基于采收率、含水率以及自然递减率的单因素评价分析研究开展较多。

（2）多因素综合评价模式。对评价对象（单井、井组或者单元）的多个评价指标进行综合分析研究。该项研究通常根据不同的地质背景以及评价要求提出个性化的评价指标体系。目前关于气驱多因素效果评价的研究较少。

通过开展气驱效果评价因素研究，提出适用于塔河油田缝洞型油藏地质背景的气驱效果评价指标体系，进而利用聚类分析、因素分析、层系分析、模糊评价以及神经网络评价等数学方法实现缝洞型油藏气驱效果综合评价。

1. 指标构建模式

指标构建模式主要有以下 3 种。

1）分类模式

该方法将不同的注采指标进行归纳总结，形成描述气驱效果、采油效果、井网完善程度、开发效果以及注采关系的各类指标体系，在每一个指标体系中逐个筛选，排除重复指标、无效指标以及关联不明显的指标，形成最终的气驱效果评价指标体系。

2）输入-产出追踪模式

水驱和气驱效果评价均通过一定的油藏指标来反映油藏的开发状态，在评价原理、评价对象以及评价方法上具有一定的相似性。该方法的优点是思路清晰，可以利用公式进行精确的刻画描述，但也存在单个指标不能完全反映水流去向以及各个指标之间有交叉的问题。

3）相关性分析模式

有学者通过统计大量注气单元各指标的评价数据，利用相关性分析，逐步分析各指标之间的相关性，而每一次分析均会排除一个相关性指数最高的注气效果评价指标，重复进行，直到剩下 7～8 个指标为止。

2. 评价方法

目前，油藏注气开发中有注氮气、注二氧化碳等多种方法。部分油田根据自身不同的注入介质，结合其开发方式以及开发阶段提出了对应气驱效果评价指标体系，通过对这些指标体系的研究能够进一步了解目前油藏气驱效果评价的研究进展。

1）注氮气效果评价测试

中国石化雁翎油田进行了注氮气驱油效果评价研究，根据其地质及开发状况提出了适用于雁翎油田的注氮气驱油效果评价指标体系：年采油速度、周期增油率、累积方气换油率、累积存气率、提高采收率、吨油成本。该指标体系是针对雁翎油田目前开发状况提出的，存在注气驱油的指标较少、对评价指标的全面性和针对性没有明确认识等问题。

2）注二氧化碳效果评价测试

中国石油辽河油田稀油区进行了注二氧化碳提高采收率的相关试验，并初步建立了注二氧化碳的注气效果评价指标体系：地层能量保持程度、平均日油水平、累积方气换油率、储量采出程度、提高采收率、周期增油率、吨油成本、年采油速度。

3）测试指标统计

基于前述分类的维度以及相关调研成果，结合塔河油田缝洞型碳酸盐岩油藏储集空间类型、连通状况以及开发状况，采用注采平衡、开发水平以及效果效益3个维度，分别从注采平衡、能量平衡、注气效率、产水状况、采油状况、注气效果以及注气效益7个评价角度进行缝洞型油藏注气效果评价指标筛选（表6-3-1）。

注采平衡评价维度：主要反映油藏注氮气开发过程中的注采平衡和能量平衡状况。

开发水平评价维度：主要评价注气收率、产水状况以及采油状况。

效果效益评价维度：主要评价油藏注气效果以及注气效益状况。

表 6-3-1　注气效果评价指标统计表

评价维度	评价角度	评价指标
注采平衡	注采平衡	阶段（累积）注采比、储采平衡系数、储采比、剩余可采储量、采油速度、地层压力、地层总压降、地层压力保持水平
	能量平衡	储采平衡系数、累计亏空、能量保持程度
开发水平	注气效率	轮次存气率
	产水状况	含水率、含水变化率、含水上升速度、含水与可采储量和采出程度关系
	采油状况	产能保有率、自然递减率、地质储量、采油速度、无因次采油速度、自然递减变化率、综合递减率、总递减率、采油指数
效果效益	注气效果	增油量、提高采收率
	注气效益	方气换油率、日增油水平

二、评价指标

1. 注采连通类指标

注采连通状况主要针对注气井井组效果，评价指标主要有波及系数、气驱储量控制程度、井网密度、单井控制储量、气驱储量动用程度、井控系数、油气井注采多向受效率。

波及系数的计算公式如下：

$$E_v = cE_A \tag{6-3-1}$$

式中　E_v——砂岩油藏波及系数；

　　　　c——岩芯校正系数；

　　　　E_A——岩芯波及系数，一般由实验得到。

式(6-3-1)适用于砂岩油藏，不适合缝洞型油藏。

井网密度和单井控制储量是静态指标，并不能反映油藏动态开发水平。

井控系数是近年来针对缝洞型油藏提出的指标，但它的主要问题是计算复杂，且需要配合地震资料来确定参数，因而实际操作性较低。

$$\delta = \frac{A_D \sum_{i=1}^{n_v} N_{vi} + B_D \sum_{i=1}^{n_f} N_{fi}}{N} \tag{6-3-2}$$

式中　δ——井控系数；

　　　　A_D, B_D——溶洞、裂缝的井控系数；

　　　　N_{vi}, N_{fi}——井控范围内地震刻画的第 i 个溶洞体和裂缝体储量；

　　　　n_v, n_f——井控范围内地震刻画的溶洞体个数和裂缝体个数；

　　　　N——研究工区内地震刻画储量。

油气井注采多向受效率是针对缝洞型油藏的平面指标。气驱储量控制程度和气驱储量动用程度是反映注气波及系数的核心指标，其应用范围广泛，无论对碎屑岩油藏还是对碳酸盐岩油藏，均具有实用性。

针对井网完善程度，注气井井组应选取的指标为气驱储量动用程度。

2. 开发水平类指标

注气单井评价指标主要有注气效率、产水状况、采油状况三大方面。单井注气开发指标中，注气效率方面为轮次存气率，产水状况包括含水率、含水变化率，采油状况包括产能保有率、采油指数。注气井井组开发指标中，注气效率包括存气率，产水状况包括含水率及含水变化率，采油状况包括产能保有率和采油指数。这三大方面指标适用范围较广，在相关文献的多个指标体系中均有涉及。

轮次存气率是指一个生产轮次的注气量和产气量的差值与注气量之比，反映了注入气的利用效率，是一个重要的单井评价指标。

存气率是注气量和产气量的差值与注气量之比，计算公式如下：

$$E_i = \frac{G_i - G_p}{G_i} \tag{6-3-3}$$

式中　E_i——存气率；

　　　　G_i, G_p——注气量和产气量。

存气率可以反映生产状况，是反映注气利用率的一个重要指标。

含水率仅仅反映生产状况，无横向可比性，因此对单井和井组均没有较大的价值。

含水变化率是每采出 1% 的地质储量含水率的变化值，反映了注水后见水快慢情况，

属于核心评价指标,为注气井井组效果评价指标,其计算公式为:

$$\Delta f_w = \frac{f_{w1} - f_{w2}}{\Delta t} \tag{6-3-4}$$

式中　f_{w1},f_{w2}——t_1 和 t_2 时刻油藏含水率;

　　　　Δf_w——油藏含水率变化;

　　　　Δt——时间差。

产能保有率主要针对开发方案进行评价,反映了开发方案的适用性,但在生产过程的注气效果评价中并不是很适用,因而予以排除。

采油指数是单位生产压差下的日产油量,不具有纵向可比性。

综上所述,注气单井开发水平评价指标为轮次存气率,注气井组为含水变化率和存气率。

3. 注采平衡类指标

注采平衡类指标对于注气单井以及注气井井组评价均有较强的作用。注气单井注采平衡类指标主要有阶段注采比、累积注采比、累计亏空和能量保持程度、新增可采储量。注气井井组注采平衡类指标主要有:阶段注采比、累积注采比、累计亏空、自然递减变化率。

其中,阶段注采比和累积注采比属于过程关系,并无优劣之分,只是根据不同的评价阶段及评价目的可以进行灵活的选择,计算公式如下:

$$Z = \frac{Q_i}{Q_w + Q_o} \tag{6-3-5}$$

式中　Z——累积注采比;

　　　　Q_i,Q_w,Q_o——累积注入量、累积产水量和累积产油量。

综合递减变化率和自然递减变化率一个反映注气油田的整体开发水平,一个反映未注气的开发水平,强调的是与注气开发效果的对比。通过关联性分析可以发现,二者之间具有统计相关性。对两个指标进行分析,具有注气效果评价且具有对比效果的自然递减变化率属于更优选择,因此该指标可作为注气井单井效果评价指标。

累计亏空的反映开发程度的指标,它缺乏纵向可比性,因此该指标既不适合作为单井注气指标,也不适合作为井组注气指标。

4. 综合效果类指标

油田的注气效果主要体现在效果类和效益类两个方面。注气单井及井组效果评价指标为轮次效果中的周期增油量,累积效果中的累积增油量和提高采收率。注气单井及井组效益类评价指标为绝对效益中的轮次方气换油率和相对效益中的日增油水平。

保持地层压力评价指标(即能量保持程度)在注采平衡类指标中已经有所体现,注气波及范围指标主要在井网类指标中体现,因而此处只需要进行产油情况的评价。

产油情况评价主要从以下 3 个角度进行说明:① 增油水平(累积增油量、采出程度);② 增油效益(方气换油率、吨油成本);③ 增油增幅(周期增油量、提高采收率)。由于水平类指标和效益类指标都是绝对值,缺乏横向可对比性,因此主要选用幅度类指标。

提高采收率可以反映现阶段生产水平力,但考虑到其他指标均为绝对值,其范围一般小于1,而提高产油量数据较大,不利于后期进行综合评判,因而采用提高采收率作为评价指标。

通过以上分析得出,注气单井综合效果类评价指标为日增油水平、方气换油率、累积增油量、提高采收率、周期增油量,注气井井组综合效果类评价指标为周期增油量、提高采收率、日增油水平、方气换油率、累积增油量。

5. 指标体系

缝洞型油藏气驱和水驱在驱替机理、驱替范围以及驱替效果等方面均具有许多不同之处。缝洞型油藏注气通常是在水驱完成之后进行的,一般会进行多个轮次,因此缝洞型油藏气驱效果评价需要根据气驱时间的不同进行精细划分评价。

1) 注气前效果评价指标

由于注气驱(替)油通常是在注水之后采取的生产措施,因此有必要对注气之前的油藏生产开发状况进行评价,其目的主要有:

(1) 明确油藏目前的驱替效果以及开发状态,进一步深刻地认识油藏;

(2) 为后续气驱效果的评价提供对比参考标准,以精确评估油藏的注气效果。

基于以上目的,注气前效果评价的核心意义是评价油藏的水驱效果,因此建立了缝洞型油藏注气前效果评价体系(表 6-3-2 和表 6-3-3)。

表 6-3-2　缝洞型油藏单井注气前效果评价体系

评价角度	评价指标	评价目的
开采状态	累积注采比	评价注采的平衡状态
	存水率	评价注水的利用状态
	含水上升率	评价生产的含水状态
剩余油生产能力	能量保持程度	从能量角度评价剩余油生产能力
	自然递减率	从产能角度评价剩余油生产能力
效果对比指标	提高采收率	评价注气前状况,作为注气后效果对比指标

表 6-3-3　缝洞型油藏井组注气前效果评价体系

评价角度	评价指标	评价目的
开采状态	累积注采比	评价注采的平衡状态
	存水率	评价注水的利用状态
	含水上升率	评价生产的含水状态
剩余油生产能力	能量保持程度	从能量角度评价剩余油生产能力
	自然递减率	从产能角度评价剩余油生产能力
效果对比指标	提高采收率	评价注气前状况,作为注气后效果对比指标

2）注气中效果评价指标

由于注入氮气的密度及油气界面张力较小，所以注气替油是一个逐渐进行的缓慢过程。缝洞型油藏注气替油通常采用多个轮次，不同轮次可能采用不同的注气速度、注气量以及生产时间，不同轮次的驱替效果也有较大的差异。因此，缝洞型油藏注气中效果评价体系（表 6-3-4、表 6-3-5）需要着重考虑不同轮次的替油效果。

表 6-3-4　缝洞型油藏单井注气中效果评价体系

类　　型	指标名称	定义、计算方法
注采平衡类指标	累积注采比	注水和注的总注入量与气、液总产量之比
开发水平类指标	轮次存气率	注气量和产气量的差与总注气量之比
效果类指标	累积增油量	注气开采后总产油量与未采取增油措施产油量之差
	提高采收率	累积增油量与可采储量之比
	周期增油量	累积增油量与周期个数之比
效益类指标	平均日增油水平	累积增油量与开井天数之比
	吨油盈利	当前油价下的吨油盈利水平

表 6-3-5　缝洞型油藏井组注气中效果评价体系

类　　型	指标名称	定义、计算方法
注采连通状况类指标	气驱动用程度	同一关联井组内，注气井注入气波及范围内的地质储量与井组总地质储量之比
注采平衡类指标	累积注采比	注水和注的总注入量与气、液总产量之比
	自然递减变化率	注气前后或不同受效阶段自然递减率的变化幅度，反映增产效果的稳定性
开发水平类指标	存气率	注气量和产气量的差与总注气量之比
	含水变化率	注气增产时地层含水率的变化快慢
效果类指标	累积增油量	注气开采后总产油量与未采取增油措施时产油量之差
	提高采收率	累积增油量与可采储量之比
	周期增油量	累积增油量与周期数之比
效益类指标	平均日增油水平	累积增油量与开井天数之比
	吨油盈利	当前油价下的吨油盈利水平

三、注气后效果评价指标

注气后效果评价是在注气开发完成之后对整个注气阶段的生产效果进行的评价，此时不再局限于生产过程中具体的生产指标，而是突出整个注气过程中的生产状态、生产效果以及生产效益。缝洞型油藏注气后效果评价体系见表 6-3-6 和表 6-3-7。

表 6-3-6　缝洞型油藏单井注气后效果评价体系

类　型	指标名称	定义、计算方法
注采平衡类指标	累积注采比	注水和注气的总注入量与气、液总产量之比
开发水平类指标	累积存气率	注气量与产气量的差与注总气量之比
效果类指标	累积增油量	注气开采后总产油量与未采取增油措施时产油量之差
	提高采收率	累积增油量与可采储量之比
效益类指标	平均日增油水平	累积增油量与开井天数之比
	吨油盈利	当前油价下的吨油盈利水平

表 6-3-7　缝洞型油藏井组注气后效果评价体系

类　型	指标名称	定义、计算方法
注采连通状况类指标	气驱动用程度	同一关联井组内,注气井注入气波及范围内的地质储量与井组总地质储量之比
注采平衡类指标	累积注采比	注水和注气的总注入量与气、液总产量之比
	自然递减变化率	注气前后或不同受效阶段自然递减率的变化幅度,反映增产效果的稳定性
开发水平类指标	存气率	注气量和产气量的差与总注气量之比
	含水变化率	注气增产时地层含水率的变化快慢
效果类指标	累积增油量	注气开采后总产油量与未采取增油措施产油量之差
	提高采收率	累积增油量与可采储量之比
效益类指标	平均日增油水平	累积增油量与开井天数之比
	吨油盈利	当前油价下的吨油盈利水平

四、效果评价方法

1. 权重分配方法

在多属性决策中,常用的权重分配方法主要有主观法和客观法两类,这两类方法均衍生出很多算法。在油藏开发效果评价领域,目前主观法采用较多的是层次分析法(analytic hierarchy process,AHP),而客观法采用较多的是主成分分析法(principal component analysis,CPA)。这两种方法各具特点,在应用过程中进行了如下研究分析。

设有备选方案集 $\{A_1, A_2, \cdots, A_n\}$,依据某一准则 C,将方案两两进行重要性比较,确定的判断矩阵为:

$$\boldsymbol{A} = \begin{pmatrix} a_{11} & a_{12} & \cdots & a_{1n} \\ a_{21} & a_{22} & \cdots & a_{2n} \\ \vdots & \vdots & & \vdots \\ a_{n1} & a_{n2} & \cdots & a_{nn} \end{pmatrix} \qquad (6\text{-}3\text{-}6)$$

式中　a_{ij}——方案判定条件比值；

　　　A——判断矩阵。

定义指标集：

$$I = \{1, 2, \cdots, n\} \tag{6-3-7}$$

当正反互判矩阵 $A = (a_{ij})_{n \times n}$ 为具有一致性的判断矩阵时，矩阵 A 的元素与权重矢量 $w = (w_1, w_2, \cdots, w_n)^T$ 具有如下逻辑关系：

$$a_{ij} = \frac{w_i}{w_j}, \quad \forall i, j \in I \tag{6-3-8}$$

式中　w_i——第 i 个判定条件的权重。

设多属性决策问题中各个方案的权重矢量 $w = (w_1, w_2, \cdots, w_n)^T$，根据方案 A_i 与方案 A_j 的权重比 w_i/w_j，可构造如下权重比的正反一致性矩阵：

$$A = (a_{ij})_{n \times n} = \begin{bmatrix} w_1/w_1 & w_1/w_2 & \cdots & w_1/w_n \\ w_2/w_1 & w_2/w_2 & \cdots & w_2/w_n \\ \vdots & \vdots & & \vdots \\ w_n/w_1 & w_n/w_2 & \cdots & w_n/w_n \end{bmatrix} \tag{6-3-9}$$

其中，矩阵元素 $a_{ii} = w_i/w_i = 1$，$a_{ij} = w_i/w_j = 1/(w_j/w_i) = 1/a_{ji}$，且 $a_{ij} = a_{ik}/a_{jk}$。将权重矢量 w 右乘矩阵 A，则有：

$$Aw = \begin{bmatrix} w_1/w_1 & w_1/w_2 & \cdots & w_1/w_n \\ w_2/w_1 & w_2/w_2 & \cdots & w_2/w_n \\ \vdots & \vdots & & \vdots \\ w_n/w_1 & w_n/w_2 & \cdots & w_n/w_n \end{bmatrix} \begin{bmatrix} w_1 \\ w_2 \\ \vdots \\ w_n \end{bmatrix} = n \begin{bmatrix} w_1 \\ w_2 \\ \vdots \\ w_n \end{bmatrix} = nw \tag{6-3-10}$$

将求出的最大特征根 λ'_{max} 代入齐次线性方程组：

$$(A' - \lambda'_{max} I) w' = 0 \tag{6-3-11}$$

式中　λ'_{max}——齐次线性方程组的最大特征根。

由式(6-3-11)解出 λ'_{max} 对应的特征矢量为：

$$w' = (w'_1, w'_2, \cdots, w'_n)^T \tag{6-3-12}$$

如果判断矩阵 A' 具有一致性，则 λ'_{max} 对应的特征矢量 w' 就是方案集的权重矢量 w。一般地，判断矩阵 A' 未必是正反互判的具有一致性的判断矩阵。为了达到令人满意的一致性，使除 λ'_{max} 之外的其余特征根尽量接近零，用剩下的 $n-1$ 个特征根的绝对平均值作为检验判断矩阵一致性的指标，即

$$C.I = \frac{\lambda'_{max} - n}{n - 1} \tag{6-3-13}$$

式中　$C.I$——一致性判定指标。

一般来说，$C.I$ 越大，偏离一致性越大；反之，偏离一致性越小。另外，判断矩阵的阶数 n 越大，判断的主观因素造成的偏差越大，偏差的一致性也就越大；反之，偏差的一致性越小。因此，还需引入平均随机一致性指标，记为 $R.I$。指标 $R.I$ 随判断矩阵阶数 n 的变化而变化。这些矩阵是用随机方法构造判断矩阵，经过多次重复计算，求出一致性指标，并

加以平均得到的,具体数据见表 6-3-8。

表 6-3-8　R.I 变化数值表

阶　数	1	2	3	4	5	6	7	8	9	10
R.I	0	0	0.52	0.89	1.12	1.26	1.36	1.41	1.46	1.49

一致性指标 $C.I$ 与同阶的随机一致性指标 $R.I$ 的比值称为一致性比率,记为:

$$C.R = \frac{C.I}{R.I} \tag{6-3-14}$$

式中　$C.R$——一致性比率。

利用一致性比率 $C.R$ 检验判断矩阵的一致性。$C.R$ 越小,判断矩阵的一致性就越好。一般认为,当 $C.R<0.1$ 时,判断矩阵符合一致性标准;否则,需要修正判断矩阵。

2. 指标界限划分方法

在最终确定的缝洞型碳酸盐岩注气效果评价指标中,如何确定各个指标的划分界限是一个关键的问题。在大量调研前人研究成果的基础上,提出了指标界限划分的三类方法:德尔菲法、聚类分析方法、油藏工程因素分析法。

1)德尔菲法

德尔菲(Delphi)法,又称为专家打分法,是指通过匿名方式征询有关专家的意见,对专家意见进行统计、处理、分析和归纳,客观地综合多数专家经验与主观判断,对大量难以采用技术方法进行定量分析的因素做出合理估算,经过多轮意见征询、反馈和调整后,对可实现程度进行分析的方法。

2)聚类分析法

聚类分析(cluster analysis,CA)是非监督模式识别的重要分支。聚类与分类的不同之处在于聚类所要求的类的划分是未知的。聚类是将数据分类到不同的类或者簇的一个过程,因此同一个簇中的对象有很大的相似性,而不同簇中的对象有很大的相异性。

聚类分析法的主要流程包括数据预处理、为衡量数据点间的相似度定义一个距离函数、按照最小距离原则聚类、评估和输出,如图 6-3-1 所示。

系统聚类算法的一个共同特点是某个模式一旦划分到某一类之后,在后继的算法过程中就不能改变了,这类方法的效果一般不会太理想。和上述各算法相对应的是动态聚类法(图 6-3-2),它也有较多的分支算法,主要采用最为常用的 K-均质聚类。该算法简单、收敛且聚类效果较好,其核心是根据函数准则进行分化的聚类算法,使

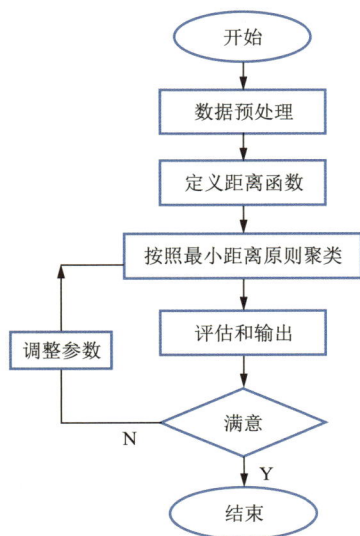

图 6-3-1　聚类分析流程图

聚类准则函数最小化。

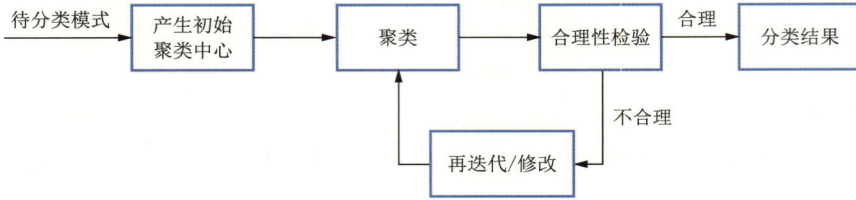

图 6-3-2　动态聚类原理图

设待分类的模式特征矢量集为 $\{\bar{x}_1, \bar{x}_2, \cdots, \bar{x}_n\}$，取定 c 个类别，选取 c 个初始聚类中心，按最小距离原则将各模式分配到 c 类中的某一类中，不断地计算聚类中心，调整各模式的类别使每个模式特征矢量到其所属类别的距离平方之和最小。其算法步骤如下：

设 c 个模式特征矢量作为初始聚类中心：

$$\bar{z}_1^{(0)}, \bar{z}_2^{(0)}, \cdots, \bar{z}_c^{(0)} \tag{6-3-15}$$

式中　$\bar{z}_i^{(0)}$——第 i 个初始（0 次）聚类中心的特征矢量。

将待分类的模式特征矢量集 $\{\bar{x}_i\}$ 中的模式逐个按最小距离原则划分给 c 类中的某一类。如果

$$d_{ik}^{(k)} = \min_j |d_{ij}^{(k)}| \quad (i = 1, 2, \cdots, n) \tag{6-3-16}$$

则判：

$$\bar{x} \in w_i^{(k+1)} \tag{6-3-17}$$

式中　k——迭代次数；

$d_{ij}^{(k)}$——第 k 次迭代中待分类特征矢量与聚类中心的距离（即 $\bar{x}_i$ 和 $w_i^{(k)}$ 的中心 $\bar{z}_i^{(k)}$ 的距离）；

$w_i^{(k+1)}$——第 i 个新的聚类。

计算重新分类后的各聚类中心：

$$\bar{z}_j^{(k+1)} = \frac{1}{n_j^{(k+1)}} \sum_{i=1}^n \bar{x}_i \quad (j = 1, 2, \cdots, c) \tag{6-3-18}$$

式中　$n_j^{(k+1)}$——$w_j^{(k+1)}$ 类中所含模式的个数。

如果

$$\bar{z}_j^{(k+1)} \neq \bar{z}_j^{(k)} \quad (j = 1, 2, \cdots, c) \tag{6-3-19}$$

则转至判定式(6-3-18)。如果

$$\bar{z}_j^{(k+1)} = \bar{z}_j^{(k)} \tag{6-3-20}$$

则结束计算。

3）油藏工程因素分析法

因素分析法是利用统计指数体系分析现象总变动中各个因素影响程度的一种统计分析方法。使用这种方法能够将一组反映事物性质、状态、特点等的变量简化为少数几个能够反映事物内在联系的、固有的、决定事物本质特征的因素。

在注气效果评价中，不同的指标之间常常存在基于油藏工程原理的一定内部联系。针对某些指标，进行二维关系分析，即可确定其指标界限。

3. 效果综合评价方法

1）模糊综合评价法

模糊综合评价法是一种基于主观信息的综合评价方法。实践证明，综合评价结果的可靠性和准确性依赖于合理选取因素、因素的权重分配和综合评价的合成算子等。因此，必须根据具体综合评价问题的目的、要求及其特点，从中选取合适的评价模型和算法，使所做的评价更加客观、科学和有针对性。

对于一个普通的集合，一个元素要么属于这个集合，要么不属于这个集合，两者必居其一且仅居其一，即这个元素表现出"非此即彼"的特性。但对于一个模糊集合，一个元素就不能明确地与之划清界限了，而是用闭区间 $[0,1]$ 上的实数来表示这个元素对模糊集合的一种隶属程度。因此，这种"非此即彼"的特性便转化为"亦此亦彼"的特性。将这种"亦此亦彼"的模糊概念用定量的数值表达出隶属程度，这就是应用模糊数学进行评价的出发点。

对于论域 U 的每一个元素 $x \in U$ 和某一个子集 $A \subseteq U$，有 $x \in A$ 或 $x \notin A$，二者有且仅有一个成立。于是，对于子集 A 定义映射

$$\mu_A : U \rightarrow \{0,1\} \tag{6-3-21}$$

如果给定一个映射

$$\mu_A : U \rightarrow [0,1], \quad x \rightarrow \mu_A(x) \in [0,1] \tag{6-3-22}$$

则就确定了一个模糊集 A，其映射 μ_A 称为模糊集 A 的隶属函数，$\mu_A(x)$ 称为 x 对模糊集 A 的隶属度。

当论域 $U = \{x_1, x_2, \cdots, x_n\}$ 为有限集时，如果 A 是 U 上的任一个模糊集，其隶属度为 $\mu_A(x_i)(i=1,2,\cdots,n)$，则 A 通常有以下 2 种表示方法。

（1）将论域中的元素 x_i 与其隶属度 $\mu_A(x_i)$ 构成序偶来表示 A。

$$A = \{(x_1, \mu_A(x_1)), (x_2, \mu_A(x_2)), \cdots, (x_n, \mu_A(x_n))\} \tag{6-3-23}$$

在这种表示方法中，隶属度为 0 的项可不写入。

（2）向量表示法为：

$$\boldsymbol{A} = \{\mu_A(x_1), \mu_A(x_2), \cdots, \mu_A(x_n)\} \tag{6-3-24}$$

在向量表示法中，隶属度为 0 的项不能省略。

模糊集与普通集有相同的运算和相应的运算规律。若 $B \subseteq A$ 且 $A \subseteq B$，则称 A 与 B 相等，记为 $A = B$。

设模糊集 $A, B \in F(U)$，其隶属函数为：

$$\mu_A(x), \mu_B(x) \tag{6-3-25}$$

$$\mu_{A^c}(x) = 1 - \mu_A(x) \tag{6-3-26}$$

模糊综合评价通常包括以下 3 个方面：① 设与被评价事物相关的因素有 n 个，记为 $U = \{u_1, u_2, \cdots, u_n\}$，称之为因素集；② 设所有可能出现的评语有 m 个，记为 $V = \{v_1, v_2, \cdots, v_m\}$，称之为评判集；③ 由于各种因素所处地位不同，作用也不一样，通常考虑用权重来衡量，记为 $A = \{a_1, a_2, \cdots, a_n\}$。

模糊综合评价通常按以下步骤进行。

(1) 确定因素集 U:

$$U = \{u_1, u_2, \cdots, u_n\} \tag{6-3-27}$$

式中　u_i——第 i 个评判因素。

(2) 确定评判集 V:

$$V = \{v_1, v_2, \cdots, v_m\} \tag{6-3-28}$$

式中　v_i——第 i 个评判结论。

(3) 进行单因素评判:

$$r_n = \{v_{n1}, v_{n2}, \cdots, v_{nm}\} \tag{6-3-29}$$

式中　r_n——矩阵 $\boldsymbol{R}$ 中的第 n 行;

　　　n——被评价事物相关因素。

(4) 构造综合评判矩阵:

$$\boldsymbol{R} = \begin{bmatrix} r_{11} & r_{12} & \cdots & r_{1m} \\ r_{21} & r_{22} & \cdots & r_{2m} \\ \vdots & \vdots & & \vdots \\ r_{n1} & r_{n2} & \cdots & r_{nm} \end{bmatrix} \tag{6-3-30}$$

(5) 构建评判权重:

$$A = \{a_1, a_2, \cdots, a_n\} \tag{6-3-31}$$

(6) 计算 $\boldsymbol{B} = A \circ \boldsymbol{R}$, 并根据最大隶属度原则做出评判。

在进行综合评判时, 根据算子。的不同定义, 可以得到不同的模型。

① 模型 Ⅰ: $M(\wedge, \vee)$——主因素决定型。其中, "$\vee$""$\wedge$"分别表示取大运算和取小运算, 称其为 Zadeh 算子。

运算法则为:

$$b_j = \max\{(a_i \wedge r_{ij}), i = 1, 2, \cdots, n\} \quad (j = 1, 2, \cdots, m) \tag{6-3-32}$$

式中　a_i——第 i 个因数评判权重;

　　　r_{ij}——u_i 关于 v_i 的隶属程度;

　　　b_j——评价对象对评价集 V 中第 j 个元素的隶属度。

该模型评判结果只取决于总评判中起主要作用的那个因素, 其余因素均不影响评判结果。

② 模型 Ⅱ: $M(\wedge \cdot \vee)$——主因素突出型。

运算法则为:

$$b_j = \max\{(a_i \cdot r_{ij}), i = 1, 2, \cdots, n\} \quad (j = 1, 2, \cdots, m) \tag{6-3-33}$$

该模型与模型 Ⅰ 相近, 但比模型 Ⅰ 精细些, 不仅突出了主要因素, 还兼顾了其他因素, 适用于模型 Ⅰ 失效, 即不可区别而需要加细时的情形。

2) BP 神经网络方法

BP(back propagation)网络是一种按误差逆传播算法训练的多层前馈网络, 是目前应用最广泛的神经网络模型之一。BP 网络能学习和存储大量的输入-输出模式映射关系, 而无须事前揭示描述这种映射关系的数学方程。它的学习规则是使用最速下降法, 通过反向传播来不断地调整网络的权值和阈值,使网络的误差平方和最小。BP 神经网络模型拓扑结构包括输入层(input layer)、隐含层(hide layer)和输出层(output layer)(图 6-3-3)。

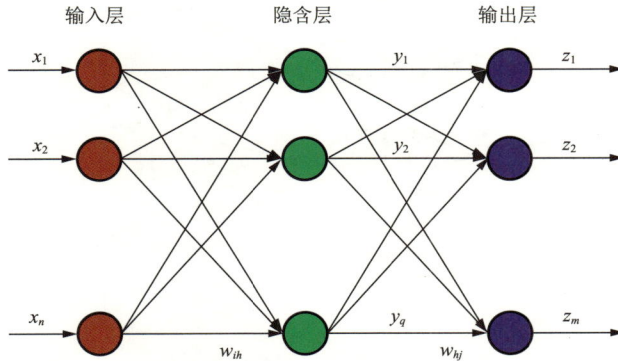

图 6-3-3　神经网络结构关系示意图

BP 神经元(节点)只模仿生物神经元所具有的 3 个最基本也是最重要的功能:加权、求和与转移。其中,$x_1,x_2,\cdots x_i,\cdots,x_n$ 分别代表来自神经元 $1,2,\cdots,n$ 的输入;$w_{j1},w_{j2},\cdots,w_{ji},\cdots,w_{jn}$ 则分别表示神经元 $1,2,\cdots,i,\cdots,n$ 与第 j 个神经元的连接强度,即权值;$f(\cdot)$ 为传递函数;y_j 为第 j 个神经元的输出。

第 j 个神经元的净输入值 S_j 为:

$$S_j = \sum_{i=1}^{n}(w_{ji}x_i + b_i) = \boldsymbol{W}_j\boldsymbol{X} + b_j \tag{6-3-34}$$

其中:

$$\boldsymbol{X}=[x_1,x_2,\cdots,x_i,\cdots,x_n]^{\mathrm{T}} \tag{6-3-35}$$

$$\boldsymbol{W}_j=[w_{j1},w_{j2},\cdots,w_{ji},\cdots,w_{jn}] \tag{6-3-36}$$

式中　b_j——阈值。

若视 $x_0=1,w_{j0}=b_j$,即令 $\boldsymbol{X}$ 及 $\boldsymbol{W}_j$ 包括 x_0 及 w_{j0},则:

$$\boldsymbol{X}=[x_0,x_1,x_2,\cdots,x_i,\cdots,x_n]^{\mathrm{T}} \tag{6-3-37}$$

$$\boldsymbol{W}_j=[w_{j0},w_{j1},w_{j2},\cdots,w_{ji},\cdots,w_{jn}] \tag{6-3-38}$$

3) BP 网络

BP 算法由数据流的正向传播(前向计算)和误差信号的反向传播两个过程构成。正向传播时,传播方向为输入层→隐含层→输出层,每层神经元的状态只影响下一层神经元(图 6-3-4)。若在输出层得不到期望的输出,则转向误差信号的反向传播流程。通过这两个过程的交替进行,在权向量空间执行误差函数梯度下降策略,动态迭代搜索一组权向量,使网络误差函数达到最小值,从而完成信息提取和记忆过程。

设 BP 网络的输入层有 n 个节点,隐含层有 q 个节点,输出层有 m 个节点,输入层与隐含层之间的权值为 v_{kj},隐含层与输出层之间的权值为 w_{jk},如图 6-3-4 所示。隐含层的传递函数为 $f_1(\cdot)$,输出层的传递函数为 $f_2(\cdot)$。隐含层节点的输出为(将阈值写入求和项中):

$$z_k = f_1\left(\sum_{i=0}^{n}v_{kj}x_i\right)\quad(k=1,2,\cdots,q) \tag{6-3-39}$$

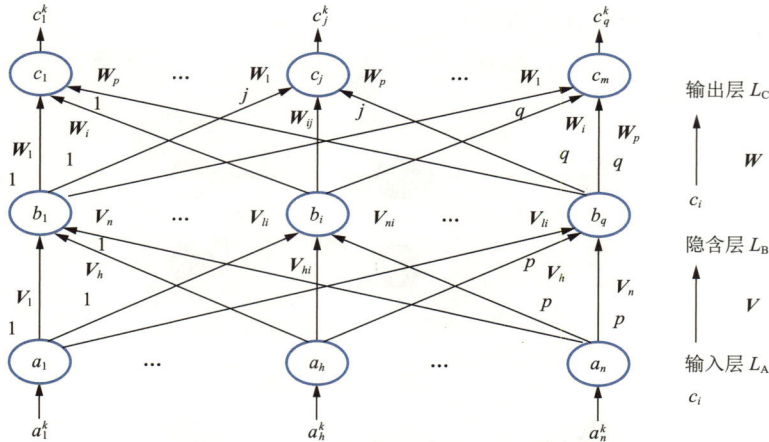

图 6-3-4　三层神经网络的拓扑结构

输出层节点的输出为：

$$y_i = f_2 \left(\sum_{k=0}^{m} w_{jk} z_k \right) \quad (j = 1, 2, \cdots, m) \tag{6-3-40}$$

至此，BP 网络完成了 n 维空间向量对 m 维空间的近似映射。

4）计算 BP 网络结构

确定了网络层数、每层节点数、传递函数、初始权系数、学习算法等，也就确定了 BP 网络。确定这些选项时有一定的指导原则，但更多的是靠经验和试凑。

（1）隐含层数的确定。

1998 年，Robert Hecht-Nielson 证明了对任何在闭区间内的连续函数，都可以用一个隐含层的 BP 网络来逼近，因而一个 3 层的 BP 网络可以完成任意的 n 维到 m 维的映射。因此，从含有一个隐含层的网络开始进行训练。

（2）BP 网络常用传递函数。

BP 网络的传递函数有多种。log-sigmoid 型传递函数的输入值可取任意值，输出值在 0 和 1 之间；tan-sigmod 型传递函数 tansig 的输入值可取任意值，输出值在 −1 到 +1 之间；线性传递函数 purelin 的输入值与输出值可取任意值。BP 网络通常有一个或多个隐含层，该层中的神经元均采用 sigmoid 型传递函数，输出层的神经元则采用线性传递函数，整个网络的输出可以取任意值。

只改变传递函数，其余参数均固定，利用样本集训练 BP 网络时发现，传递函数使用 tansig 函数时要比 logsig 函数的误差小。因此，在以后的训练中隐含层传递函数改用 tansig 函数，输出层传递函数仍选用 purelin 函数。

五、注气效果评价

1. 注气前指标界限

基于大量样本指标的聚类分析结果反映了缝洞型油藏注气前的指标内部变化关系，根据 K-均质聚类分析方法，注气前指标"优秀""良好""较差"三类层次较为明显，自然递减率界限分别为 12% 和 23%,存水率界限分别为 -60% 和 25%,累积注采比界限为 0.25 和 0.58,含水上升率界限分别为 2.5% 和 6.2%,能量保持程度界限分别为 85% 和 92%。

2. 注气中指标界限

基于大量样本指标的聚类分析结果反映了缝洞型油藏气驱开发过程中的指标内部变化关系,根据 K-均质聚类分析方法,注气中指标"优秀""良好""较差"三类层次较为明显,方气换油率界限分别为 0.15 t/m³ 和 0.35 t/m³,累积注采比界限分别为 1.1 和 1.8,存气率界限分别为 78% 和 92%,平均日油水平界限分别为 3.5 t/d 和 8.9 t/d,累积增油量界限分别为 300 t 和 800 t,周期增油量界限分别为 200 t 和 500 t。

3. 注气后指标界限

根据 K-均质聚类分析方法,注气后指标"优秀""良好""较差"三类层次较为明显,方气换油率界限分别为 0.12 t/m³ 和 0.24 t/m³,存气率界限分别为 75% 和 92%,累积注采比界限分别为 0.8 和 1.9,平均日增油水平界限分别为 2.5 t/d 和 8.5 t/d,累积增油量界限分别为 400 t 和 600 t。

4. 指标权重划分

1) 单井注气

(1) 评价矩阵。

根据前期确定的效果评价指标,同时结合油田注气基本原理,基于以下考虑,建立缝洞型碳酸盐岩油藏注氮气单井效果评价体系:

① 评价核心目的。注气开发成本较高,注气效果的评价首先需要评价注气效益,因此核心表征指标为方气换油率。

② 评价基本目标。为凸显注气效果,从不同角度评价注气后的增油状况,主要表征指标为提高采收率、累积增油量以及周期增油量。

③ 突出评价指标。权重集体现出注气开发常规评价指标的影响,主要表征指标为平均日增油水平。

④ 参考相关技术指标。权重集体现出相关技术参考指标的影响,主要表征指标为存气率和累积注采比。

根据上述原则,分析得到权重方案重要性排序,见表 6-3-9。

表 6-3-9　方案重要性排序表

指　标	方气换油率	提高采收率	累积增油量	周期增油量	平均日增油水平	存气率	累积注采比
排序方案	1	2	3	4	5	6	7

(2) 指标权重。

在上述排序表的基础上,采用 Delphi 方法建立分析矩阵,见表 6-3-10。

表 6-3-10　Delphi 层次分析矩阵

	方气换油率	提高采收率	累积增油量	周期增油量	平均日增油水平	存气率	累积注采比
方气换油率	1.00	1.17	1.40	1.75	2.33	3.50	7.00
提高采收率	0.86	1.00	1.20	1.50	2.00	3.00	6.00
累积增油量	0.71	0.83	1.00	1.25	1.67	2.50	5.00
周期增油量	0.57	0.67	0.80	1.00	1.33	2.00	4.00
平均日增油水平	0.43	0.50	0.60	0.75	1.00	1.50	3.00
存气率	0.29	0.33	0.40	0.50	0.67	1.00	2.00
累积注采比	0.14	0.17	0.20	0.25	0.33	0.50	1.00

一致性校验流程如下：

① 最大特征值 λ'_{max} 为：

$$\lambda'_{max} = 7.125 \tag{6-3-41}$$

② 一致性指标为：

$$C.I = \frac{\lambda'_{max} - n}{n-1} = 0.0208 \tag{6-3-42}$$

③ 一致性比率为：

$$C.R = \frac{C.I}{R.I} = 0.0153 \tag{6-3-43}$$

因为

$$C.R < 0.1 \tag{6-3-44}$$

所以其一致性较好，可以进行下一步计算，最终得到注气前、注气中、注气后的权重指标值，见表 6-3-11～表 6-3-13。其中，提高采收率是注气前评价注气潜力的关键指标，而方气换油率则是注气中与注气后的效果评价关键指标。

表 6-3-11　注气前权重指标分析成果

	提高采收率	自然递减率	能量保持程度	含水上升率	存水率	累积注采比
权　重	0.26	0.22	0.17	0.15	0.12	0.08

表 6-3-12　注气中权重指标分析成果

	方气换油率	提高采收率	累积增油量	周期增油量	平均日增油水平	存气率	累积注采比
权　重	0.25	0.21	0.18	0.14	0.11	0.07	0.04

表 6-3-13　注气后权重指标分析成果

	方气换油率	提高采收率	累积增油量	平均日增油水平	存气率	累积注采比
权　重	0.26	0.22	0.17	0.15	0.12	0.08

2）单元注气

（1）评价矩阵。

根据前期确定的效果评价指标，同时结合油田注气基本原理，基于以下考虑，建立了缝洞型碳酸盐岩油藏注气单元效果评价体系：

① 评价核心目的。注气开发成本较高，注气效果的评价首先需要评价注气效益，因此核心表征指标为方气换油率。

② 评价基本目标。为凸显注气效果，从不同角度评价注气后的增油状况，主要表征指标为提高采收率、累积增油量、周期增油量、气驱动用程度。

③ 突出评价指标。权重集可体现注气开发常规评价指标的影响，主要表征指标为平均日增油水平、自然递减变化率及含水变化率。

④ 参考相关技术指标。权重集可体现相关技术参考指标的影响，主要表征指标为存气率和累积注采比。

根据上述原则，分析得到权重方案排序，见表 6-3-14。

表 6-3-14　方案重要性排序表

指　标	方气换油率	提高采收率	周期增油量	累积增油量	平均日增油水平	自然递减变化率	气驱动用程度	存气率	含水变化率	累积注采比
排序方案	1	2	3	4	5	6	7	8	9	10

（2）指标权重。

在上述排序表的基础上，采用 Delphi 方法建立对比矩阵，见表 6-3-15。

表 6-3-15　Delphi 层次分析矩阵

	方气换油率	提高采收率	周期增油量	累积增油量	平均日增油水平	自然递减变化率	气驱动用程度	存气率	含水变化率	累积注采比
方气换油率	1.00	1.11	1.25	1.43	1.67	2.00	2.50	3.33	5.00	10.00
提高采收率	1.00	1.00	1.13	1.29	1.50	1.80	2.25	3.00	4.50	9.00
周期增油量	1.00	0.89	1.00	1.14	1.33	1.60	2.00	2.67	4.00	8.00
累积增油量	1.00	0.78	0.88	1.00	1.17	1.40	1.75	2.33	3.50	7.00
平均日增油水平	1.00	0.67	0.75	0.86	1.00	1.20	1.50	2.00	3.00	6.00
自然递减变化率	1.00	0.56	0.63	0.71	0.83	1.00	1.25	1.67	2.50	5.00
气驱动用程度	1.00	0.44	0.50	0.57	0.67	0.80	1.00	1.33	2.00	4.00
存气率	1.00	0.33	0.38	0.43	0.50	0.60	0.75	1.00	1.50	3.00
含水变化率	1.00	0.22	0.25	0.29	0.33	0.40	0.67	0.67	1.00	2.00
累积注采比	1.00	0.11	0.13	0.14	0.17	0.20	0.25	0.33	0.50	1.00

一致性校验流程如下：

① 最大特征值 λ'_{max} 为：

$$\lambda'_{max} = 10.235 \tag{6-3-45}$$

② 一致性指标为：

$$C.I = \frac{\lambda'_{max} - n}{n - 1} = 0.026 \qquad (6\text{-}3\text{-}46)$$

③ 一致性比率为：

$$C.R = \frac{C.I}{R.I} = 0.017 \qquad (6\text{-}3\text{-}47)$$

因为

$$C.R < 0.1 \qquad (6\text{-}3\text{-}48)$$

所以其一致性较好，可以进行下一步计算，最终得到注气前、注气中、注气后的权重指标值，见表 6-3-16～表 6-3-18。其中，提高采收率为注气前评价注气潜力的关键指标，方气换油率为注气中的效果评价关键指标，提高采收率为注气后的效果评价关键指标。

表 6-3-16　注气前权重指标分析成果

指　标	提高采收率	自然递减率	能量保持程度	含水上升率	存水率	累积注采比
权　重	0.26	0.22	0.17	0.15	0.12	0.08

表 6-3-17　注气中权重指标分析成果

指　标	方气换油率	提高采收率	周期增油量	累积增油量	平均日增油水平	自然递减变化率	气驱动用程度	存气率	含水变化率	累积注采比
权　重	0.20	0.16	0.14	0.11	0.1	0.08	0.07	0.06	0.05	0.03

表 6-3-18　注气后权重指标分析成果

指　标	提高采收率	方气换油率	累积增油量	平均日增油水平	自然递减变化率	气驱动用程度	存气率	含水变化率	累积注采比
权　重	0.18	0.16	0.15	0.13	0.11	0.09	0.07	0.05	0.04

5. 注气效果评价

1) 综合评分低分井评价

选取评分最低的 10 口注气井（表 6-3-19），分析其低分的原因。

表 6-3-19　缝洞型油藏注气井组综合效果评价表

注气井	岩溶背景	轮次/轮	方气换油率/(t·m⁻³)	累积增油量/t	周期增油量/t	累产油/t	存气率/%	累积注采比	模糊评价	神经网络
TK7201	古暗河	1	0.20	295	295	277	59.25	2.70	5.4	5.3
TK319CH2	风化壳	1	0.07	934	532	850	51.95	2.88	5.0	5.1
TK405CH	风化壳	1	0.11	453	453	364	48.66	2.05	5.2	5.0
TH12515	断溶体	1	0.05	868	468	386	47.64	1.14	5.4	4.8

注气井	岩溶背景	轮次/轮	方气换油率/(t·m⁻³)	累积增油量/t	周期增油量/t	累产油/t	存气率/%	累积注采比	模糊评价	神经网络
TK539	风化壳	1	0.08	851	451	603	54.18	1.73	4.3	4.6
S61CH	风化壳	2	0.09	966	483	315	49.69	3.32	5.0	4.3
S7203CH	暗　河	1	0.18	106	106	332	45.27	2.25	3.6	3.7
TK541	风化壳	2	0.07	739	370	370	49.44	4.04	3.5	3.6
TH10299X	断溶体	3	0.15	517	172	156	47.08	1.40	3.2	3.1
S7203CH	暗　河	2	0.12	106	53	14	47.71	6.50	3.2	2.9

由单井注气过程中的存气率可知,多数单井存气率在 $60\%\sim70\%$ 之间。注气效果最好的井,单井存气率可接近 85%,多数注入的氮气存留在缝洞体内,对剩余油形成了有效的驱替效果;注气效果较差的井,单井存气率小于 50%,大量注入的氮气无法对剩余油形成有效驱替动用。

由单井注气过程中的周期增油量可知,多数单井周期增油量在 $20\sim500$ t 之间,注气效果最好且单井储量较大的井的单井周期增油量可接近 1 000 t。

由单井注气过程中的累积注采比可知,多数单井累积注采比在 $0.15\sim0.40$ 之间。注气效果最好的井的单井累积注采比可接近 0.1,对单井剩余油形成了有效的驱替效果,驱替效率高;注气效果较差的井的单井累积注采比大于 1,注气效果较差。

低分井组存气率及累积注采比分布与平均水平差异较小,说明注气量不足并不是影响注气效果取得低分的主要原因。低分井周期产油量远低于平均水平,因此需具体分析其注气失效原因,提高周期增油效果。

2) 气驱指标评分分析

基于指标界限分布,通过指标隶属度关系,综合确定指标的分布状况。同时,采用雷达图,研究指标均匀性分布状况。三级隶属度关系计算技术路线如图 6-3-5 所示。

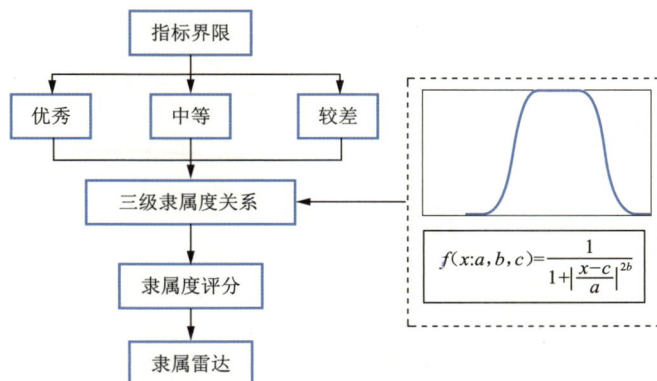

$$f(x:a,b,c)=\cfrac{1}{1+\left|\cfrac{x-c}{a}\right|^{2b}}$$

图 6-3-5　三级隶属度关系计算技术路线

f—钟形隶属函数;x—取值参数;a,b,c—钟形隶属函数特征点由注气中指标分布(图 6-3-6)可知,注气中方气换油率达到 0.75 左右,累积注采比为 0.32,累积注采比分数较低。这说明注气过程中可能存在漏失以及气窜等相关问题,氮气利用效能有进一步提升的空间。

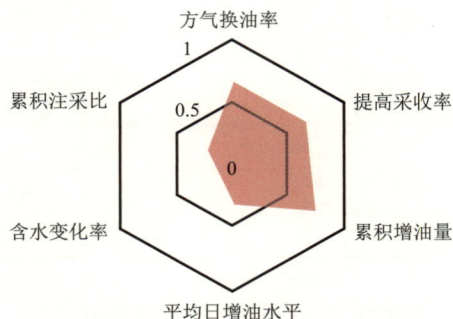

图 6-3-6　单井注气中指标分布

六、注气适应性评价

1. 注二氧化碳适应性评价

为了测试地层原油与注入二氧化碳在地层条件下能否混相,研究设计并开展了溶解、相态等相关室内实验。实验所用流体根据塔河油田典型井油样复配得到,其中稀油油样取自 S86 井,稠油油样取自 S48 井。

研究表明,稠油油藏注二氧化碳的极限采收率为 78%,驱替过程属于非混相驱替(图 6-3-7);稀油油藏注二氧化碳的极限采收率为 97%,驱替过程属于混相驱替(图 6-3-8)。二氧化碳具有较好的降黏效果,稠油溶解二氧化碳后黏度降低 60%;随着二氧化碳注入量的增加,稀油体系的原油膨胀系数与体积系数显著增加,其中 S86 井原油膨胀系数由 1.05 快速增大至 3.25,体积系数由 1.6 增大至 5.0。

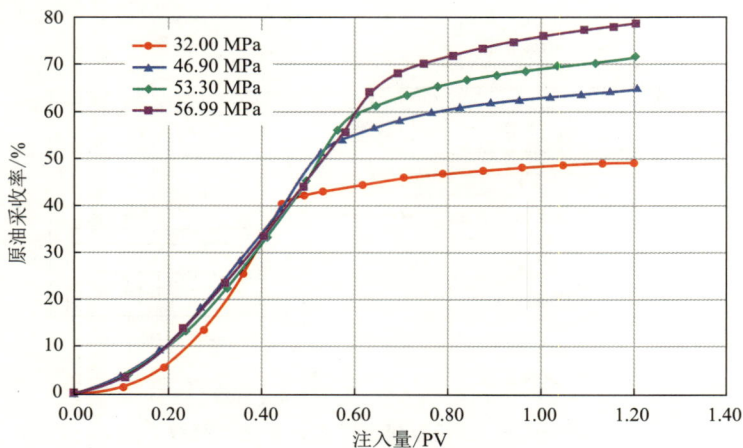

图 6-3-7　稠油细管实验结果对比图

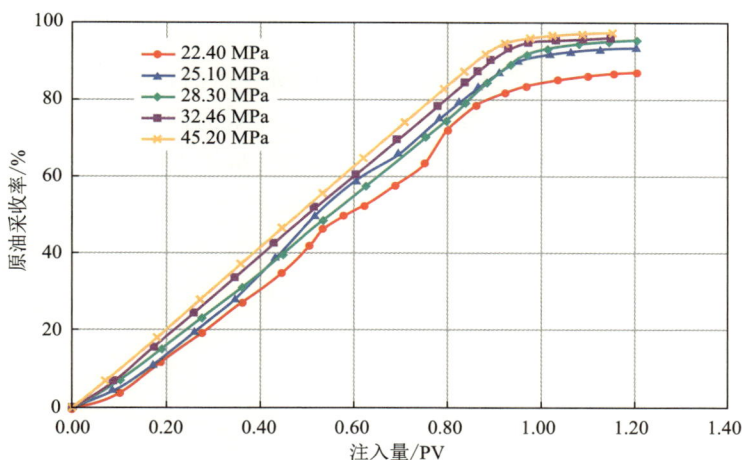

图 6-3-8　稀油细管实验结果对比图

2.注二氧化碳＋氮气适应性评价

选取代表轻质、中质、稠油 3 种不同性质的原油样品,在复配原油的基础上,开展注二氧化碳＋氮气混相评价相关实验。实验结果表明,与注纯氮气相比,轻质-中质-稠油油藏采取注二氧化碳＋氮气复合驱可以实现混相,降低油藏最小混相压力。氮气与二氧化碳的最小混相比例为 3∶7,且在稠油油藏中混相压力最高(60 MPa),在轻质油藏中混相压力相对较低,仅为 53.4 MPa(表 6-3-20)。

表 6-3-20　二氧化碳+氮气在不同混合比例下的混相实验结果统计

井　号		TP15(轻质油)	S117(中质油)	TK648(稠油)
原油密度/(g·cm⁻³)		0.841 1	0.934 1	0.970 8
原油黏度/(mPa·s)		6.983 8	6.190 0	1 213.680 0
MMP/MPa	$n(N_2):n(CO_2)=5:5$	80(未混相)	80(未混相)	80(未混相)
	$n(N_2):n(CO_2)=3:7$	53.4	54.5	60。0
	CO_2	34.8	37.4	40.5

3.注气储量评价

通过分析高压物性、注气膨胀等相关实验数据,根据不同原油密度的原油组成,建立了适合缝洞型油藏注气的最小混相压力计算公式:

$$MMP=e^{-6.801\,8}\left[\frac{M(C_1+N_2)}{M(C_{2\text{-}6})}\right]^{0.430\,7}\left[M(C_{7+})\right]^{2.499\,4}T^{2.234\,0}R^{-0.873\,9} \qquad (6\text{-}3\text{-}49)$$

式中　$M(C_1+N_2)$——C_1 和 N_2 的摩尔分数;

$M(C_{2\text{-}6})$——$C_2 \sim C_6$ 的摩尔分数;

$M(C_{7+})$——C_{7+} 的摩尔分数;

T——气体温度,K;

R——气体常数,J/(mol·K)。

利用式(6-3-50),可明确不同密度原油注入不同气体时的最小混相压力。其中,注 CO_2 的最大适应密度为 $0.94 \ \text{g/cm}^3$,注 $50\%CO_2+50\%N_2$ 的最小混相密度为 $0.857 \ \text{g/cm}^3$(图 6-3-9)。应用不同密度原油二氧化碳+氮气体系气驱最小混相压力图版,计算得到塔河油田缝洞型油藏注 N_2,CO_2 和 $50\% \ CO_2+50\%N_2$ 的储量规模分别为 $50 \ 138\times10^4 \ \text{t}$,$17 \ 585\times10^4 \ \text{t}$ 和 $5 \ 972\times10^4 \ \text{t}$。

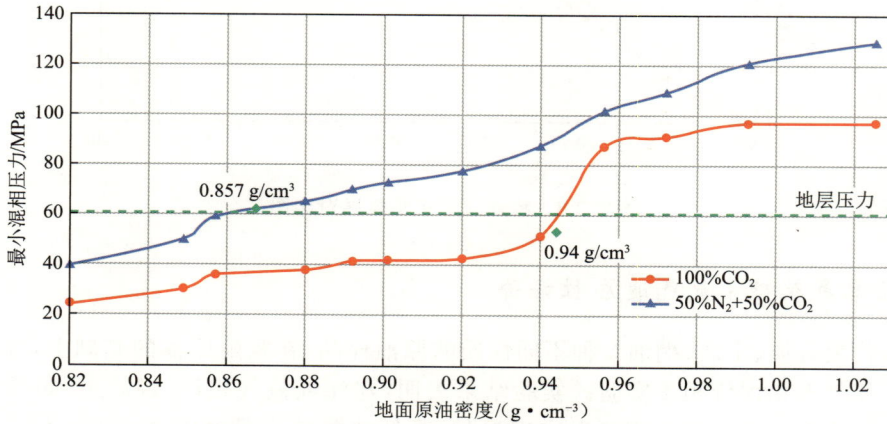

图 6-3-9　不同密度原油二氧化碳+氮气体系气驱最小混相压力图版

参考文献

[1] 李阳,范智慧.塔河奥陶系碳酸盐岩油藏缝洞系统发育模式与分布规律[J].石油学报,2011,32(1):101-106.

[2] 侯吉瑞,张丽,李海波,等.碳酸盐岩缝洞型油藏氮气驱提高采收率的影响因素[J].油气地质与采收率,2015,22(5):64-68.

[3] 刘中春.塔河油田缝洞型碳酸盐岩油藏提高采收率技术途径[J].油气地质与采收率,2012,19(6):66-99.

[4] 鲁新便,荣元帅,李小波,等.碳酸盐岩缝洞型油藏注采井网构建及开发意义[J].石油与天然气地质,2017,38(4):658-664.

[5] 惠健,刘学利,汪洋,等,塔河油田缝洞型油藏单井注氮气采油机理及实践[J].新疆石油地质,2015,36(1):75-76.

[6] 解慧,李璐,杨占红,等.塔河油田缝洞型油藏单井注氮气影响因素研究[J].石油地质与工程,2015,29(4):134-135.

[7] 张慧,刘中春,吕心瑞.塔河油田缝洞型油藏注气提高采收率机理研究[J].中国矿业,2016,25(S1):457-458.

[8] 苑登御,侯吉瑞,王志兴,等.塔河油田缝洞型碳酸盐岩油藏注氮气及注泡沫提高采收率研究[J].地质与勘探,2016,52(4):795-796.

[9] 汤妍冰,巫波,周洪涛,等.缝洞型油藏不同控因剩余油分布及开发对策[J].石油钻采工艺,2018,40(4):483-487.

[10] 王宝华,吴淑红,韩大匡,等.大规模油藏数值模拟的块压缩存储及求解[J].石油勘探与开发,2013,40(4):462-467.

[11] 张胜.轮古15区块奥陶系碳酸盐岩缝洞型储集体特征研究[D].成都:西南石油大学,2015.

[12] 王建海,李娣,曾文广,等.塔河缝洞型油藏氮气＋二氧化碳吞吐先导试验[J].大庆石油地质与开发,2015,34(6):111-112.

[13] 苑登御,侯吉瑞,宋兆杰,等.塔河油田缝洞型碳酸盐岩油藏注水方式优选及注气提高采收率实验[J].东北石油大学学报,2015,39(6):102-110.

[14] 胡蓉蓉,姚军,孙致学,等.塔河油田缝洞型碳酸盐岩油藏注气驱油提高采收率机理

研究[J].西安石油大学学报(自然科学版),2015,30(2):49-53.

[15] 吕铁,刘中春.缝洞型油藏注氮气吞吐效果影响因素分析[J].特种油气藏,2015,22(6):116-117.

[16] 赵冰冰,张承洲,游津津,等.缝洞型油藏注氮气吞吐影响因素研究[J].长江大学学报(自然科学版),2014,31(11):160-161.

[17] 郑泽宇,朱倘仟,侯吉瑞,等.碳酸盐岩缝洞型油藏注氮气驱后剩余油可视化研究[J].油气地质与采收率,2016,23(2):93-97.

[18] 王建海,李娣,曾文广,等.塔河缝洞型油藏注氮气工艺参数优化研究[J].断块油气田,2015,22(4):538-541.

[19] 赵凤兰,屈鸣,吴颉衡,等.缝洞型碳酸盐岩油藏氮气驱效果影响因素[J].油气地质与采收率,2017,24(1):69-74.

[20] 柏松章.碳酸盐岩潜山油田开发[M].北京:石油工业出版社,1996.

[21] 余璐,徐义钱,刘学子,等.塔河缝洞型碳酸盐岩油藏注气替油实践与认识[J].中国石油和化工标准与质量,2013,23(12):39.

[22] 郭秀东,赵海洋,胡国亮,等.缝洞型油藏超深井注氮气提高采收率技术[J].石油钻采工艺,2012,35(6):98-101.

[23] 马宝岐,詹少淮.泡沫特性的研究[J].油田化学,1990(4):334-338.

[24] FRIED A. The foam-drive for increasing the recovery of oil[R]. USBM Report of Investigation,1961.

[25] 冯松林,居迎军,杨红斌,等.空气泡沫驱技术的研究现状及展望[J].内蒙古石油化工,2011,37(10):169-171.

[26] 王庆.空气泡沫驱油机理及影响因素研究[D].青岛:中国石油大学(华东),2007.

[27] SKAUGE A,AARRA M G,SURGUCHEV L,et al. Foam-assisted wag:Experience from the Snorre Field[C]. SPE/DOE Improved Oil Recovery Symposium, Tulsa,Oklahoma,2002.

[28] 汪庐山,曹嫣镔,刘冬青,等.泡沫改善间歇蒸汽驱开发效果[J].石油钻采工艺,2007(1):79-81,123.

[29] 林伟民,史江恒,肖良,等.中高渗油藏空气泡沫调驱技术[J].石油钻采工艺,2009,31(S1):115-118.

[30] 夏金娜.致密油藏泡沫辅助空气驱技术研究[D].青岛:中国石油大学(华东),2013.

[31] TALEBIAN S H,MASOUDI R,TAN I M,et al. Foam assisted CO_2-EOR:Concepts,challenges and applications[C]. SPE Enhanced Oil Recovery Conference, Kuala Lumpur,Malaysia,2013.

[32] 龚书.吐哈温西三油藏泡沫改善空气驱提高采收率实验研究[D].成都:成都理工大学,2015.

[33] ABBASZADEH M,RODRIGUEZ DE LA GARZA F,YUAN C,et al. Single-well simulation study of foam EOR in gas-cap oil of the naturally-fractured Cantarell Field[C]. SPE/DOE Improved Oil Recovery Symposium,Tulsa,Oklahoma,2010.

[34] 张永刚,罗懿,刘岳龙,等.超低渗裂缝性油藏泡沫辅助空气驱油实验[J].大庆石油地质与开发,2014,33(1):135-140.

[35] BAGERI A S,SULTAN A S,KANDIL M E. Evaluation of novel surfactant for nitrogen-foam-assisted EOR in high salinity carbonate reservoirs[C]. SPE EOR Conference at Oil and Gas West Asia,Muscat,Oman,2014.

[36] ALMAQBALI A,AGADA S,GEIGER S,et al. Modelling foam displacement in fractured carbonate reservoirs[C]. Abu Dhabi International Petroleum Exhibition and Conference,Abu Dhabi,UAE,2015.

[37] FERNO M A,GAUTEPLASS J,PANCHAROEN M,et al. Experimental study of foam generation,sweep efficiency and flow in a fracture network[C]. SPE Annual Technical Conference and Exhibition,Amsterdam,The Netherlands,2014.

[38] 苏伟,侯吉瑞,李海波,等.缝洞型碳酸盐岩油藏注氮气泡沫可行性及影响因素[J].石油学报,2017,38(4):436-443.

[39] 刘学全.超低渗裂缝性油藏泡沫辅助空气驱油数值模拟——以红河油田105井区为例[J].石油地质与工程,2017,31(3):101-104.

[40] 屈鸣,侯吉瑞,马仕希,等.缝洞型油藏溶洞储集体氮气泡沫驱注入参数及机理研究[J].石油科学通报,2018,3(1):57-66.

[41] 刘中春,汪勇,侯吉瑞,等.缝洞型油藏泡沫辅助气驱提高采收率技术可行性[J].中国石油大学学报(自然科学版),2018,42(1):113-118.

[42] 屈鸣,侯吉瑞,闻宇晨,等.缝洞型油藏裂缝中泡沫辅助气驱运移特征[J].石油科学通报,2019,4(3):300-309.

[43] 钱昱,张思富,吴军政,等.泡沫复合驱泡沫稳定性及影响因素研究[J].大庆石油地质与开发,2001(2):33-35,136.

[44] 向城鑫,唐晓东,陈朕,等.强化泡沫驱油研究进展[J].中外能源,2020,25(11):34-39.

[45] 赵国玺,朱步瑶.表面活性剂作用原理[J].日用化学工业信息,2003(17):16.

[46] 赵涛涛,宫厚健,徐桂英,等.阴离子表面活性剂在水溶液中的耐盐机理[J].油田化学,2010,27(1):112-118.

[47] 张扬.阴离子表面活性剂耐盐性能的实验和理论研究[D].青岛:中国石油大学(华东),2013.

[48] 韩冬,沈平平.表面活性剂驱油原理及应用[M].北京:石油工业出版社,2001.

[49] 唐红娇,侯吉瑞,赵凤兰,等.油田用非离子型及阴-非离子型表面活性剂的应用进展[J].油田化学,2011,28(1):115-118.

[50] 张扬.阴离子表面活性剂耐盐性能的实验和理论研究[D].青岛:中国石油大学(华东),2013.

[51] 王世荣,李祥高,刘志东,等.表面活性剂化学[M].北京:化学工业出版社,2005.

[52] TOKIWA F,OHKI K. Micellar properties of a series of sodium dodecylpolyoxy-ethylene sulfates from hydrodynamics data[J]. Journal of Physical Chemistry,

1967,71(5):1343-1348.

[53] 陈贻建.阴-非离子表面活性剂抗 Ca²⁺ 机理[D].济南:山东大学,2014.

[54] 张瑶,付美龙,侯宝峰,等.耐温抗盐型嵌段聚醚类阴-非两性离子表面活性剂的制备与性能评价[J].油田化学,2018,35(3):485-491.

[55] 钱昱,张思富,钱彦琳,等.泡沫复合驱泡沫稳定性及影响因素研究[J].大庆石油地质与开发,2001,20(2):33-35.

[56] 屈鸣,侯吉瑞,闻宇晨,等.阴-非/阴离子型起泡剂协同增强泡沫耐盐性[J].油田化学,2019,36(3):501-507.

[57] 曹嫣镔.高温高盐泡沫提高采收率技术研究[D].济南:山东大学,2007.

[58] 王显光.阴-非离子型表面活性剂的合成与理化性能研究[D].北京:中国科学院研究生院(理化技术研究所),2007.

[59] 王显光,王琳,任立伟,等.新型阴-非离子型表面活性剂的泡沫性能[J].油田化学,2009,26(4):357-361.

[60] 鲁红升,唐昌强,黄志宇.阴阳离子表面活性剂复配型起泡剂研究[J].石油钻采工艺,2013,35(2):98-102.

[61] QU M,HOU J,QI P,et al. Experimental study of fluid behaviors from water and nitrogen floods on a 3-D visual fractured-vuggy model[J]. Journal of Petroleum Science and Engineering,2018,166:871-879.

[62] 杨丽娜,王欣然,瞿朝朝,等.强化泡沫驱体系起泡剂优选与评价实验[J].重庆科技学院学报(自然科学版),2019,21(6):70-73.

[63] BASHEVA E S,et al. Role of betaine as foam booster in the presence of silicone oil drops[J]. Langmuir,2000,16(3):1000-1013.

[64] PU W F,WEI P,SUN L et al. Experimental investigation of viscoelastic polymers for stabilizing foam[J]. Journal of Industrial and Engineering Chemistry,2017,47:360-367.

[65] WANG C,FANG H,GONG Q,et al. Roles of catanionic surfactant mixtures on the stability of foams in the presence of oil[J]. Energy & Fuels,2016,30(8):6355-6364.

[66] 杨燕,蒲万芬,周明.驱油泡沫稳定剂的性能研究[J].西南石油学院学报,2002(4):60-62,1.

[67] 李胜强,樊世忠.泡沫配方的室内研究和现场设计[J].油田化学,1991,8(1):7-11.

[68] YIN T,YANG Z,LIN M,et al. Aggregation kinetics and colloidal stability of amphiphilic Janus nanosheets in aqueous solution[J]. Industrial & Engineering Chemistry Research,2019,58(11):4479-4486.

[69] ALTAVILLA C,SARNO M,CIAMBELLI P. A novel wet chemistry approach for the synthesis of hybrid 2D free-floating single or multilayer nanosheets of MS_2@oleylamine (M＝Mo,W)[J]. Chemistry of Materials,2011,23(17):3879-3885.

[70] TUTEJA S K,DUFFIELD T,NEETHIRAJAN S. Liquid exfoliation of 2D MoS_2

nanosheets and their utilization as a label-free electrochemical immunoassay for subclinical ketosis[J]. Nanoscale,2017,9(30):10886-10896.

[71] 李兆敏,孙乾,李松岩,等. 纳米颗粒提高泡沫稳定性机理研究[J]. 油田化学,2013 (4):626-629,634.

[72] RAJ I,QU M,XIAO L,et al. Ultralow concentration of molybdenum disulfide-nanosheets for enhanced oil recovery[J]. Fuel,2019,251:514-522.

[73] 王倩. 塔河缝洞型油藏凝胶泡沫辅助气驱泡沫体系优选实验研究[D]. 北京:中国石油大学(北京),2018.

[74] EMBLEY B,GRASSIA P. A single sagging Plateau border[J]. Colloids and Surfaces A:Physicochemical and Engineering Aspects,2007,309(1-3):20-29.

[75] SUN L,WEI P,PU W,et al. The oil recovery enhancement by nitrogen foam in high-temperature and high-salinity environments[J]. Journal of Petroleum Science and Engineering,2016,147:485-494.

[76] PENFOLD J,TUCKER I,THOMAS R K,et al. Structure of mixed anionic/nonionic surfactant micelles:Experimental observations relating to the role of headgroup electrostatic and steric effects and the effects of added electrolyte[J]. Journal of Physical Chemistry B,2005,109(21):10760-10770.

[77] WEI P,PU W F,SUN L et al. Alkyl polyglucosides stabilized foam for gas controlling in high-temperature and high-salinity environments[J]. Journal of Industrial & Engineering Chemistry,2018,60:143-150.

[78] WANG C,LI H A. Stability and mobility of foam generated by gas-solvent/surfactant mixtures under reservoir conditions[J]. Journal of Natural Gas Science and Engineering,2016,34:366-375.

[79] LI Z,WU H,YANG M,et al. Stability mechanism of O/W pickering emulsions stabilized with regenerated cellulose[J]. Carbohydrate Polymers,2017:181:224-233.

[80] SIMJOO M,REZAEI T,ANDRIANOV A,et al. Foam stability in the presence of oil:Effect of surfactant concentration and oil type[J]. Colloids and Surfaces A:Physicochemical and Engineering Aspects,2013,438:148-158.

[81] 马仕希. 碳酸盐岩油藏典型缝洞介质泡沫辅助气驱机理实验研究[D]. 北京:中国石油大学(北京),2018.

[82] WEN Y,QU M,HOU J,et al. Experimental study on nitrogen drive and foam assisted nitrogen drive in varying-aperture fractures of carbonate reservoir[J]. Journal of Petroleum Science and Engineering,2019,180:994-1005.

[83] 苑登御. 缝洞型碳酸盐岩油藏注气提高采收率技术与相关机理研究[D]. 北京:中国石油大学(北京),2016.

[84] 康志江,崔书岳. 塔河油田缝洞型碳酸盐岩油藏剩余油分布特征[J]. 大庆石油地质与开发,2012,31(6):54-58.

[85] 刘中春,侯吉瑞,岳湘安. 微尺度流动界面现象及其流动边界条件分析[J]. 水动力

学研究与进展(A 辑),2006,21(3):339-346.

[86] 刘中春.塔河缝洞型油藏剩余油分析与提高采收率途径[J].大庆石油地质与开发,2015,34(2):62-68.

[87] 孔祥言,陈峰磊.水驱油物理模拟理论和相似准则[J].石油勘探与开发,1997(6):56-60.

[88] 滕起,杨正明,刘学伟,等.特低渗透油藏水驱油物理模拟相似准则的推导和应用[J].科技导报,2013,31(9):40-45.

[89] 李宜强,张素梅,刘书国,等.泡沫复合驱物理模拟相似原理[J].大庆石油学院学报,2003(2):93-95,135-136.

[90] 侯吉瑞,李海波,姜瑜,等.多井缝洞单元水驱见水模式宏观三维物理模拟[J].石油勘探与开发,2014,41(6):717-722.

[91] 李阳.碳酸盐岩缝洞型油藏开发理论与方法[M].北京:中国石化出版社,2014.

[92] 窦之林.塔河油田碳酸盐岩缝洞型油藏开发技术[M].北京:石油工业出版社,2012.

[93] 康志江,赵艳艳,张冬丽.缝洞型碳酸盐岩油藏数值模拟理论与方法[M].北京:地质出版社,2015.

[94] 王招明,张丽娟,杨海军.超深缝洞型海相碳酸盐岩油气藏开发技术[M].北京:石油工业出版社,2017.

[95] 李士伦,郭平,王仲林.中低渗透油藏注气提高采收率理论及应用[M].北京:石油工业出版社,2007.

[96] 朱桂良,刘中春,宋传真,等.缝洞型油藏不同注入气体最小混相压力计算方法[J].特种油气藏,2019,26(2):132-135.

[97] 朱桂良.塔河油田断溶体油藏气驱井组注气量计算方法[J].新疆石油地质,2020(4):248-252.

[98] 闻宇晨,屈鸣,侯吉瑞,等.缝洞型碳酸盐岩油藏裂缝中的 N_2 运移特征[J].油田化学,2019,36(2):291-296,347.

[99] 杨景斌,侯吉瑞.缝洞型碳酸盐岩油藏岩溶储集体注氮气提高采收率实验[J].油气地质与采收率,2019,26(6):1-8.

[100] 朱桂良,孙建芳,刘中春,等.塔河油田缝洞型油藏气驱动用储量计算方法[J].石油与天然气地质,2019,26(2):436-442,450.

[101] 朱桂良,孙建芳,刘中春.塔河油田缝洞型油藏气驱动用储量计算方法[J].石油与天然气地质,2019,40(2):436-442,450.

[102] 惠健,刘学利,汪洋,等.塔河油田缝洞型油藏注气替油机理研究[J].钻采工艺,2013,36(2):55-57.

[103] 马志宏,郭勇义,吴世跃.注入二氧化碳及氮气驱替煤层气机理的实验研究[J].太原理工大学学报,2001,32(4):335-338.

[104] 高永荣,刘尚奇,沈德煌,等.超稠油氮气、溶剂辅助蒸汽吞吐开采技术研究[J].石油勘探与开发,2003,30(2):73-75.

[105] 张宏方,刘慧卿,刘中春.缝洞型油藏剩余油形成机制及改善开发效果研究[J].科

学技术与工程,2013,13(35):10470-10474.

[106] 张艳玉,王康月,李洪君.气顶油藏顶部注氮气重力驱数值模拟研究[J].中国石油
大学学报(自然科学版),2006,30(4):58-62.

[107] 康志江,李阳,计秉玉,等.碳酸盐岩缝洞型油藏提高采收率关键技术[J].石油与
天然气地质,2020(2):434-441.

[108] 梁尚斌,邓媛,周薇.塔河油田缝洞型油藏单井注 N_2 替油的注气量优选[J].钻采
工艺,2016,39(4):60-62,5.